과학 산책, 자연과학의 변주곡

과학 산책, 자연과학의 변주곡

초판 1쇄 발행 · 2020. 11. 30.
초판 3쇄 발행 · 2023. 3. 15.
—

지은이　교양과학연구회
발행인　이상용
발행처　청아출판사
출판등록　1979. 11. 13. 제9-84호
주소　경기도 파주시 회동길 363-15
대표전화　031-955-6031 팩스 031-955-6036
전자우편　chungabook@naver.com
—

ISBN 978-89-368-1175-4　03400
—

값은 뒤표지에 있습니다.
* 잘못된 책은 구입한 서점에서 바꾸어 드립니다.
* 본 도서에 대한 문의사항은 이메일을 통해 주십시오.

'과학'과 함께하는 인류의 삶

과학 산책,
자연과학의
변주곡

교양과학연구회 지음

청아출판사

'창백한 푸른 점(pale blue dot)' 지구

흔히 '과학'이라고 하면 과학적 지식만을 떠올리기 마련이다. 그러나 진정한 과학은 과학적 사고방식을 포함하는 훨씬 더 큰 범주를 의미한다. 과학이 인류에게 중요한 가치를 발휘하기 시작한 것은 17세기 뉴턴의 과학혁명 이후이다. 과학은 처음부터 새로운 문명과 문화를 이끄는 원동력이었다. 이 책은 이 시기에 과학이 발견한 자연에 대한 새로운 이해를 소개하여, 문과와 이과를 망라한 모든 학생에게 과학의 참모습을 보여 주고, 과학적 소양을 기를 수 있도록 하고자 집필되었다.

과학을 공부하는 가장 중요한 이유는 과학적 소양 때문이다. 과학적 소양은 한마디로 정의하기 어려운 복합적 개념이다. 과학과 과학을 이용해서 개발한 기술을 이해하고, 현명한 소비 생활에 직접 활용할 수 있어야 하며, 동시에 스스로 새로운 과학 지식을 학습하면서 장래에 원하는 직업에 필요한 능력을 키울 수 있어야 한다. 과학적 소양을 갖추면 과학 지식과 과학적 사고방식을 이용하여 많은 문제를 효율적으로 해결할 수 있다.

과학적 소양은 다음의 두 가지 이유에서 모든 이에게 필요하다. 과학적 소양은 개인과 국가가 빠르게 발전하는 문명의 변화에 성공적으로 적응할 수 있게 한다. 또한, 인류의 생존을 위협하는 위험을 극복하기 위해서도 과학적 소양을 갖춰야 한다.

오늘날 인류는 역사상 유례를 찾아볼 수 없는 매우 빠른 문명의 변화를 겪고 있다. 사실 수십만 년에 이르는 현생 인류의 역사에서 혁명적인 변화는 그리 많지 않았다. 추상적인 사고를 하며 집단생활을 가능하게 한 7만 년 전의 인지혁명, 먹을거리는 해결했지만 불평등한 신분 계층을 만든 1만 2천 년 전의 농업혁명, 고단한 육체노동에서 우리를 해방시켜 준 300년 전의 산업혁명 정도가 전부다.

40년 전에 시작된 정보화혁명은 그동안의 모든 변화를 훌쩍 뛰어넘는 빠른 속도와 강도로 인류 문명을 바꾸어 놓고 있다. 인공지능으로 가능해진 초지능은 숙련된 사람보다 훨씬 신속하고 정확하게 판단한다. 사물인터넷에 의한 초연결은 모두의 생활을 편리하고 안락하게 만들어 준다. 모든 것을 드러내 보여 주는 빅데이터는 복잡한 통계적 기법을 사용하지 않고도 미래를 예측할 수 있게 해 준다.

인류의 생존을 위협하는 위험은 크게 두 가지가 있다. 하나는 인류가 자연을 착취하는 것을 당연시하면서 스스로 초래한 위험이고, 다른 하나는 지구의 긴 역사에서 언제나 있었던 간헐적 위험이다.

중세까지 자연은 인류의 생존을 위협하는 거역할 수 없는 혹독한 존재였다. 토르가 던진 번개가 만드는 산불은 한순간에 삶의 터전을 불태웠고, 난데없는 화산 폭발에서 쏟아져 나온 용암은 도시를 집어삼켰고, 갑자기 들이닥친 가뭄은 감당할 수 없는 폭동으로 이어졌다. 그런데 17세기 과학혁명 이후 인류는 자연을 새롭게 이해하기 시작했다. 번개는 전기 현상이고, 용암은 마그마의 활동이고, 가뭄은 엘니뇨 때문이라고.

한 걸음 더 나아가 인류는 자연을 지배할 수 있는 대상으로 인식하고 자연을 착취하기 시작했다. 그 결과가 지구의 온난화다. 모든 과학 지식을 총동원하여 온난화 문제의 해결책을 모색하고 있지만, 그 비용을 감당하기 어려운 형편이다. 이 때문에 아직 전 세계의 어떤 정부도 적극적인 행동에 나서지 못하면서 문제는 돌이킬 수 없을 정도로 심각해지고 있다.

팬데믹으로 번지는 질병, 천체의 충돌 등의 자연재해는 언제나 있었던 간헐적 위험이다. 사스, 에볼라, 메르스는 어렵게 해결했지만, 코로나는 여전히 위협적이다. 천체의 충돌은 매우 드문 현상이지만, 그 영향은 전 지구적일 수밖에 없다. 천체의 충돌이 작은 행성인 지구에게 어울리지 않는 큰 달을 거느리게 해 주었고, 거대한 멸종을 일으키기도 했다.

우리가 사는 지구는 특별한 곳이다. 1990년 칼 세이건의 요구로 보이저가 지구에서 61억 킬로미터(태양과 지구 사이 거리의 4배) 떨어진 곳에서 촬영한 지구는 창백한 푸른 점(pale blue dot)에 지나지 않았다. 이렇게 작고 보잘것없는 점에서 탄생한 생명이 진화를 거듭하여 과학과 기술을 발전시켰다는 사실은 놀랄 만하다. 지금까지도 인류는 우주에서 자신의 정체를 궁금하게 여기는 유일한 생명체다.

우리에게 이러한 모든 것을 가능하게 해 준 것이 과학이다. 그런데도 은연중에 과학을 위험하거나 부정적인 것으로 호도하는 사람들이 있다. 산업혁명 시절 기계를 거부한 러다이트처럼 과학(당시에는 철학)을 거부하던 영국의 시인 키츠(Keats)도 그러했다. 스노우(Snow)가 《두 문화(The Two Cultures)》에서 지적하였듯이 '과학을 모르는' 사람일수록 그런 경향이 심하다.

일부 사람들은 인류는 특별한 생명체라고 주장한다. 그러나 과학이 없었다면 그런 사실조차 정확히 확인할 수 없었을 것이다. 이제 인류 문명에 새로운 혁명이 일어나고 있다. 과학적 소양이 그 어느 때보다 중요한 시대이다.

이 책은 일반인이나 고등학교 학생도 관심만 있다면 읽을 수 있도록 만들었다. 이 책이 나올 수 있게 해 준 한국교양기초교육원의 지원에 감사드린다.

키츠의 서사시 〈라미아(Lamia)〉(1820) 중에서

차가운 철학의 손길이 닿기만 해도
모든 매력이 날아가 버리지 않는가?
한때 하늘에는 외경스러운 무지개가 있었으나
이제 우리는 그 재료와 구조를 알기에
무지개는 흔한 것들의 지루한 목록에 있다.

| 차례 |

3장 / 우리가 보는 세상에 대한 설명

4장 / 우리가 보지 못하는 작은 세계에 대한 설명

5장 / 우리가 발을 딛고 사는 지구에 대한 설명

6장 / 우리와 닮은 생명에 대한 설명

7장 / 미래 문명을 여는 과학과 기술

Strolling with Science, a canon of Natural Sciences

과학의 본성

세상을 이해하는
기본 지식과 사고방식

1절
과학 지식의 여러 가지 모습[1]

오늘날 우리는 과학과 기술을 단 하루도 사용하지 않는 날이 없다. 우리는 '과학'이란 단어를 거의 매일 듣고 있으며 뉴스와 잡지, 영화에도 자주 등장한다. 과학은 언제부터 우리 생활에 영향을 주었을까?

17세기에 시작된 근대 과학도 인류 문명을 획기적으로 발전시켰지만, 20세기의 현대 과학이 알아낸 지식은 놀라울 만큼 많고 엄밀하다. 물리학의 상대론과 양자역학은 작은 원자(atom)에서 가장 큰 우주에 이르기까지 많은 것을 알려 주었다. 화학은 양자역학을 이용해 나일론, 플라스틱 등 신비에 가까운 물질들을 만들어 냈다. 생물학은 유전의 비밀을 밝히고 유전자를 조작하는 유전공학을 탄생시켰다. 더불

---

1 이 절의 상당 부분은 《최무영 교수의 물리학 강의》(최무영 저, 책갈피, 2019)의 내용을 재구성한 것이다.

어 항생제와 백신은 인류가 건강하게 살 수 있도록 해 주었다. 기술은 자동차와 비행기를 넘어 사람을 달에 보내고 우주선을 태양계 끝까지 보내기도 했다. 이런 일을 가능하게 한 '과학'의 의미는 과연 무엇이고, 우리가 사는 사회에 어떤 영향을 주었을까?

1. '과학'의 의미

자연과학(natural sciences)은 원자 내부의 아주 작은 세계부터 우주 전체라는 커다란 세계에 이르기까지 다양한 크기의 세상을 살피고 연구한다. 시간으로는 찰나라는 짧은 순간부터 가장 긴 우주의 나이까지 관심을 가진다. 대상이 다양하므로 자연과학은 여러 분야로 이루어지지만, 크게 기초과학(basic science)과 응용과학(applied science)으로 나눌 수 있다.

기초과학은 주로 물리학과 화학이 탐구하는 물질세계를 다루는 물리과학(physical science)과 지구상의 모든 생명 현상을 다루는 생명과학(life science)으로 나눌 수 있다. 과학 지식을 응용해 우리가 더 안전하고 편하게 살 수 있도록 해 주는 응용과학은 공과대학이 담당한다.

조금 특별한 것은 하늘과 땅을 묶은 지구과학(earth science)이다. 천문학은 인류가 옛날부터 하늘에서 쏟아져 내려오는 듯한 별을 보고 가졌던 궁금증에서 시작됐고, 수렵 채취 시절부터 시간과 방향을 알려 주는 중요한 도구였으며 신비의 대상이었지만, 현대에는 이를 모두 과학으로 설명할 수 있다.

지질학, 대기학, 해양학 등은 물리학, 화학, 생물학 등을 응용한 종합 과학이며, 지구 온난화 문제의 원인과 해결책을 찾는 중요한 도구다.

1) 과학은 특별한 방식으로 세상을 본다

과학의 의미를 알려면 과학이 연구하는 대상은 무엇이고, 어떤 방식으로 세상을 이해하는지 알아야 한다. 과학은 매우 다양한 범위의 자연현상을 다루면서도, 모든 분야에서 자연을 설명하기 위해 공유하는 신념과 방법이 있다.

(1) 과학의 연구 대상

과학이 바라보는 세상의 크기(길이)는 다양하다. 원자의 크기는 10^{-10} m

그림 1 최초로 발견된 외부 은하인 안드로메다은하

정도이고, 이를 옹스트롬(Å)이라고 부른다. 원자핵은 이 크기의 1만분의 1이 안 되는 10^{-15}m 정도다. 실험실에서 잴 수 있는 한계가 10^{-17}m 정도인데, 물리학에서는 플랑크 길이(Planck length) 10^{-35}m가 인간이 이해할 수 있는 가장 짧은 길이라는 알쏭달쏭한 말도 한다.

생명체는 원자보다 훨씬 크다. 가장 작은 생명체인 박테리아의 크기는 원자 크기의 수만 배에 달하는 약 $1\mu m$이다. 인간을 비롯한 대다수 생명체의 크기는 세포 크기의 약 100만 배에 달하는 1m 정도다. 국가나 대륙은 10^5m 정도 되고, 지구의 크기는 10^7m 정도다. 우리 은하와 비슷하게 생긴 안드로메다은하는 지구에서 약 10^{22}m(대략 230만 광년) 떨어져 있다.[2] 우리가 관측한 가장 멀리 있는 천체인 퀘이사는 10^{26}m 정도 떨어져 있다. 과학은 10^{-35}m 크기에서부터 10^{26}m 크기까지 연구한다.[3]

이제 시간을 살펴보자. 물리학에서는 인간이 이해할 수 있는 가장 짧은 시간은 10^{-43}초인 플랑크 시간(Planck time)이라는 알쏭달쏭한 말을 또 한다. 현재 실험실에서 조작할 수 있는 가장 짧은 시간은 10^{-15}초(펨토초, fs) 정도이며, 빠른 화학 반응이 일어나는 정도의 시간이다. 주머니에 넣고 다니는 휴대전화는 GPS를 이용해 사용자의 위치를 파악

---

[2] 우주의 거리는 훨씬 커서 미터보다는 광년이라는 단위를 주로 사용한다. 1광년은 1초에 30만km를 달리는 빛이 1년 동안 지나가는 거리(약 10^{16}m)다. 안드로메다은하를 떠난 빛이 230만 년 걸려 우리 눈에 도착하므로, 지금 우리는 230만 년 전의 안드로메다은하를 보고 있는 것이다.

[3] 우리 몸보다 큰 스케일과 작은 스케일의 여러 가지 크기에서 보이는 사물의 모습을 Youtube에서 볼 수 있다.

그림 2 초고속 카메라를 이용해 포착한 번개 치는 모습

하기 위해 10^{-9}초 정도의 정확도를 가져야 한다. 1초에 10만 장의 사진을 찍는 초고속 카메라는 10^{-5}초마다 사진을 찍는다.[4] 우리가 눈으로 감지하는 세상은 1초 정도의 시간에서 변화가 생기고, 1년은 약 3×10^{7}초다. 지구 온난화는 10^{10}초 동안의 이산화탄소 배출 때문이었고, 안드로메다에서 빛이 날아오는 시간은 10^{14}초다. 우주의 나이 137억 년은 5×10^{17}초로, 우주에서 이보다 긴 시간은 없다.

(2) 과학의 신념과 방식

과학자들이 세상을 이해하기 위해 공유하는 신념은 과학 지식의 객관성과 보편성을 높인다. 첫째, 과학자들은 세상은 이해할 수 있는 대상이고 나아가 설명할 수 있다고 생각한다. 자연 현상에 일관성이 있다면, 그 일관성을 만드는 규칙도 알아낼 수 있다고 믿는다. 둘째, 과학 이론은 바뀔 수 있다고 생각한다. 과학은 고정된 지식이 아니라 지

4 　번개가 치는 슬로 모션을 Youtube에서 볼 수 있다.

식을 만들어 내는 과정이므로 새로운 사실이 발견되면 새로운 이론이 만들어진다. 셋째, 좋은 과학 지식은 오랫동안 살아남는다는 사실을 인정한다. 좋은 이론은 오랫동안 많은 현상을 성공적으로 설명해 왔기 때문에 때로는 완전히 폐기되지 않고 약간씩 수정되며 버티기도 한다. 마지막으로, 과학 지식이 모든 질문에 완벽하게 답할 수는 없다는 사실을 인정한다. 과학적 방법과 사고는 자연 현상을 설명하는 데는 강력한 도구이지만, 자연 현상을 설명하는 데만 쓸모가 있다. 신과 기적과 같은 초자연적 현상은 과학의 대상이 될 수 없다.

과학은 분야에 따라 다른 방법을 사용하기도 하지만, 모든 분야가 공유하는 방법도 있다. 첫째, 과학은 증거가 없으면 인정하지 않는다. 온도를 조절하거나 농도를 바꾸는 것처럼 인위적으로 환경을 통제하며 얻는 증거는 비교적 분석하기가 쉽지만, 철새의 이동이나 별의 관찰처럼 조절할 수 없는 자연환경에서는 여러 변인 때문에 증거를 찾기가 쉽지 않다. 이런 경우라도 잘 계획된 관찰과 변인의 영향을 추론하며 남들이 인정할 만한 증거를 만들어야 한다. 둘째, 과학 이론은 논리와 상상이 결합하여 만들어진다. 과학 이론은 가설에서 출발하는데, 이 가설은 상상의 산물이다. 가설이 맞는지 확인하는 모든 과정에서 논리가 작동한다. 과학자가 하는 대부분의 일은 가설을 세우고 이를 검증하는 것이다. 셋째, 과학은 설명도 하지만 예측도 한다. 자연 현상을 잘 설명하는 이론을 통해 많은 예측을 할 수 있다. 검증은 가설의 예측이 맞는지 확인하는 과정이다. 마지막으로, 과학 이론에 권위 같은 것은 없다. 오랜 기간 설명과 예측을 잘하던 이론이라도 오류가 발견되면 역사 속으로 사라진다.

2) 과학은 특별한 방식으로 사고한다

과학을 엄밀하고 정확하게 만드는 것이 과학적 사고방식이다. 과학적 사고는 자연과학의 가장 중요한 핵심이자 현대에 꼭 필요한 소양이다. 과학적 사고력을 잘 보여 주는 사례가 갈릴레오 갈릴레이(Galileo Galilei)다. '근대 과학의 아버지'라고 불리는 갈릴레이는 수많은 관찰, 추론, 실험을 통해 상당한 업적을 남겼다. 그의 가장 큰 업적 중 하나가 낙하 법칙이다. 당시에는 무거

그림 3 이탈리아의 위대한 과학자 갈릴레오 갈릴레이(1564~1642)

운 물체는 빨리 떨어지고 가벼운 물체는 천천히 떨어진다고 믿었다. 갈릴레이는 "가벼운 물체 두 개를 묶으면 무거워지는데, 이 두 개를 실로 연결만 하면 빨리 떨어질까?"라는 의문을 가졌다.

(1) 의식적 반성

과학적 사고의 첫 번째 요소는 기존 지식에 대해 '의식적으로 반성'하는 것이다. 사회에서 널리 받아들여진 기존 이론에 대해 의식적으로 반성하기란 쉬운 일이 아니다. 기존 이론은 모든 사람에게 익숙하며 사회 문화 속에 깊이 잠재해 있고, 전통과 마찬가지로 일종의 권위를 갖고 있다. 의식적 반성은 사회에 반항하고 전통을 무시하는 것과 마찬

가지다.

무거운 것이 가벼운 것보다 빨리 떨어진다는 이론은 고대의 아리스토텔레스(Aristoteles)가 정립한 이론이다. 중세에는 아리스토텔레스의 영향을 받은 스콜라철학(Scholasticism)이 지배하고 있었고, 아리스토텔레스의 권위는 2천 년 동안 서양의 지식 세계를 지배하고 있었다. 그의 말에 반대하는 것은 당시의 지식 체계 전반에 반기를 드는 것과 마찬가지였다. 무거운 추와 가벼운 종이 한 장을 같이 떨어뜨리면, 실제로 무거운 추가 먼저 떨어지는 것은 일상생활에서 수없이 경험하는 바다. 이 때문에 사람들은 의식적 반성의 필요를 느끼지 않았다. 그러나 기존 지식이 당연해 보이고 권위마저 있더라도 끝까지 의심하면 갈릴레이와 같은 의식적 반성이 가능해진다.

(2) 지식의 정량화

과학적 사고의 두 번째 요소는 '지식의 정량화'다. 아리스토텔레스는 무거운 것이 가벼운 것보다 빨리 떨어진다고 했는데, 그렇다면 얼마나 더 빨리 떨어질까? 단순히 '더 빨리'라는 정성적 설명이 아니라, 숫자를 사용해서 '무게가 두 배면 두 배 빠르게'라는 정량적인 설명도 가능할까? 아리스토텔레스의 운동론에서는 불가능했다. 무거운 것과 가벼운 것 중 무거운 것이 먼저 떨어진다면, 그 둘을 묶어 놓았을 때는 어떻게 될까? 그 둘을 묶으면 더 무거워지므로 더 빨리 떨어져야 한다. 그러나 다르게 생각할 수도 있다. 무거운 것은 빨리 떨어지려 하고 가벼운 것은 천천히 떨어지려 하니, 묶어 놓으면 무거운 것만 떨어질 때보다 오히려 더 천천히 떨어질 수도 있다. 이는 모순이다.

아리스토텔레스의 지식은 체계가 잘 잡혀 있었으나 정성적인 설명만 있었고, 갈릴레이는 이러한 정량적 질문을 통해 새로운 계기를 만들었다. 정량화를 하려면 숫자가 필요하고, 믿을 수 있는 숫자를 만들어 내려면 정확한 측정이 필요하다. 과학은 잘 설계된 실험을 통해 그 숫자들을 찾아낸다.

(3) 실증적 검토

과학적 사고의 세 번째 요소는 '실증적 검토'다. 어떤 이론에 대해 예측한 결과가 맞는지 확인하려면 '검증'을 해야 한다. 관찰과 실험은 머릿속에서 생각한 결과를 검증하는 강력한 도구다. 관찰은 자연 현상에 손을 대지 않고 지켜보는 것이고, 실험은 특정한 조건을 만들어 놓고 바라보는 것이다. 이론의 예측은 특정한 조건을 가정하는 경우가 많아서 적절한 상황을 인위적으로 조정해야 한다. 인위적으로 조정할 수 없는 경우에는 조건이 맞는 적절한 상황을 선택해야 한다.

가벼운 물체가 천천히 떨어지는 것은 물체의 무게보다 큰 공기 저항 때문이고, 무거운 물체가 빨리 떨어지는 것은 공기 저항이 상대적으로 작기 때문이다. 가벼운 한 장의 종이도 꽁꽁 뭉쳐서 떨어뜨리면 무거운 책과 함께 떨어진다. 종이를 구긴다고 더 무거워지지는 않으니 물체가 떨어지는 빠르기는 무게가 아닌 다른 원인과 관계있을 것이다. 갈릴레이는 이를 확인하기 위해 '공기 저항을 무시할 수 있는 상황'[5]이 필

---

5 지금은 공기 저항이 사라진 진공 상태에서 무거운 볼링공과 가벼운 깃털이 똑같이 떨어지는 것을 슬로 모션으로 확인할 수 있다.

요했다. 그는 크기는 비슷해도 무게가 다른 물체들을 빗면에서 굴리는 실험을 했고, 떨어지는 높이가 시간의 제곱에 비례한다는 정량적 사실도 찾아냈다. 갈릴레이는 정량적 실험을 통해 이론을 확인하고자 했고, 잘 설계된 실험의 중요성을 보여 주었다.

(4) 반증 가능성

과학적 사고의 네 번째 요소는 '지식의 반증 가능성'이다. 어떤 예측을 실험으로 확인했다면 그 지식이 '참'이라고 결론을 내려도 될까? 한 번으로는 부족할 것이고, 몇 번의 확인을 거쳐야 그 지식을 믿을 수 있을까? 칠면조에게 밥을 줄 때마다 주인이 종을 울렸고, 칠면조는 '종이 울리면 밥을 주나?'라고 생각하면서도 의심했다. 그러나 1년 내내 종이 울리면 밥이 나오자 칠면조는 의심을 풀고 종이 울리면 주인을 찾아갔다. 그러나 크리스마스 전날 밤 종소리를 듣고 주인에게 갔을 때는 불쌍하게도 밥이 아니라 칼이 기다리고 있었다. 이는 아무리 여러 번이라고 해도 유한한 횟수의 확인으로는 지식을 '확증'할 수 없다는 대표적인 이야기다. 수천 년 동안 자석의 N극이 북쪽을 가리켰다고 해서 항상 그렇지는 않았다. 지구 자기장은 수만 년 또는 수십만 년이 지나면 N극과 S극의 방향이 바뀌어 왔다.

반대로 틀렸다는 증거는 단 한 번만 있어도 그 지식은 참이 아니라는 사실을 바로 알 수 있다. 확인은 여러 번 해도 확신할 수 없지만, 반증은 단 한 번으로 불신할 수 있다. 반복해서 반증을 시도했는데도 틀린 적이 없었다면 그 지식은 신뢰도가 높아진다. 반증 가능성이 클수록 좋은 과학 지식이다. '내가 보는 모든 까마귀는 검다'보다 '이 세상

과학 산책, 자연과학의 변주곡

의 모든 까마귀는 검다'가 더 반증 가능성이 크다. 반증주의(反證主義, falsificationism)를 소개한 칼 포퍼(Karl Popper)는 반증 가능성이 없는 명제는 과학이 아니라고 했다. 과학과 사이비를 구분하는 첫째 기준이 '반증 가능성'이다. 사이비 과학은 단순한 주장들이다. '음이온이 몸에 좋다, 원적외선이 몸에 좋다' 등의 주장은 몇 가지 증거를 제시하지만, 반증 가능성은 없다.

(5) 합리적·논리적 체계

과학적 사고의 마지막 요소는 단편적 지식을 '하나의 합리적 체계'로 엮어 낸다는 것이다. 개별적인 과학적 사실들을 특정 지식이라고 하는데, 이를 묶어 보편적 체계로 만든 것을 이론이라고 부른다. 사과가 땅으로 떨어지고, 달이 지구 주위를 돌고, 밀물과 썰물이 생기는 것은 특정 지식이다. 이 현상들은 서로 관계가 없어 보이지만 아이작 뉴턴(Isaac Newton)의 '중력 법칙(law of gravitation)'은 이 모두를 하나의 이론으로 설명한다. 하나의 이론이 수많은 사실과 현상들을 정확히 설명하면 과학에서는 이를 이론 또는 법칙이라고 부른다.

3) 과학 지식에는 위계가 있다

과학 지식은 특정 지식과 보편 지식으로 나눌 수 있다. 특정 지식은 '해는 동쪽에서 떠서 서쪽으로 진다'와 같이 자연 현상에 대한 과학적 사실을 말하고, 보편 지식은 여러 가지 특정 지식을 하나의 체계로 설명하는 과학 이론을 일컫는다. 이 두 지식을 활용해서 문제를 해결하는 능력을 활용 지식이라 부른다. 주로 공학이 현실에서 닥친 문제를 해결하는 데 사용하는 문제 해결 능력이다.

특정 지식은 자연 현상에 나타나는 규칙성과 대칭성, 원인과 효과, 안정성과 변화[6] 등을 기술하는 명제다. '자연은 365일을 주기로 비슷한 일이 반복되니 이를 1년이라 하자', '해가 높아지면 날씨가 더워진다' 등의 과학적 사실은 경험을 종합해서 일반화하며 얻는 특정 지식이다. 경험은 우리의 감각기관을 써서 얻는다. 주로 눈으로 보면서 얻지만, 듣고, 만져 보고, 맛을 보면서도 정보를 얻는다. 때로는 현미경이나 망원경 같은 보조 기구를 쓰기도 하지만 결국에는 우리의 감각기관을 사용한다.

우리의 감각기관이 직접 확인할 수 없는 사실은 어떻게 확인할까? 기존의 특정 지식과 감각기관을 융합한다. 지구에서 달로 쏜 레이저가 달에 반사되어 돌아오는 시간을 측정하면 약 2.56초다. 이미 알고 있는 과학적 사실인 빛의 빠르기(30만km/초)를 이용하면 지구에서 달까지의 거리를 계산할 수 있고, 이렇게 찾은 지구에서 달까지의 거리 38만km는 새로운 과학적 사실로 받아들일 수 있다.

보편 지식은 개념과 진술로 이루어지는 과학 이론이다. 뉴턴의 운동 법칙(law of motion)에는 '힘(F)', '질량(m)', '가속도(a)'라는 세 가지 개념이 등장한다. 과학 이론에서 사용하는 개념들은 엄밀한 정의를 가진다. 진술은 '물체에 힘이 작용하면 가속도가 생기는데, 힘의 크기는 질량과 가속도의 곱과 같다'처럼 개념 사이의 관계를 규정한다. 일상

---

6   다음 절에서 살펴볼 '여러 분야의 과학이 공유하는 공통 개념'에서 더 자세히 설명할 것이다.

의 말로 길게 쓴 이 진술은 수학을 사용하면 간단한 식 'F =ma'가 된다. 진술은 두 가지로 나눌 수 있다. 하나는 증명하지 않고 받아들이는 기본 가정, 즉 수학에서의 공리(公理, axiom)다. 둘째는 이 공리에서 연

뉴턴의 공리적 체계

수학에서 공리는 증명 없이도 참이라고 받아들이는 가장 기초적인 가정이지만, 수학적 논리의 대부분을 차지한다. '직선 밖의 한 점을 지나면서 그 직선에 평행인 직선은 한 개뿐' 등의 공리에서 출발한 기하학은 연역적으로 수많은 명제를 증명한다.

자연 현상을 설명하는 데 수학의 공리적 방법을 최초로 적용한 사람이 뉴턴이다. 그는 '중력 법칙'과 '운동 법칙' 두 가지만 가정하고, 수학의 연역적 계산으로 요하네스 케플러(Johannes Kepler)의 세 법칙을 증명했다. 이 성공은 유럽 전역에 계몽주의 철학*이 퍼지는 계기가 되었고, 18세기의 많은 과학적 발견도 이 방식을 활용하며 문명의 발전을 이끌었다.

지상에는 지상의 법칙이 지배하고 달 바깥의 천상은 영원무궁하다고 믿었던 당시 사람들에게 신의 영역인 천상의 세계에도 지상과 같은 힘이 존재하고 지상의 운동과 같은 법칙을 따른다는 사실은 너무나 충격적이었다. 독일의 철학자 니체는 뉴턴의 뒤를 이은 계몽주의 철학이 신의 존재 가능성을 없앴다며 '신은 죽었다'고 주장하기도 했지만, 뉴턴은 중세 마지막 시대를 살며 근대를 연 장본인이지만 신의 존재를 부정하지 않았다.

✦ 17, 18세기 유럽에서 일어난 계몽철학(Enlightenment)은 인간의 이성이 문화와 문명을 발달시킨다는 사상이다. 독일의 철학자 칸트는 인간이 미성숙 상태에서 벗어나 이성적으로 사고하여 스스로 완성의 상태로 나아가는 것이라 했다. 계몽사상은 인간의 평등과 자유를 강조하여 중세를 지배한 전제군주와 로마 가톨릭교회로부터 인간 이성의 해방을 주장했다. 미국 독립선언, 영국 권리장전, 프랑스 혁명 등도 계몽사상의 영향을 받았다.

역적으로 유도할 수 있는 여러 가지 종속 진술이다. $F = ma$는 기본 가정이고, 가속도가 일정할 때 낙하 거리는 시간의 제곱에 비례한다는 $s = \frac{1}{2}gt^2$은 기본 가정에서 유도되는 종속 진술이다.

기본 가정은 상상력의 산물이고, 종종 임의성마저 가진다. 가속도는 수학적으로 명확히 정의할 수 있지만, 힘과 질량은 그렇지 못하다. 힘의 개념을 먼저 정의하면 $F = ma$를 통해 질량의 개념이 유도되고, 거꾸로 질량을 먼저 정의하면 힘의 의미도 달라진다. 보편 지식이 임의성을 가지면 어떻게 정당성을 얻을 수 있을까? 이론의 정당성 여부는 예측을 검증하면서 확인된다. 이론이 예측하는 결과가 반증되지 않으면, 그 이론은 정당성을 가지게 된다. 검토 과정을 거친다고 현실성이 있는 이

태양중심설(지동설)
"지구가 태양의 주위를 돈다."

지구중심설(천동설)
"모든 천체가 지구의 둘레를 돈다."

그림 4 태양중심설 대 지구중심설

론이 단 하나뿐일 이유는 없다. 태양중심설(지동설) 출발 당시 지구중심설(천동설)도 같은 현상을 설명하는 정확한 이론이었다.

특정 지식을 종합해 보편 지식으로 승화시킨 대표적인 사례가 니콜라우스 코페르니쿠스(Nicolaus Copernicus), 튀코 브라헤(Tycho Brahe), 케플러, 뉴턴으로 이어지는 천문학 혁명이다. 16세기에는 지구가 우주의 중심이고, 인간은 그 위에 사는 존엄한 존재라 생각했고, 달 위의 공간인 천상계는 신의 영역이며 아무 변화가 없는 곳이라고 생각했다. 그러나 코페르니쿠스는 이를 부정하고 태양이 우주의 중심이며 지구는 한낱 행성에 지나지 않는다고 주장했다. 그 당시 기독교의 교리에 반하는 일은 목숨을 걸어야 하는 일이었고, 이 때문에 기존 이론에 과감히 도전하는 것을 지금도 '코페르니쿠스적 전환'이라고 부른다. 그는 기존의 복잡한 우주관을 매우 단순한 우주관으로 바꾸었다.[7] 그러나 코페르니쿠스의 이론이 널리 받아들여지지 않은 것은 기존 이론도 행성의 운동을 잘 예측하였기 때문이다. 하지만 브라헤의 정밀한 관측 자료를 통해 케플러가 발견한 세 가지 법칙은 코페르니쿠스의 체계가 옳음을 증명해 보였다. 케플러의 세 법칙은 뉴턴이 가정한 운동 법칙과 중력 법칙으로부터 수학적으로 증명된다. 뉴턴의 이런 연역적 방법은 큰 반향을 일으키며 서양 철학사에 지대한 영향을 미쳤다. 17세기 뉴턴의 방법은 계몽주의를 유행시키면서 18세기에 많은 과학적 발견을 이끌었

---

7   당시 클라우디오스 프톨레마이오스(Claudios Ptolemaeos)의 우주관은 완전한 원이 아닌 궤도를 도는 행성의 운동을 설명하기 위해 매우 복잡해졌다. 행성은 태양을 중심으로 도는 주원에 붙어 있는 작은 주전원에 고정되어 운동하고, 5개 행성의 운동을 설명하기 위해 무려 27개 주전원의 위치, 반지름, 회전 속도 등 100개가 넘는 값이 필요했다. 코페르니쿠스는 우주의 중심을 태양으로 옮기며 모든 주전원이 필요 없다고 주장했다.

천문학 혁명

폴란드의 니콜라우스 코페르니쿠스(1473~1543)는 인간 중심의 신학에 기반한 지구중심설을 관측 결과에 기반한 태양중심설로 바꾸어야 한다고 주장했다. 그는 "우주의 중심은 태양 근처에 있고, 지구를 포함한 모든 행성의 천구들은 태양을 중심으로 돈다. 지구는 고정된 회전축으로 자전하고 있으며, 태양의 운동이나 복잡해 보이는 행성의 운동*은 지구의 자전 때문에 생긴다. 항성들이 존재하는 대천구는 태양과 지구 사이의 거리보다 매우 멀리에 고정되어 있다."라고 주장했다. 하지만 종교재판의 엄벌이 두려웠는지, 태양이 우주의 중심인 이유는 "신이 보시기에 태양이 우주에서 가장 아름다운 천체이기 때문"이라며 변명하기도 했다.

덴마크의 천문학자 튀코 브라헤(1546~1601)는 1572년 카시오페이아자리에서 신성(nova)을 처음 발견한 공으로 왕의 지원을 받아 천문대를 짓고 방대한 관측 기록을 남겼다. 망원경이 없던 시대라 자신이 만든 기구를 이용해 맨눈으로 관측했지만, 동시대의 천문학자보다 다섯 배 이상 정확했고, 현대의 기록과 비교해도 놀라울 만큼 정확했다.** 그는 1577년에 혜성(comet)은 달보다 먼 곳에 있다는 증명도 했다. 나타났다 사라지는 혜성은 신이 지배하는 천상의 세계가 아닌 달 아래에 있으리라 생각했는데, 그의 신성과 혜성 관측 결과는 당시의 지구중심설을 '반증'했다.

의심이 많아 데이터를 다른 사람에게 공개하기를 꺼렸던 브라헤는 1600년에 계산의 귀재인 독일의 요하네스 케플러(1571~1630)를 조수로 채용했다. 그 후 2년도 지나지 않아 브라헤가 세상을 떠났고 그의 방대한 데이터는 고스란히 케플러에게 넘어갔다. 덕분에 케플러는 몇 년 후 세 가지 법칙을 발견했다. 첫째, 모든 행성은 태양을 하나의 초점으로 하는 타원 궤도를 따라 돈다. 둘째, 태양을 중심으로 같은 시간 안에 행성이 쓸고 지나가는 넓이는 일정하다. 셋째, 행성이 도는 주기의 제곱은 궤도인 타원의 긴반지름의 세제곱에 비례한다. 브라헤의 정밀한 관측에 기반한 이 세 법칙은 뉴턴에 의해 이론적으로 증명되었고, 결국 지구중심설을 무너뜨렸다.

+ 행성(行星, 떠돌이별)은 항성처럼 위치가 고정되지 않고 시간에 따라 움직인다. 태양에서 지구보다 먼 외행성은 한 방향으로만 움직이지 않고 반대로 움직이다가 다시 원래 방향으로 되돌아가는데, 이를 '역행(逆行, retrograde motion)'이라 한다.

++ 하늘에서 꼼짝하지 않는 항성의 위치에 대한 오차는 겨우 30초이고, 1/120도의 정확도다(1분은 1도의 60분의 1, 1초는 1분의 60분의 1이다). 하늘에서 이리저리 움직이는 행성의 위치에 대한 평균 오차는 약 1~2분이다.

고, 아리스토텔레스의 이론은 역사 속으로 사라졌다.

태양중심설이 지구중심설을 무너뜨린 것은 그것이 더 '좋은 이론'이기 때문이다. 과학에서 '좋은 이론'의 첫째 조건은 '반증 가능성'이다. 반증은 실험으로 검증할 수 있어야 한다. 검증할 수 없는 애매한 이론은 과학 이론이 될 자격이 없다. 둘째 조건은 '보편성'이다. 한 가설이 다른 가설보다 더 많은 관측 결과를 예측한다면 반증 가능성이 커지고, 모든 검증에서 살아남으면 보편성이 커진다.

'과학'이라고 주장하는 다양한 주장들이 있다. 이를 과학과 비슷하다고 해서 '유사 과학'이라 부르기도 하는데, 그 정체는 '사이비 과학', '가짜 과학'이다. 일부는 과학적으로 보이기 위해 증거와 함께 논리적 추론을 대지만, 실증적 검증 방법이 없거나 반증 가능한 예측을 제시하지 않는다. 이런 주장은 과학의 범주에 들어올 자격이 없다. 대표적인 것이 여러 번의 예언을 맞추었다는 예언자, 과학적 단어로 포장한 상품의 선전, 종교의 권위를 업은 창조과학(Creation science) 등이다.

2. 과학과 사회

현대의 과학 지식과 기술은 근대보다 훨씬 막강한 위력을 지니고, 인류의 삶이 풍요롭고 평화로운 길로 갈지, 파멸과 파국의 길로 갈지를 좌우한다. 현대 사회에서 전 지구적 문제를 해결하고 과학을 올바르게 사용하려면 모든 사람이 과학을 이해해야 한다. 현실에서 과학을 어떻게 활용하느냐의 결정은 대개 국가권력과 경제 논리에 좌우된다. 미국과 같은 강대국의 통수권자는 마음만 먹으면 세계를 파멸시킬 수도 있기 때문이다.

1) 과학은 문화를 만든다

근대 과학이 인류의 생활방식을 바꾼 근본적 이유는 비판적이고 합리적인 과학적 사고방식에 있다. '과학의 위력'이라고 하면 과학적 지식을 응용한 기술을 떠올리기 쉽고, 더 좁게는 물질문명이나 무기 같은 것을 생각하는 사람도 있다. 그러나 과학과 기술은 엄연히 다르고, 자연과학의 위력은 기술이 아니라 과학적 사고에 있다. 대개 "동양은 정신적이고, 서양은 물질적"이라고 하지만, 역사적으로는 동양이 먼저 물질문명을 개척했다. 세계 3대 발명품이라는 나침반, 종이, 화약은 물론 인쇄술도 동양에서 먼저 사용했다. 그런데 왜 근대에 들어오면서 상황이 바뀌었을까? 서양의 물질문명이 동양을 앞서기 시작한 계기는 18세기 산업혁명이다. 뉴턴의 공리적 방법을 응용한 과학적 사고는 19세기에 다양한 기술을 급속히 발전시켰고, 그 결과 물질문명이 고도화되었다. 서양의 물질문명은 과학적 사고를 다양하게 활용한 결과이며, 이처럼 과학의 진정한 위력은 과학적 사고에 있다.

또한 과학은 '삶의 새로운 의미'를 제공한다. 자연과학이 찾은 지식은 우리가 인간과 우주에 대해 더 잘 이해하게 해 주고, 세계관까지도 바꾼다. 뉴턴의 기계적인 우주관은 우주의 운행을 담당하는 신의 필요를 없앴다. 에드윈 허블(Edwin Hubble)이 발견한 우주 팽창은 한없이 넓다고 생각한 우주를 유한하다고 규정했다. 모든 생명은 ATP[8] 분자로부터 필요한 에너지를 얻는데, 이것은 식물이든 동물이든 모든 생물은 같은 조상을 가진다는 증거다. 새로운 과학적 세계관으로 생각하면, 우리 삶의 의미도 새롭게 바뀐다.

과학은 '실용적 의미'도 제공한다. 현대 사회는 과학의 산물인 기술을 사용하지 않는 날이 없다. 과학 문명은 과학 지식에 기반한 기술 덕분에 이루어졌다. 과학 지식을 올바르게 이용하면 풍요로움을 선사하지만, 잘못된 방향으로 이용하면 엄청난 재앙이 될 수도 있다. 알베르트 아인슈타인(Albert Einstein)의 지식은 원자력 발전에 사용될 수도 있지만, 인류 전체를 파멸시킬 수 있는 핵무기를 만드는 데도 사용된다. 과학 문명이 지배하는 현대 사회에서 건설적이고 책임 있는 시민의 역할을 제대로 하려면 모든 사람이 과학적 소양을 갖추어야 한다.

마지막으로 과학은 '문화의 중요한 근간'이다. 과학이 삶의 새로운 의미를 알려 주듯 과학 지식은 새로운 문화를 형성해 왔다. 철학에서는 뉴턴 역학이 라이프니츠의 예정조화설(豫定調和說)에 영향을 미쳤고,

---

8   ATP는 아데노신3인산(adenosine triphosphate)의 약자로, 모든 생명체가 살아가는 데 필요한 에너지를 공급하는 유기 화합물이다.

그림 5 살바도르 달리, 〈기억의 지속〉

그림 6 파블로 피카소, 〈거울 앞의 소녀〉

프랑스의 볼테르는 뉴턴의 공리적 방법에 매료되어 계몽주의에 뛰어들었다. 과학의 발견은 예술에도 영향을 미친다. 달리의 〈기억의 지속〉이란 작품은 아인슈타인의 특수 상대성 이론에서 빛의 속도로 날아가면 시간이 멈춘다는 사실에 착안해 그린 작품이다. 원래 매우 사실적인 그림을 그렸던 피카소도 상대론에서 아이디어를 얻어 입체파 그림을 창안했다. 피카소의 〈거울 앞의 소녀〉에는 상대론이 적용되어 앞모습, 옆모습, 뒤에서 본 모습이 섞여 있다.

2) 과학은 사고의 패러다임을 바꾼다

과학 활동의 주체인 과학자도 사회에서 다른 사람들과 함께 살아간다. 당연히 당시 '전체 사회'의 관념 체계는 과학자에게 사회적·심리적 영향을 끼친다. 과학자는 일반 사회에도 속하지만, 과학자만 모인 전문적인 학술 단체에도 속해 있어 '학문 사회'의 관념 체계에도 영향을 받는다. 토머스 쿤(Thomas Kuhn)은 이런 학문적 관념 체계를 '패러다임(paradigm)'[9]이라고 불렀다.[10]

쿤은 과학 활동의 유형을 '정상과학'과 '과학혁명'으로 나눴다. 정상과학은 본보기 구실을 하는 패러다임 안에서 활동하는 것이고, 과학혁명은 패러다임 자체를 바꾸면서 새로운 본보기를 만들어 가는 것이다. 패러다임 안에서 설명할 수

그림 7 영국의 만화가 윌리엄 엘리 힐이 그린 〈나의 아내와 시어머니〉. 젊은 여성으로 보이기도 하고 노인으로 보이기도 하는 착시 현상을 일으킨다.

없는 관측 현상이 나타나면 그것을 '변칙'이라고 부른다. 변칙을 찾았다고 해서 과학자들이 곧바로 "기존의 것이 틀렸으니 바꾸자"라고 하지는 않는다. 대다수 과학자는 기존 이론에는 문제가 없고, 새 현상은 곧 해결될 예외라고 치부한다. 그런데 예외 또는 변칙이 계속 쌓이면 기존의 패러다임을 점차 의심하게 된다. 예외를 설명하는 새로운 이론을 받아들이면 이를 과학혁명이라 부른다. 과학혁명 기간에는 두 가지 패러다임이 공존한다. 〈그림 7〉에는 고개 숙인 할머니와 뒤를 돌아보는

---

9 어떤 한 시대 사람들의 견해나 사고를 근본적으로 규정하고 있는 테두리로서의 인식 체계. 또는 사물에 대한 이론적인 틀이나 체계.

10 토머스 쿤은 《과학혁명의 구조》(김명자 역, 까치, 2002)라는 책에서 패러다임을 '과학자 사회에서 공통으로 인정하고 신뢰하는 탐구의 전형'이라고 정의했다.

젊은 여성이 공존한다. 할머니로 보는 관점과 젊은 여성으로 보는 관점이 서로 논쟁하다가 새로운 이론이 점점 더 많은 예외를 설명하면서 우세를 점하고, 결국 옛 패러다임은 새 패러다임에 자리를 내준다.

이렇듯 과학은 점진적이고 연속적으로 발전하는 것이 아니라, 마치 계단처럼 정상과학의 시기 끝에 과학혁명이 일어나고, 새로운 패러다임에서 다시 정상과학이 유지되는 형태로 혁명적으로 발전한다는 것이 쿤의 설명이다. 과학혁명의 전형적인 예가 코페르니쿠스의 태양중심설, 뉴턴의 고전 역학, 이를 대체한 아인슈타인의 상대성 이론, 20세기 초의 양자역학 등이다.

거꾸로 과학 활동이 그 시대의 관념 체계에 영향을 주기도 한다. 움직임을 수학적으로 기술한 뉴턴의 운동 법칙은 과학을 넘어 전 사회적으로 영향을 끼쳤다. 운동 방정식 $a=F/m$은 힘이라는 원인과 움직임이 변한다(가속도, a)라는 결과 사이의 인과관계를 명확하게 연결했다. 처음에 공을 던진 위치와 공의 속도가 주어지면, 그 공이 어떤 궤적을 따라 언제 어디에 떨어질지의 운명이 결정된다. 이를 세상의 모든 일에 적용한 예정조화설은 물리학에서 출발했지만, 시간이 지나면서 역사나 사회, 인간의 행동 등에도 적용되었다.

철학에서 이성주의와 합리주의의 뒤를 이은 17세기의 계몽주의는 뉴턴에 의해 탄생했다고 할 만큼 많은 영향을 받았다.[11] 계몽주의는 왕권신수설을 부정하며 군주제와 교회의 권위를 약화했고, 프랑스 혁명

---

11 일부에서는 아이작 뉴턴의 《자연철학의 수학적 원리(Philosophiae naturalis Principia Mathematica)》(1687)를 과학혁명의 정점이자 계몽주의의 시초로 간주한다(https://en.wikipedia.org/wiki/Age_of_Enlightenment).

과 미국 독립선언서의 정신적 기초가 되었으며, 18세기와 19세기에 시민혁명과 정치혁명의 길도 열었다. 20세기의 카를 마르크스(Karl Marx)도 자연과학과 결정론의 영향을 받은 사람 중 하나다. 19세기 후반에 국가주의가 극성을 부리면서 이를 반대하는 사회주의가 대두했는데 마르크스의 철학은 놀랄 만큼 자연과학적 사고를 따르고 있다. 《꿈의 해석(Die Traumdeutung)》의 저자 지그문트 프로이트(Sigmund Freud)는 이해하기 어려운 범주라고 생각됐던 우리 의식의 밑바닥인 무의식까지도 자연과학적 전제와 결정론의 관점에서 설명했다. 20세기 인류에 가장 큰 영향을 끼친 사람을 꼽으라면 거의 언제나 마르크스, 프로이트, 아인슈타인이 포함된다. 20세기에 가장 중요한 인물은 과학적 사고를 한 사람들이다.

마르크스나 프로이트의 이론은 자연을 해석한 것이 아니므로 자연과학이 아니고, 반증주의의 체로 걸러도 과학의 범주에 들지는 않지만, 과학적 사고를 많이 활용했다. 과학적 사고와 과학적 방법을 적용하는 것은 자연에만 국한되는 것은 아니다. 자연과학이 '과학'의 전형이기는 하지만 다른 현상을 설명하는 데도 충분히 활용할 수 있다. 사회과학은 과학적 방법을 사용해 사회 현상을 탐구한다.

3) 미래에는 과학적 소양이 필요하다

과학과 기술은 현대인의 삶에 깊숙이 들어와 있고, 그 영향력은 계속 커진다. 일상생활을 슬기롭게 영위하기 위해서도, 국가적 이슈를 제대로 이해하기 위해서도, 전 지구적 위협에 목소리를 내기 위해서도 과학적 소양을 갖추는 것은 모든 현대인에게 필수적이다. 과학적 소양을 간단히 정리해 보자.

첫째, 자연 현상에 대한 '현대 과학 이론의 설명을 이해'할 수 있어야 한다. 20세기의 과학과 기술은 상대론과 양자역학이라는 새로운 과학혁명을 통해 한층 진보하였다. 자연을 제대로 이해하려면 이런 이론도 어느 정도 이해할 수 있어야 한다. 깊이 있는 내용까지는 어렵겠지만, 우리 생활 어느 부분에 사용되는지, 도덕적 함의는 무엇인지 정도는 파악해야 한다.

둘째, '과학'의 의미를 알고 '과학적 사고'를 하면서 공적인 논의에 참여하며 책임 있는 시민의 역할을 해야 한다. 과학은 의식적 반성, 지식의 정량화, 실증적 검토, 합리적·논리적 체계를 사용한다. 언론은 속성상 과장되고 무섭게 보이는 뉴스를 만든다. 이를 데이터에 기반해 논리적이고 비판적으로 따져야 진짜 내용을 알 수 있다.

셋째, '과학적 탐구 방법[12]을 활용'해 현명한 소비자가 되어야 한다. 과학적 탐구 방법을 익히면 과학적 단어로 화려하게 포장한 상품의 선전에 속지 않을 수 있다. 사이비 과학은 과학적 용어를 사용하지만, 그 주장을 자세히 살펴보면 단순한 주장에 불과하다.

넷째, '학교 밖에서도 스스로 과학을 학습'하고 자신이 선택한 진로에 필요한 기술을 스스로 익혀야 한다. 미래에는 산업 구조가 빨리 바뀌어 직종 전체가 사라지는 일이 허다할 것이다. 새로운 직종은 지금 존재하지 않고 어떤 모습일지 아무도 상상할 수 없으나, 모두 과학과

---

12 '과학적 방법'은 다음 절에 소개한다.

기술에 기반할 것이다. 새로운 세계에 필요한 과학 지식을 스스로 학습하고 활용하는 능력이 있어야 살아남을 수 있다.

마지막으로, '지속 가능한 발전을 이해하고 행동하는 일'이다. 현대 문명은 필요한 자원을 아무 계획 없이 무차별하게 이용한다. 모든 자원은 유한해서 이런 발전은 절대 계속될 수 없다. 예를 들어, 지구 온난화 문제는 이미 파국으로 치닫고 있는데, 일반인은 그 심각성을 잘 모른다. 이를 해결하기에는 너무나 큰 비용이 필요해서 어느 나라도 적절한 행동을 하지 않는다. 모든 사람이 과학적 소양을 길러야 그 심각성을 인지하고 자기 나라 정부에, 이웃 나라 정부에, 전 세계의 정부에 요구할 수 있다.

과학적 사고방식의 의미

중세에는 《성경》의 내용이 절대적인 권위를 가졌지만, 요즘에는 '과학적'이라고 할 때 많은 사람이 수긍한다. 뉴스에서도 '과학적'이란 말을 자주 사용하지만, 살펴보면 의심스러운 부분도 많고 광고에 등장하는 '과학적'이란 말은 소비자를 현혹하기 위한 것이기도 하다. 과연 '과학적'이란 말의 의미는 무엇일까? 또 '과학적'이려면 무엇이 필요할까?

1. '과학적'이란 것의 의미

과학의 핵심인 이론은 논리와 상상의 결합인 '가설'에서 출발해 다양한 검증을 거친다. 검증을 통과한 이론은 자연 현상을 잘 설명하고 예측한다. 오랫동안 살아남은 이론의 일부를 '법칙'이라 부르지만, 그렇다고 법칙이 이론보다 더 중요하다는 의미는 아니다. 그렇다면 과학 이외의 분야에서 이론 또는 법칙이라 하는 주장이 모두 과학과 같은 엄밀성과 보편성을 가질까? 절대 그렇지 않다. 과학은 엄밀성을 높이기 위해 과학적 방법을 사용하고, 보편성을 확보하기 위해 공통 개념을 사용한다.

1) 과학적 방법은 문제를 효율적으로 해결한다

과학자들이 자연 현상을 이해하기 위해 공통적으로 실천하는 방법을 '과학적 방법'이라 할 수 있다. 기본 가정은 어느 정도 불확실성이 있을 수밖에 없는데, 이를 검증하기 위해 연역적인 추론을 통해 다양한 예측을 하고, 그 결과를 검증한다. 여러 번의 검증을 거치며 약점과 한계를 보완해서 많은 과학자로부터 인정을 받으면 새로운 과학적 지식이 탄생한다. 과학적 방법은 검증 과정에서 불확실성을 제거하고 엄밀성을 더하는 방법이다.

(1) 해결 가능한 질문 만들기

과학은 "하늘은 왜 파란가?" 또는 "암의 원인은 무엇인가?"와 같은 자연 현상에 대한 질문에서 시작한다. 과학적 질문은 경험이나 실험으로 검증할 수 있는 형태로 다듬어야 한다. "내가 술에 취했나?"라는 질문보다는 "어떤 수치를 보면 내가 술에 취했는지 알 수 있지?"가 더 과학적이고 검증 가능한 질문이다. 질문만 잘 정리해도 "아, 혈중 알코올 농도를 보면 알 수 있구나!"라는 사실을 금방 파악할 수 있다.

울프럼 알파

울프럼 알파(Wolfram Alpha)는 영국의 물리학자 스티븐 울프럼이 개발한 검색 엔진이다. 해당 사이트(www.wolframalpha.com)에 접속하면 무료로 모든 수학 계산 문제에 답을 해 준다. 'x^4+x+1=0'이라고 입력하면 $x^4+x+1=0$ 방정식을 풀고, 'differentiate x*sin(x)'라고 입력하면 $x\sin(x)$를 미분하고, 'integrate x^2 ln(x)'라 입력하면 적분 식을 알려 준다.

'내가 술에 취했나?(Am I drunk?)'라고 입력하면 마신 잔의 수, 마시고 지난 시간, 몸무게, 성별을 묻는다. 그리고 시간에 따른 혈중 알코올 농도 그래프를 보여 준다. 우선 술에 취했는지를 판단하기 위해 원래의 질문을 '혈중 알코올 농도는 어떻게 알 수 있는가?'로 바꾸고, 혈중 알코올 농도에 관한 데이터를 인터넷에서 찾는다. 술의 알코올 농도가 높으면 술잔의 크기는 줄어들고, 어떤 술이든 한 잔을 마시면 혈중 알코올 농도는 비슷하게 올라가며, 성별과 체중에 따라 알코올 분해 속도가 다르다는 사실도 이용한다. 이를 종합해서 결과를 보여 주면서, 미국에서 운전이 가능한 혈중 알코올

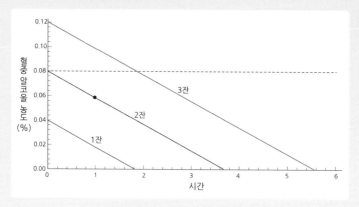

그림 1 혈중 알코올 농도 그래프

농도인 0.08%를 점선으로 보여 주기도 한다. 질문을 잘 정리하면 좋은 모형을 만들어서 간단히 해결할 수 있음을 보여 준다.

'왜 그런 일이 일어나지?', '왜 그런지 어떻게 알 수 있지?' 등의 질문은 과학의 원동력이다. "유레카!"를 외친 아르키메데스(Archimedes)는 '어떻게 하면 왕관에 있는 금의 양을 알 수 있을까?'를 고민했고, 앙투안 라부아지에(Antoine Lavoisier)는 '연소 현상이 플로지스톤[1] 때문인지, 산화 때문인지 어떻게 구별할까?'를 질문했다.

(2) 검증 가능한 모델 만들기

과학적 모델은 과학자가 머릿속에 그려 본 상상이고, '만약 A라면, 결론은 B'라는 형태를 띤다. 모델은 중요한 특징에만 집중하고 부차적인 특징은 무시하면서 단순화한다. 사과가 떨어질 때 중요한 것은 사과의 질량과 중력이다. 사과의 모양과 색, 바람 등은 모두 무시해도 정확한 예측을 할 수 있다. 이상 기체 방정식(ideal gas equation)은 기체 분자 사이의 약한 힘을 무시하고 모든 충돌은 탄성 충돌(elastic collision)이라 가정하지만, 기체의 거시적 성질을 정확히 예측한다.

좋은 모델은 이미 관측한 사실 외에도 새로운 여러 가지 현상에 대한 이해를 제공한다. 뉴턴의 중력 법칙은 행성의 타원 궤도를 설명하

---

1   플로지스톤(phlogiston)은 모든 가연성 물질에 포함되어 있다고 믿었던 입자다. 물체가 타면 연소 과정에서 플로지스톤이 방출되고, 플로지스톤이 모두 소모되면 연소가 끝난다고 생각했다. 라부아지에는 이 플로지스톤설이 틀렸음을 보여 줬다.

려고 만들었지만, 천상의 물체든 지상의 물체든 모두 한 가지 힘(중력)으로 설명할 수 있다는 사실도 밝혔다.

(3) 연구를 계획하고 수행하기

모델이 이론으로 발전하려면 다양한 예측이 검증돼야 한다. 검증을 위해 과학자는 체계적인 연구를 계획하고 수행한다. 어떤 것을 변화시키고(독립 변인), 그 변화에 따라 어떤 것이 변하는지(종속 변인), 그 과정에서 어떤 것은 항상 변하지 않아야 하는지(통제 변인)를 결정하고, 무엇을 기록해야 할지도 정한다. 측정은 어떤 수준의 정확도로 할지, 그 정밀도를 위해서는 어떤 도구가 적합한지, 어떻게 오차를 줄일 수 있는지 등도 고민한다.

　과학자들은 잘 통제된 실험과 관측을 통해 믿을 만한 자료를 얻기 위해 노력한다. 실험의 경우는 통제된 조건을 만들 수 있지만, 야외나 천체를 관측하는 경우에는 상황이 다르다. 이때도 어떤 조건에서 또는 어떤 상황을 기다려서 자료를 수집할 것인지 면밀히 검토한다.

(4) 자료를 논리적으로 설명하기

연구 과정에서 얻는 기초 자료는 주로 숫자나 기초적인 설명으로 이뤄진다. 자료가 의미하는 바를 이론과 연결하려면 논리적 추론과 설명이 필요하다. 과학자는 수학적 또는 통계적 분석을 활용해 자료가 가진 특징을 찾고, 오차의 원인을 분석하고, 신뢰도를 계산한다. 분석과 추론을 통해 자료가 갖는 경향성을 알아내면, 이 자료가 이론과 부합한다는 사실을 설득해야 한다. 정확한 숫자를 알려 주기 위해서는 도표가 유용하지만, 분량이 많을 때는 상관관계를 한눈에 보여 주는 그래프가 더 유리하다. 최근에는 인포그래픽(infographics)도 많이 사용한다. 자료를 논리적으로 정리하다 보면 새로운 발견도 나오곤 하는데, 루이 파스퇴르(Louis Pasteur)는 생물속생설(生物續生說, biogenesis)을 설명하기 위한 자료에서 치사율이 100%였던 광견병을 고치는 방법을 찾았다.

(5) 수학과 컴퓨팅 사고력 이용하기

뉴턴 이후 수학은 과학의 모든 분야에서 사용하는 매우 강력한 도구가 됐고, 논리적이고 연역적인 추론을 가능하게 했다. 수학은 놀라울 정도로 자연을 잘 기술해서, 갈릴레이는 "수학은 신이 우주를 만들 때 사용한 언어"라고까지 말했다. 하지만 복잡한 문제는 계산하기가 너무 힘들어서 수학도 큰 도움을 주지 못했다. 그러다 20세기 말에 등장한 컴퓨터가 방대한 자료를 빠른 속도로 처리해 결과를 보여 주면서 상황이 혁명적으로 바뀌었다. 이제 컴퓨터는 복잡한 시스템을 이해하는 강력한 도구다. 숫자를 계산하기가 복잡해서 거의 사용하지 못했던 이론도 컴퓨터를 이용해 답을 계산할 수 있게 되었고, 덕분에 복잡한 현상을 이해할 수 있게 됐다.

컴퓨터를 사용하는 계산은 과학을 넘어 전산정치학, 전산경영학 등 모든 학문 분야에서 활용되고 있다. 수학을 사용하지 않았던 인문사회학 분야에서도 수학적 모델을 만드는 일이 중요한 과제가 됐고, 오락과 영화 등 문화 영역에서도 빠뜨릴 수 없는 도구로 자리매김했다.

유체의 움직임을 기술하는 나비에-스토크스 방정식

1822년에 만들어진 나비에-스토크스 방정식(Navier-Stokes Equation)은 모든 유체(액체와 기체)의 운동을 기술하는 정확한 방정식이었지만, 계산이 매우 복잡해서 아주 간단한 경우 외에는 무용지물이었다. 컴퓨터가 발전하면서 1980년대부터 이 방정식을 이용해 일기예보를 시작했다. 수만 개로 나눈 대기 상태의 데이터를 입력한 뒤 나비에-스토크스 방정식으로 계산해 적용했다. 과거에는 한 개인의 경험에 의존하여 주먹구구식으로 점을 치듯이 일기예보를 했다면, 이제는 과학이 만든 방정식으로 정확도를 크게 높였다.

요즘 이 방정식을 가장 많이 사용하는 분야는 영화다. 〈캐리비안의 해적〉, 〈포세이돈〉, 〈해운대〉 등에 등장하는 거대한 해일 장면은 마치 살아 있는 것처럼 현실적이다. 애니메이션 영화는 이 방정식을 사용해 사실보다 더 사실 같은 영상을 보여 준다. 2019년에 개봉한 〈라이온 킹〉에서 사자 갈퀴가 바람에 부드럽게 나부끼는 모습은 평생 머리를 감지 않는 실제 사자의 떡이 진 갈기에서는 볼 수 없다.

(6) 정확한 통계 사용하기

과학은 데이터의 경향과 상관관계를 알아내기 위해 통계를 사용한다. 뉴스에서도 등장하는 '통계적으로 유의미한 결과'란 말은 '과학적'이란 말과 동의어처럼 인식된다. 과연 그럴까? 전혀 그렇지 않다. '통계적으로 유의미한'이란 말은 통계를 정확하게 사용했을 경우에만 적용 가능하다.

과학 연구가 산출하는 데이터는 주로 종 모양의 정규분포(normal

distribution)가 대부분이다. 잘 통제된 실험에서 여러 번 측정하다 보면 데이터는 평균값 근처에 모이지만, 평균값에서 벗어나는 데이터도 있다. 과학에서 가장 많이 사용하는 통계치는 평균값과 표준편차(standard deviation)다.

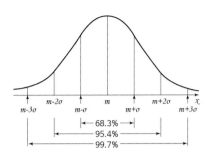

그림 2 정규분포에서의 평균(m)과 편차(σ), 그리고 편차 범위 안의 데이터 수

이 두 가지만 알면 데이터의 품질과 정확도를 믿을 수 있다. 보통 과학의 데이터는 수치로 평균값±편차를 사용하거나, 그래프에 평균값 표시에 막대기를 그려서 편차를 표시하기도 한다. 평균값과 편차가 의미

믿을 수 없는 통계

언론과 사이비 과학은 '통계적으로 유의미한'이란 말로 거짓말을 한다. 이런 속임수에 속지 않는 방법 몇 가지를 소개한다.

언론이 사용하는 가장 기본적인 거짓말은 그래프 y축의 아랫부분을 자르는 것이다. 넓은 아래쪽을 잘라 버리면, 작은 변화가 극적으로 커진다. 〈그림 3〉의 두 그래프는 같은 데이터이지만, 왼쪽 그래프는 '공무원 봉급, 급격히 상승'이라는 주장에 쓰이고, 오른쪽 그래프는 '공무원 봉급 안정화'라는 주장에 쓰인다.

사이비 과학도 통계로 거짓말을 한다. 샘플 수가 많지 않으면 어떤 거짓 주장이든 할 수 있다. 표본의 크기가 수십 명 정도로 작다면 '김씨가 이씨보

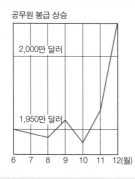
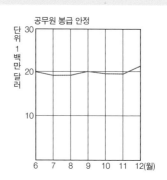

그림 3 왼쪽은 변화를 과장하기 위해 y축의 아랫부분을 없앴다.
오른쪽은 정상적으로 0에서 시작하는 y축에 다시 그렸다.

다 10배 더 오래 산다'도 가능하고, 그 반대도 가능하다.

잘 설계되지 않은 설문 조사는 더욱 믿을 수 없다. '미국에서 백인과 흑인은 사회적으로 같은 대우를 받는다'라는 주제에 대해 설문 조사를 할 때, 응답자가 백인인 경우와 흑인인 경우는 반대 결과가 나올 것이다.

비교 대상이 없는 엉성한 문장도 조심해야 한다. '작년 기차 사고 사망자 200명, 자동차 사고 사망자 1,000명'이란 제목의 기사는 기차가 더 안전하다고 주장할 것이다. 그러나 자동차 승객이 기차 승객의 5배라면 위험의 차이는 없고, 자동차 승객이 기차 승객의 10배라면 자동차가 2배 더 안전하다.

상관관계와 인과관계는 다르다. '태국인보다 우유를 3배 더 많이 마시는 영국인의 암 발생률이 태국인의 18배'라면, 우유가 암을 6배 유발할까? 영국인의 평균 연령이 태국인보다 20년 더 많았고, 나이가 들어서 암에 걸린 사람이 많았다면, 오래 산 것이 암의 원인이다.

이 외에도 '통계로 거짓말을 하는 방법'은 많다.[+] 언론의 자극적인 보도에 속지 않으려면 통계 수치를 비판적으로 읽을 수 있어야 한다.

[+] 대럴 허프, 《새빨간 거짓말, 통계(How to Lie with Statistics)》(박영훈 역, 더불어책, 2004). 원저는 1954년에 출간되었고, 독서광으로 알려진 빌 게이츠가 '1950년 이후 출간된 최고의 책'으로 추천했다.

있으려면 잘 설계된 실험으로 모인 데이터가 충분해야 한다. 설계가 엉성하거나 데이터 수가 적으면 이 값들은 아무 의미가 없다.

2) 여러 분야의 과학이 공유하는 공통 개념

과학 이론은 매우 보편적으로 적용할 수 있다. 그 이유는 모든 과학 이론이 공통으로 사용하는 개념이 있기 때문이다.

(1) 규칙성

자연에서 규칙성과 대칭성은 여러 곳에서 발견된다. 매일 떠오르는 태양, 어김없이 반복되는 계절, 수많은 오각형 꽃 등을 예로 들 수 있다. 규칙성을 알아내는 능력은 수렵 채취 시절 인류가 생존하기 위한 중요한 도구였다. 규칙성을 알면 자연 현상의 유사점과 차이점을 구분할 수 있고, 변화무쌍한 자연 현상을 몇 개의 그룹으로 나눠 이해할 수 있다.

화학에서는 화학적 반응이 같고 질량이 다른 동위원소(同位元素, isotope)를 같은 원소라 부른다. 규칙성은 여러 수준이 있다. 생물학에서는 여러 종(種, species)을 같은 속(屬, genus)으로 묶고, 여러 속을 다시 과(科, family)로 분류한다. 규칙성을 알아내면 수학을 이용해 그 원인을 찾을 수도 있다. 생태계에 있는 여러 종의 개체 수 변화를 하나의 그래프 위에 그린 뒤 규칙성을 찾으면 개체 수 변화의 상관관계로부터 먹이사슬 관계를 찾을 수도 있다.

(2) 원인과 효과

과학에서 A가 B의 원인이라고 설명하려면 A와 B 사이의 상관관계와 인과관계를 알아내야 한다. 발로 공을 차는 것과 같이 간단한 현상은 원인과 효과를 쉽게 알 수 있지만, 생물이나 지구처럼 복잡한 시스템에서는 원인도 여럿이고 관측 조건을 마음대로 통제할 수도 없어서 인과관계를 찾기가 어렵다.

많은 경우 원인은 조건에 따라 달라지기도 한다. 식물은 충분한 수분과 따뜻한 온도일 때만 발아하는데, 한 가지 조건만으로는 발아하지 않는다. 원인의 결과는 확률적인 방식으로만 설명되기도 한다. 특정 방사성 원자가 언제 붕괴할지는 알 수 없지만, 방사성 원소 전체가 일정한 기간에 얼마나 많이 붕괴할지는 정확한 확률로 알 수 있다.

(3) 규모와 비례

규모가 달라지면 자연의 행동을 설명하는 방식도 달라진다. 과학에서 다루는 규모는 세 가지 정도로 구분할 수 있다. 인간과 비슷한 크기여서 직접 관측할 수 있는 규모[2], 직접 관측하기에는 너무 작거나 너무 빠른 규모[3], 너무 크거나 너무 느린 규모[4]이다. 예를 들어 화학 반응은 10^{-15}초 안에 일어나는데, 대륙은 1년 동안 겨우 수 센티미터 정도만 움직인다. 둘 다 같은 물리화학적 법칙의 지배를 받기는 하지만, 이렇게 다른 현상을 설명하려면 전혀 다른 이론이 필요하기도 하다.

---

2   사람이 빨리 달리는 속도는 10^1m/s 정도다.

3   금속 안의 전자의 속도는 10^6m/s 정도다.

4   손톱이 자라는 속도는 10^{-6}m/s 정도다.

규모가 바뀐다고 모든 양이 비례해서 커지지도 않는다. 체중이 50kg 인 사람은 숨만 쉬어도(기초대사량) 하루에 약 1,400kcal의 에너지가 필요하다. 체중이 25kg인 큰 개는 이의 반이 넘는 800kcal 이상의 에너지가 필요하고, 체중이 100kg인 판다는 두 배가 아닌 2,400kcal만 있어도 된다.[5]

(4) 시스템과 시스템의 모형

'시스템'이란 말은 정말 많이 사용하지만, 명확한 정의를 아는 사람은 드물다. 시스템은 '내가 관심을 두는 대상을 나머지 세계로부터 분리한 것'이다. 관심의 대상은 작은 대장균부터 큰 은하일 수도 있다. 시스템이 복잡하고 커서 한 번에 모두 이해하기가 어려우면 더 작은 부분으로 나누기도 한다. 순환계는 몸이라는 시스템의 일부지만 하나의 독립된 시스템으로 간주할 수도 있고, 더 작은 혈액계와 림프계로 나눌 수도 있다. 연구하고자 하는 시스템과 나머지 세상 사이에는 경계가 있다. 시스템은 경계를 통해 외부와 상호작용을 하거나 자원을 주고받는다. 책상 위에 있는 책이 시스템이면 외부인 지구가 작용하는 중력이 상호작용이고, 유기체가 시스템이면 외부로 내보내는 이산화탄소가 자원이다.

시스템의 모형은 시스템 안의 요소들이 어떻게 상호작용을 하는지에 대한 가정이다. 모형이 복잡한 정도는 천차만별이다. 책상 위에 놓

---

5   세 가지 수 800, 1,400, 2,400의 비는 1400/800=1.75, 2400/1400=1.71이다. 이런 비슷한 비율의 데이터가 생물과 사회 현상에 새로운 이해를 제공하기도 한다(제프리 웨스트, 《스케일》, 이한음 역, 김영사, 2018).

인 책은 간단하지만, 엔진의 경우에는 흡입, 압축, 폭발, 배기 과정에서 압력과 열의 변화가 매우 복잡하다. 생태계에서 먹이사슬의 그물을 표현하는 것은 더욱 복잡하다. 그러나 아무리 복잡한 모형이라도 어떻게든 모형을 만들 수 있다면, 이제는 컴퓨터의 도움을 받아 그 모형이 작동하는 방식을 알 수 있다.

시스템이 큰 경우 구성 요소로부터 전혀 기대할 수 없었던 '창발 행동'[6]이 나타나기도 한다.[7] 우리 몸속 세포 하나하나의 활동을 잘 알아도 어떻게 세포들이 모여 하나의 생명체로 살 수 있는지 알 수 없는 것도 창발 행동의 예다.

(5) 에너지와 물질

규칙성이 달라도, 원인이 달라도, 규모가 달라도 항상 일정하게 유지되는 양이 있으며, 그 이유까지 알 수 있게 된 19세기 물리학자들은 열광했다. 그리고 이 사실을 다른 과학 분야에 적용하고 전파했다. 시스템 내부의 요소들끼리 또는 시스템이 환경과 어떤 영향을 주고받더라도 어떤 양 하나의 크기가 항상 같다는 사실을 보존 법칙(law of conservation)이라 한다. 보존되는 양이 있으면 모든 영향을 시시콜콜 따지지 않고도 시스템의 행동을 쉽게 예측할 수 있다.

---

6   창발(創發, emergent) 현상은 시스템을 구성하는 하위 요소에서는 볼 수 없으나 전체를 구성하는 상위 계층에서 나타나는 현상이다. 근래의 복잡계(complex system) 과학은 이런 자기조직화(self-organization) 현상을 연구한다.

7   철새 떼가 날아가며 보여 주는 아름다운 군무의 변화는 새 한 마리를 잘 이해했다고 해도 왜 이런 행동이 나타나는지 알 수 없는 창발 행동의 예다. 한 마리 새가 주변의 일곱 마리 새의 움직임을 쫓아간다면, 그 군무를 이해할 수 있다고 한다.

에너지

뉴턴과 동시대를 살았던 고트프리트 라이프니츠(Gottfried Leibniz)는 1680년경 '활동의 원천(활력)'을 뜻하는 'vis viva'라는 개념을 제안했다. 질량이 m인 물체가 속도 v를 가지면, 뉴턴은 운동량(mv)이 보존된다고 했는데, 라이프니츠는 '활동의 원천'인 mv^2이 보존된다고 보았다. 라이프니츠는 불운한 철학자였다. 그는 뉴턴과 독립적으로 미분 개념을 창안했는데, 영국왕립학회의 결정 때문에 그 공은 뉴턴이 차지했다(그 당시 학회의 회장이 뉴턴이었다).

1802년 라이프니츠가 말한 mv^2에 해당하는 물리량을 에너지('운동, 활동, 힘'이라는 뜻의 그리스어 에네르게이아(energeia)에서 따온 말)라는 용어로 다시 소개한 사람은 토머스 영(Thomas Young)이다. 이는 현대 용어로는 '운동 에너지의 두 배'다. 1853년 스코틀랜드 출신 엔진 공학자 랭킨(Rankine)은 퍼텐셜 에너지(potential energy, 위치 에너지)를 소개했다. 운동 에너지와 퍼텐셜 에너지를 더한 양은 역학적 에너지라 부른다.

에너지를 가장 활발하게 사용한 것은 엔진을 개발하려는 열역학 분야였다. 초기에는 열전달 현상을 뜨거운 물체에서 차가운 물체로 칼로릭(caloric)이 흘러가기 때문이라고 설명했다. 칼로릭 이론을 무너뜨린 것은 신혼여행을 가서도 폭포 아래에서 실험할 정도로 열정적이었던 제임스 줄(James P. Joule)이다. 1850년경 줄은 '역학적 에너지와 열은 같다'는 사실을 밝혔다. 1881년 윌리엄 톰슨(William Thomson)[+]이 에너지를 '과학 연구에서 매우 유용한 개념'이라고 밝히면서 중요한 개념으로 인식되기 시작했다. 에너지는 공짜로 얻을 수도 없고, 흔적 없이 사라지지도 않는다. 오직 다른 형태의 에너지로 전환될 뿐, 그 총량은 언제나 보존된다.

✦ 과학적 업적을 인정받은 톰슨은 작위를 하사받아 켈빈 경이 되었고, 켈빈(K)은 절대온도의 단위로 쓰인다.

물질(질량)이 보존된다는 사실은 이해하기 쉬웠다. 뚜껑이 닫힌 냄비 바닥의 물이 사라지면 벽에 응결되는 것을 쉽게 알아볼 수 있다. 에너지는 추상적인 개념이라 보존 법칙을 찾는 데 시간이 좀 더 걸렸다. 뉴턴의 설명 이후에 역학적 에너지의 보존 개념이 만들어지는 데는 약 100년, 열에너지까지 포함한 에너지 보존 법칙을 찾는 데는 약 50년이 더 걸렸다. 에너지의 총량이 보존된다는 사실은 이후 다양한 형태의 에너지를 찾는 도구 역할을 했다.

모든 물질의 순환은 에너지의 흐름과 관계돼 있다. 지구상 물의 순환을 충분히 이해하기 위해서는 물이 어떻게 이동하는지, 그 이동을 가능하게 하는 에너지는 무엇인지도 함께 설명해야 한다. 에너지와 물질이 보존된다는 사실은 지금도 지구 온난화 등 여러 문제를 해결하는 데 중요한 역할을 하고 있다.

(6) 안정성과 변화

'평형(equilibrium)'이란 단어는 '상태가 변하지 않음'을 뜻한다. 벽에 기대어 놓은 사다리처럼 아무런 움직임이 없는 상태를 '정적 평형'이라 한다. 댐처럼 계속 물이 들어오고 나가는데도 일정한 수위를 유지하는 상태를 '동적 평형'이라 한다. 외부에서 살짝 건드렸을 때 평형 상태가 계속 유지되는지 아닌지에 따라 '안정 평형'과 '불안정 평형'으로 구분한다. 안정 평형은 작은 교란이 생겨도 꿈적하지 않고 원래의 평형 상태로 되돌아가지만, 불안정 평형은 조금만 건드려도 원래 위치에서 벗어난다.

책상 위에 놓인 책이 중력을 받아 아래쪽으로 책상을 누르면, 책상을 이루는 원자들의 위치가 약간 눌리고, 점점 더 많이 눌릴수록 더 큰 힘으로 책을 위로 민다. 책을 아래로 당기는 중력과 책상의 원자들이 책을 위로 미는 힘이 같아질 때 평형 상태가 된다. 이는 안정한 정적 평형의 예다. 웬만큼 큰 운석이 충돌해도 달은 지구를 벗어나지 않는다. 이는 안정한 동적 평형이다.

동적 평형에서 시스템의 안정성은 '되먹임(feedback)'이 결정한다. 되먹임은 시스템의 상태가 변할 때 그 변화를 더욱 크게 만드는 양의 되먹임과 그 변화를 줄이려는 음의 되먹임이 있다. 우리 몸의 호르몬은 되먹임을 통해 몸을 제어한다. 출산할 때 자궁 수축을 유도하는 옥시토신은 점점 더 자궁을 수축하려고 양의 되먹임을 사용하고, 몸의 항상성을 유지하는 호르몬은 음의 되먹임을 이용한다. 동적 평형과 되먹임에 대한 이해는 생태계의 변화나 지구 온난화 문제에서 매우 중요하다.

자연은 끊임없이 변화한다. 변화는 섞기만 하면 일어나는 화학 변화처럼 빠른 것부터 종의 진화, 우주의 팽창 같이 매우 느린 것까지 다양하다. 세포 내의 대사 작용부터 지층의 형성, 은하의 충돌[8]까지 자연에서 일어나는 모든 변화는 물리학과 화학의 기본 법칙을 따른다.[9]

짧은 시간 동안은 안정한 상태로 보이지만, 긴 시간에 걸쳐 변화할 수도 있다. 생명체는 매일 같은 상태로 보이지만, 긴 시간에서 보면 자

---

8 대부분의 은하가 우리 은하로부터 멀어져 가고 있지만, 국부 은하군 중 가장 큰 은하인 안드로메다은하는 초속 120km의 속도로 우리 은하를 향해 접근 하고 있다. 이 근거에 따르면 우리 은하와 안드로메다은하는 약 45억 년 후에 충돌한다. 은하가 충돌한다고 해서 별들이 충돌할 가능성은 거의 없다. 별들이 모인 은하라는 우주는 그야말로 텅 빈 공간이기 때문이다.

9 에드워드 윌슨(Edward Wilson)은 생물의 모든 변화는 물리화학의 법칙을 따른다며, 이를 '생물학 제1법칙'이라 불렀다(에드워드 윌슨 외 지음, 마이크 캔필드 엮음, 《과학자의 관찰 노트》, 김병순 역, 휴먼사이언스, 2013).

빠른 결과 도출을 위한 어림셈

자연과학의 모든 분야가 어려운 수학을 사용하지는 않지만 효율적인 실험을 설계하고, 실험 결과를 즉석에서 해석하고자 어림셈을 자주 사용한다. 어림셈의 가장 유명한 사례는 물리학자 엔리코 페르미(Enrico Fermi)가 자주 사용한 '페르미 플렉스(Fermi flex)'다. "시카고에는 피아노 조율사가 몇 명 있을까?" 이는 언뜻 들으면 황당한 질문이지만, 어림셈으로 꽤 정확하게 가늠할 수 있다.

시카고 인구가 약 500만 명이라 하자(실제는 300만 명이 안 되지만 상관없다. 크기의 정도+는 같다). 가구당 평균 3명이라면, 약 160만 가구다. 피아노가 있는 가구를 10%라고 하면(정확하지 않겠지만 상관없다), 약 16만 대의 피아노가 있을 것이다. 피아노 연주자라면 조율을 자주 하겠지만, 피아노를 장식처럼 갖다 놓고 거의 쓰지 않는 집도 있다. 평균 4년에 한 번 조율한다면(매우 부정확한 추정일 수도 있다), 1년에 4만 대의 피아노를 조율해야 한다. 이제 마지막 단계다. 조율사는 하루에 몇 대의 피아노를 조율할 수 있을까? 피아노 건반은 100개 정도다(실제로는 88개지만, 상관없다는 것을 이제는 눈치챘을 것이다). 모든 줄을 조율하는 데 3~4시간이 걸린다면, 하루에 2대를 조율할 수 있다. 1년에서 휴일을 빼면 약 300일인데, 매일 주문이 쇄도하지는 않을 터이니 200일 정도 일한다면 조율사 1명이 400대를 조율한다. 5만 대의 피아노를 조율하려면 50,000/400=125명이 필요하다. 실제 정답은 150명이다.++ 마구잡이로 숫자를 대충 썼는데도 꽤 정확한 값을 얻을 수 있다는 사실이 놀랍지 않은가?

+ 여기서 정확도는 '크기의 차수(order of magnitude)' 안에서의 정확도다. 대체로 정확한 수치의 1/10보다 크고, 10배보다 작으면 같은 '크기의 정도'라고 한다.

++ 나탈리 앤지어, 《원더풀 사이언스》, 김소정 역, 지호, 2010.

라고 나이를 먹고 죽는다. 탄소 순환(carbon cycle)[10]도 산업혁명 이전까지는 동적 평형을 유지했으나 그 이후 평형 상태가 천천히 변해 지구 온난화를 일으켰다.

2. 과학적 방법이 바꾼 인류의 문명

호모(Homo) 속은 약 600만 년 전 공통의 조상으로부터 침팬지와 분화되었고, 우리 종(Sapiens)은 약 20만 년 전에 시작됐다고 한다. 우리 종의 역사에서 가장 중요한 혁명은 약 7만 년 전의 인지혁명, 약 1만 년 전의 농업혁명 그리고 약 300년 전의 산업혁명이란 주장이 있다.[11] 인류 문명에서 가장 큰 변화는 농업혁명, 산업혁명, 정보혁명이란 주장도 있다.[12] 최근에는 4차 산업혁명이란 말도 등장했다.[13]

1) 과학은 문명을 만든다

(1) 과학이 가속화한 문명의 발전

기원전 4세기의 아리스토텔레스가 2천 년 후인 17세기의 르네 데카르

---

10   탄소는 지구상에서 생화학적인 반응을 통해 생물권, 암권, 수권, 기권 사이를 돌아다닌다. 좁은 의미의 탄소 순환은 주로 생물권과 기권에서 일어나는 순환을 일컫는다.
11   유발 하라리, 《사피엔스》, 조현욱 역, 김영사, 2015.
12   앨빈 토플러, 《제3의 물결》, 원창엽 역, 홍신문화사, 2006.
13   클라우스 슈밥, 《제4차 산업혁명》, 송경진 역, 새로운현재, 2016.

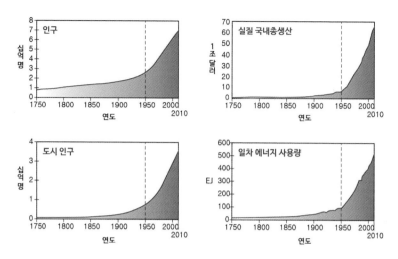

그림 4 1950년 이후 급속히 빨라진 문명의 발전
(출처: Will Steffen 외, 〈The Trajectory of the Anthropocene: the Great Acceleration〉, 2015)

트(René Descartes)와 만나도 아리스토텔레스는 전혀 이상한 것을 느끼지 못할 것이다. 둘 다 농경 시대에 살았고, 생활양식도 변한 것이 거의 없기 때문이다. 그러나 데카르트가 약 200년 후의 알프레드 노벨(Alfred Nobel)과 만난다면 데카르트는 말문을 잃을 것이다. 건물 규모, 사용하는 도구의 다양함과 정교함, 지식의 양이 자신의 시대와 매우 다르기 때문이다. 2천 년의 느린 발전을 근대 과학이 만든 산업혁명이 빠르게 바꿨다. 전기가 없이 살았던 노벨이 약 100년 후인 현대에 온다면 어떨까? 아마 마법의 세상에 떨어졌다고 느낄 것이다. 현대 과학은 두 번의 세계대전 이후 더욱 빠른 속도로 발전을 거듭했다.[14]

중세에는 유럽 전체의 국민총생산(GNP)이 중국의 1/3이었다는 말

14　Will Steffen 외, 〈The Trajectory of the Anthropocene: the Great Acceleration〉, 《The Anthropocene Review》 2(1), 2015.

이 있을 정도로, 세계 역사에서 유럽은 낙후된 지역이었다. 그런데 영국에는 뉴턴을 포함해 마이클 패러데이(Michael Faraday), 제임스 맥스웰(James C. Maxwell), 로버트 보일(Robert Boyle) 등의 과학자가 있었고, 제임스 와트(James Watt)의 증기기관에 힘입어 18세기 중반 산업혁명을 이루었다. 영국은 세계에 식민지를 건설하며 '해가 지지 않는 나라'가 됐다.

2차 산업혁명은 19세기 말 자동차와 전기의 보급으로 일어났다. 독일은 1880년대부터 자동차와 전기를 보급했고, 상아탑 안에 머물던 과학자들을 기술 개발에 참여시켜 많은 성과를 거뒀다. 디젤 기관은 새로운 동력을 제공했으며, 프리츠 하버(Fritz Haber)의 암모니아 합성은 비료와 폭탄을 만들어 식량과 무기도 제공해 줬다. 이때부터 서구 선진국의 삶은 급속도로 발전했다. 19세기의 평균수명은 30세, 국민소득은 1천 달러였는데, 20세기 초에는 기대수명 50세, 국민소득 3천 달러, 20세기 중반에는 기대수명 70세, 국민소득 1만 달러로 늘었다.[15]

3차 산업혁명은 20세기 중후반 컴퓨터의 보급으로 일어났다. 미국은 제2차 세계대전에서 쌓은 부를 과학에 투자했고, 세계 최고의 과학기술을 보유했다. 유럽에서 아인슈타인, 존 폰 노이만(John von Neumann), 페르미 같은 과학자도 영입하고, 수많은 미국 출신 노벨상 수상자도 배출했다. 최초의 디지털 컴퓨터, 최초의 상업용 컴퓨터, 최초의 개인용 컴퓨터는 모두 미국이 개발했다. 1차부터 3차까지의 산업혁명은 모두 당시에 최고의 과학과 기술을 가진 나라가 이끌었다.

---

15   한스 로슬링, 《팩트풀니스》, 이창신 역, 김영사, 2019.

4차 산업혁명은 아직은 단순한 구호일 뿐이다. 산업혁명(1760~1830)이란 단어가 유행하기 시작한 것은 영국의 경제학자 아널드 토인비(Arnold Toynbee)의 1881년 강연에서부터다. 우리 삶이 혁명적으로 바

컴퓨터

최초의 컴퓨터는 1942년 미국 아이오와대학에서 개발한 아타나소프-베리 컴퓨터(Atanasoff-Berry Computer, ABC)다. 1946년 펜실베이니아대학은 프로그램이 가능한 에니악(ENIAC; Electronic Numerical Integrator And Computer)을 개발했다. 농구장만 한 공간에 1만 8천여 개의 진공관을 설치했고 무게는 30톤이나 될 정도였다. 당시 보스턴시 전체가 사용하는 전기에 맞먹는 200kW의 전력을 소비했다.

그림 5 최초의 컴퓨터인 아타나소프-베리 컴퓨터

최초의 상업용 컴퓨터는 에니악을 개발한 존 에커트(John Eckert)와 존 모클리(John Mauchly)가 만든 회사에서 1951년에 출시한 유니박-1(UNIVAC-1; Universal Automatic Computer 1)이다. 초기에는 정부나 군대가 주 고객이었다.

최초의 개인용 컴퓨터는 미국의 존 블랭켄베이커(John Blankenbaker)가 자기 이름을 따서 발표한 켄벡-1(Kenbak-1)이란 컴퓨터다. 1971년부터 2년 동안 40대를 팔았다.

초기의 컴퓨터는 진공관을 사용했으나, 점차 트랜지스터와 IC(integrated circuit)로 대체됐다. 사용하는 에너지도 줄어서 이제는 작은 배터리로도 작동한다. 양자역학에 기반한 반도체 기술로 컴퓨터의 크기가 줄었을 뿐 아니라 속도도 빨라졌다.

꿰었다는 사실을 알기까지는 100년 가까이 걸렸다. 2차 산업혁명 (1870~1914)을 유행시킨 사람은 1951년의 에릭 짐머만(Eric Zimmerman) 이다. 2011년 제러미 리프킨(Jeremy Rifikin)은 디지털 혁명(1950~1980)을 3차 산업혁명이라 부르기 시작했다. 4차 산업혁명이란 말은 2016년 세계경제포럼에서 클라우스 슈밥(Klaus Schwab)이 처음 언급했는데, 앞으로 올 것이란 예언에 가깝다(모든 예언은 불확실하다). 많은 사람은 디지털 혁명이 지속되리라 생각한다.

엄청난 힘을 낼 수 있는 1차 산업혁명의 증기기관은 인류를 육체노동에서 해방시켰지만, 사용할 수 있는 곳은 제한적이었다. 2차 산업혁명의 전기는 플러그만 꽂으면 어디서나 육체노동에서 해방시켜 주었다. 3차 산업혁명의 컴퓨터는 인류를 정신노동에서 해방시켰지만, 역시 사용할 수 있는 곳은 제한적이었다. 이제는 인터넷과 휴대전화 덕분에 어디에서나 정신노동에서 해방됐다. 그러나 부작용도 있다. 인류가 육체노동과 정신노동에서 해방되면 대규모 실직 사태가 생긴다. 실제로 1차 산업혁명 때 대규모 실직이 있었고, 노동자들은 러다이트운동 (Luddite Movement)[16]을 일으키며 기계를 때려 부쉈다.

최근의 변화는 사물인터넷(IoT)이 만드는 초연결(hyper-connected)과 빅데이터를 활용하는 인공지능(AI)이 이끈다. 초연결은 우리를 편하게 해 준다. 모든 기계가 인터넷에 연결되는 초연결 사회가 되면 퇴근하면서 스마트폰을 작동하며 난방을 켤 필요가 없다. 그냥 편안히 자율주

---

16 증기기관 때문에 영국의 노동자들은 자본가로부터 착취를 당했고, 임금은 턱없이 부족했다. 그들은 노동운동을 할 처지도 못 되어서 자본가의 기계를 파괴하면서 투쟁하였는데, 이를 러다이트 또는 기계파괴운동이라고 부른다.

행 자동차 안에서 잠을 자면, 내가 집에 가는 것을 감지한 스마트폰의 인공지능이 집에 있는 보일러와 대화를 시작한다. '주인님이 집에 가시는 것 같아.' 보일러의 인공지능은 집 안을 24℃로 데우기 위해 얼마의 시간이 필요한지 계산하고 적절한 시간에 전원을 켠다.

인공지능은 좀 무서운 면도 있다. 드라마 〈휴먼스(Humans)〉[17]에서는 일을 잘하는 로봇 때문에 아이가 엄마보다 로봇을 더 좋아하고, 부부가 이별하기도 한다. 한 젊은이는 "나에게 미래란 없어. 저 로봇보다 잘할 수 있는 게 하나도 없어."라며 좌절한다. 인간의 지적 업무를 대신할 수 있는 정도는 약한 인공지능(Weak AI)이라 하고, 인간을 공격할 정도로 자의식을 가진 인공지능은 강한 인공지능(Strong AI)이라 한다. 약한 인공지능은 약 20년 후면 인간의 업무 대부분을 대체할 것이다.[18] 인공지능이 인간보다 우월한 지능을 가지는 순간을 '특이점'이라 한다. 특이점을 지나 인간의 통제를 받지 않는 '초지능(super intelligence)'이 되면 인류를 멸망시킬 것이라는 '예언'도 있다.

(2) 과학과 기술이 만든 안전한 세상[19]

산업혁명 이후 세상은 눈부시게 발전했다. 1800년대에는 전 세계에서 매년 발표되는 과학 논문이 100편이었는데, 현재는 250만 편이다. 1800년대에 태어난 아동은 다섯 살이 되기 전 44%가 사망했는데, 현

---

17 영국과 미국 합작으로 만든 드라마. 인공지능을 가진 인간과 유사한 휴머노이드가 우리 삶에 대중화된 세상을 배경으로 한다.

18 김대식, 《김대식의 인간 vs 기계》, 동아시아, 2016.

19 한스 로슬링, 《팩트풀니스》, 이창신 역, 김영사, 2019.

재는 4%로 줄었고, 천연두 발생 국가는 148개국에서 0으로 줄었다. 인터넷은 1980년대에 처음 나타났는데, 이제는 세계인의 45%가 사용한다. 전 세계의 80%가 전기를 사용하고, 지난 100년간 자연재해 사망자는 반으로 줄었다. 이 모두가 산업혁명 이후 발전한 과학 덕분이다.

그러나 많은 사람이 세상이 점점 나빠진다고 생각하면서, 그 원인이 과학과 기술이라고 비난한다. 왜 이런 일이 벌어질까? 인간의 뇌는 수백만 년에 걸쳐 진화하면서 생존을 위한 본능을 발전시켰다. 공포 본능은 깊이 생각하지 않고 빠른 판단을 하게 만들었다. 긴 막대기인지 뱀인지 가까이 다가가 살펴보는 것보다는 일단 도망가는 것이 나았다. 나쁜 일을 오래 기억하는 부정 본능과 세상을 범주화하는 일반화 본능은 위험을 피하고 먹을거리를 구하는 데 매우 유용했지만, 때때로 고정관념이 돼 상황을 오해하게 만들기도 한다. 그러나 지금 우리가 사는 세상은 이런 본능이 생존에 도움이 되었던 수렵 채취 시절과는 매우 다르다. 이제는 본능보다 이성으로 꼼꼼히 따지는 것이 중요하다.

2) 미래 인류 생존을 위한 과학

과학과 기술을 비난하는 것은 중세 시대의 고단하고 위험한 삶으로 돌아가자는 주장과도 같다. 오히려 인류에게 닥친 위험을 헤쳐 나가기 위해 과학과 기술을 적극 활용해야 한다. 인류를 위협하는 요소는 많다. 영화의 단골 소재인 외계인은 현실성이 없지만, 소행성의 위협은 작은 확률이지만 살아 있다.

(1) 기후 변화

2018년 '기후 변화에 관한 정부 간 협의체(IPCC)'는 지구의 온도가 산업혁명 이전의 기온보다 1.5℃ 이상 올라가면 기후 변화가 만드는 재앙이 심각해진다고 경고했다. 이를 막으려면 대기 중 이산화탄소(CO_2) 농도가 350ppm 이하여야 하는데, 2019년 이미 400ppm을 넘어섰다. 지난 수백 년 동안 매년 0.01℃씩 오르던 지구 평균 기온은 그 상승세가 가팔라져, 2050년으로 기대했던 1.5℃ 상승은 2033년으로 당겨졌다. 불과 십여 년 뒤다. 더 심각한 것은 평균보다 빠른 북극권의 온도 상승이다. 북극 주변의 영구동토층(permafrost)과 북극 해저에 있는 메테인(CH_4)[20]이 방출되면, 양의 되먹임 효과 때문에 사태는 걷잡을 수 없게 된다. 지구 온난화에 대해서는 아직도 연구 중이고, 해결책도 아직은 모색 중이다.

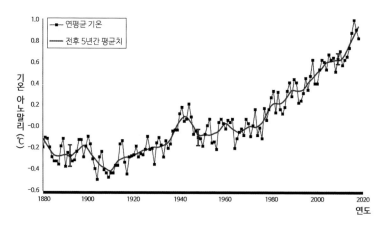

그림 6 전 지구적 평균 기온 변화. 1980년 근처에서 지구 평균 기온 상승세가 가팔라졌다(출처: NASA).

---

20   메테인은 이산화탄소보다 온실 효과가 20배 정도 크다.

과학의 경고를 전 지구적 노력으로 해결한 사례가 있다. 지구 상공 20~30km에 있는 오존층은 태양의 자외선을 막아 태고부터 지구의 모든 생명체를 보호했다. 과학은 1970년대에 남극을 중심으로 오존층이 사라지고 있는 것을 알아챘고, 경고와 함께 해결책도 제시했다. 오존 구멍의 원인인 프레온(에어컨, 냉장고 등에 사용하는 냉매)을 대체할 새로운 냉매를 개발한 덕에 오존 파괴 물질을 줄여 오존 구멍이 회복되기 시작했다. 세계의 정부가 협력할 수 있었던 것은 새 냉매가 그리 비싸지 않았기 때문이다.

온난화 문제를 해결하는 데는 훨씬 많은 비용이 들기 때문에 많은 나라가 과학의 경고를 무시한 채 아무런 행동을 하지 않는다. CO_2를 가장 많이 배출하는 미국의 트럼프 대통령은 2017년 경제를 이유로 파리기후변화협약에서 탈퇴했다. 앞으로 마구 배출하겠다는 심산이다. 사실 우리나라도 마찬가지다. 미국뿐만 아니라 한국도 CO_2의 국가 총배출량과 1인당 배출량 순위 모두에서 세계 10위 안에 드는 나라다. 10년 후에 재앙이 시작될 것이라는 과학의 경고는 많은 근거를 논리적으로 종합한 명확한 결과다. 그러나 세계의 각 정부는 경제 논리를 앞세우며 과학의 경고를 무시하고 있다.

(2) 전염병

급성 전염병은 영화의 단골 주제이기도 하고, 현실적인 위협도 있다. 최근에 발생했던 호흡기증후군(SARS), 조류인플루엔자(AI), 중동호흡기증후군(MERS) 등은 과학의 힘을 동원해서 가까스로 해결했다. 병원균에 대한 지식이 없었던 14세기에 발생한 흑사병은 유럽 인구의 거의 절반을 죽였다. 병원균을 알고 난 제1차 세계대전 직후에도 스페인 독감으로 5천만 명이 목숨을 잃었다. 이는 제1차 세계대전 사망자 수의 두 배 이상이고, 당시 세계의 평균수명을 33세에서 22세로 줄였다.

2014년 서아프리카에서 출현한 에볼라 바이러스의 경우 새로운 감염자 수가 3주마다 두 배로 증가했다.[21] 다행히 세계보건기구(WHO)가 일찍 대처를 시작해 약 두 달 만에 사태를 마무리 지을 수 있었다. 대처가 3주 느렸다면 두 배의 환자가 더 발생했을 것이고, 반대로 3주 전부터 시작됐다면 피해 규모를 훨씬 더 줄일 수 있었을 것이다.

바이러스는 굉장히 빨리 진화하고 해마다 많은 변종이 나타난다. 세계는 과거 어느 때보다 독감 방어에 효율적인 체계를 갖추고 있으나, 코로나-19처럼 언제 인간의 방어 체계를 무너뜨릴지 모르는 전염성이 강한 변종이 나타날지는 알 수 없다. 빨리 발견하고 대처하는 것이 관건이다. 진단과 방역과 치료도 중요하지만, 새로운 질병의 역학을 판단하려면 그 일에 종사하는 사람들이 통계를 정확히 사용할 수 있어야 한다.

과학계에서는 전염병에 대해서도 강력한 행동이 있어야 한다고 경고하는데, 각국 정부는 경제 논리를 대며 실질적인 초동 대처를 하지 않는다. 코로나 사태 때 늑장 대응했던 중국이 그 예다.

(3) 과학적 소양의 중요성
두 번의 세계대전에서 과학기술의 위력을 경험한 많은 나라는 공업 국

---

21 한스 로슬링, 《팩트풀니스》, 이창신 역, 김영사, 2019.

데이터에 기반한 과학적 사고의 중요성

2014년 에볼라가 발생했을 때, 환자 수가 기하급수적으로 증가하는 것을 의심한 한스 로슬링(Hans Rosling)은 라이베리아로 달려갔다. 좋은 통계 데이터를 얻는 일은 상당히 중요하다. '확진 환자'와 '의심 환자'는 엄연히 다르다. 라이베리아 보건부는 '의심 환자'의 분석 결과를 엑셀 파일에 입력만 했지 분석할 시간이 없었고, 세계보건기구도 늘어나는 '의심 환자' 수만 고민하고 있었다. 로슬링은 엑셀 파일을 자신의 연구소로 보냈고, 희소식을 받았다. '확진 환자' 수가 2주 전부터 줄고 있었던 것이다. 기적과도 같은 단비였다. 그는 "문제가 다급해 보일 때 맨 처음 할 일은 늑대라고 외치는 것이 아니라, 데이터를 정리하는 것이다."라고 말했다.

한스 로슬링은 통계학에 정통한 의사다. 그가 2005년에 설립한 갭마인더재단(https://www.gapminder.org/)은 사실에 근거한 여러 통계 자료를 보여 준다. 세계 각지에서 고통받는 사람들을 위해 평생 의료 활동을 했던 그는 2016년 췌장암 진단을 받은 후, 모든 일정을 취소하고 《팩트풀니스(Factfulness)》를 집필했다. 로슬링은 2017년 2월 그가 평생 헌신한 극빈자 8억 명을 남기고 세상을 떠났다.

가로 변신하려 노력했다. 1945년 일제에서 해방된 우리나라는 세계 최빈국 중 하나였지만, 1960년부터 30년 만에 국민소득을 100배로 늘리며 후진국 개발의 신화가 된 '한강의 기적'을 이뤘다. 우리나라 경제가 후퇴하지 않으려면 과학과 기술의 발전이 필수적이다. 과학자와 공학자의 역할이 중요하지만, 일반 시민도 과학적 소양을 갖춰야 한다. 앞으로 과학과 기술의 위력은 점점 커지고 모든 사람의 삶에 더욱 큰 영항을 끼칠 것이기 때문이다.

과학적 소양이 없으면 과학이란 단어로 포장된 선전에 쉽게 속고, 사회적으로 중요한 사안에 제대로 참여할 수 없으며, 정부의 에너지 정책이 혼선에 빠져도 심각성을 깨닫지 못한다. 지구 온난화가 가져올 10년 후의 재앙을 막기 위해 각국 정부가 어떤 행동을 해야 하는지 요구할 수도 없다.

과학적 소양을 갖추려면 평소 사실에 근거한 논리적 분석으로 원인과 해결책을 모색하는 훈련을 해 봐야 한다. 데이터를 정량적으로 분석할 수 있고, 나쁜 소식만 강조하는 뉴스를 비판적으로 볼 수 있어야 하며, 다양한 사실을 스스로 찾아서 위험의 정도가 어느 정도인지 논리적으로 계산할 수 있어야 한다. 현대의 모든 중요한 사안은 과학적 소양이 없으면 제대로 파악할 수 없다.

1절. 과학 지식의 여러 가지 모습

[문제 1] 난이도 하 ★

상품 광고 중에 과학 용어는 많이 사용하였지만 과학적이지 못한 내용을 찾아보자. 과학적 특징 중 무엇이 결여되어 있는가?

[문제 2] 난이도 중 ★★

갈릴레이는 '무거운 물체가 빨리 떨어진다'라는 기존 지식에 대한 의식적 반성을 통해 새로운 지식을 만들었다. 다음 주제에 대해 의식적 반성을 해 보자. 이를 위해서는 우선 관련된 지식을 검색해 보아야 할 것이다.

1) 음이온이 건강에 좋다. (임상학적 근거는 있을까? 음이온이 건강 증진에 기여하는 기작은 무엇일까? 음이온을 어떻게 만들 수 있을까?)

2) 원적외선이 건강에 좋다. (임상학적 근거는 있을까? 원적외선의 정체는 무엇일까? 우리 몸이 원적외선을 받으면 어떻게 반응할까? 황토방과 맥반석에서 나오는 원적외선에 특별한 점이 있을까?)

[문제 3] 난이도 상 ★★★

1981년 미국 아칸소주에서는 과학 수업에서 창조론을 가르쳐야 한다는 법안이 통과됐다. 우주의 나이는 고작 1만 년을 넘지 않기 때문에 과학이 틀렸다는 한 창조과학자의 주장 때문이었다. 그가 말한 근거는 단주기 혜성이 아직 관측된다는 사실이었다. 혜성은 태양에 가까이 갈 때마다 태양이 내는 열에 의해 다량의 얼음과 암석이 방출되기 때문에 단주기 혜성의 나이는 길어야 몇천 년에 불과하다. 그러나 다음 논의처럼 창조과학자는 자신의 주장이 반증 가능성이 없다는 사실을 시인했고, 재판 결과는 창조론 과목의 시행을 "영구히 금한다"로 결론이 났다.

변호사: 혜성은 중력의 영향을 받습니까?
창조과학자: 네.

변호사: 목성의 중력에 의해 혜성이 궤도를 바꿀 수 있습니까?

창조과학자: 네.

변호사: 그러면 목성의 중력에 의해 장주기 혜성이 단주기 혜성으로 바뀔 수 있습니까?

창조과학자: 그렇게 생각하는 사람도 있습니다.

변호사: 이렇게 바뀐 혜성들이 젊다는 증인의 이론이 틀렸음을 확인할 방법이 있습니까?

창조과학자: (한참 말이 없다가) 없습니다.

어떤 대목이 반증 가능성이 없다고 시인한 대목인지, 왜 그런지 토론해 보자.

2절. 과학적 사고방식의 의미

[문제 1] 난이도 하 ★

1장 2절의 〈그림 6〉(66쪽)을 보면 1940년경 갑자기 지구의 온도가 올라갔다. 그 이유가 무엇인지 논의해 보자.

[문제 2] 난이도 중 ★★

한 반에 10명이 있다면, 생일이 같은 사람이 있을 확률은 얼마인가? 한 반에 몇 명이 있어야 이 확률이 반이 넘을까?

[문제 3] 난이도 상 ★★★

지구 온난화는 두 가지 이유로 해수면을 높인다. 첫째는 육지 위에 있는 빙하가 녹아내리는 것이고(북극 지방에서 물에 떠 있는 빙하는 녹아도 해수면을 높이지 않는다. 왜 그럴까?) 둘째는 바닷물이 온도 상승으로 인해 팽창하는 것이다. 현재 첫째 원인 중 가장 위협적인 것은 그린란드에 있는 빙하다. 그린란드의 빙하가 다 녹으면, 해수면은 얼마나 상승할까?

(Youtube 참고: Scientists find troubling signs under Greenland glacier)

Strolling with Science,
a canon of Natural Sciences

2장

과학에서 법칙의 의미:

변하는 것 설명하기,
변하지 않는 것 찾기

과학 법칙이 바꾼 세계관

1. 물체의 운동을 지배하는 '힘'

시간이 흐르면서 세상은 변한다. 해와 달이 뜨고 지면서 낮과 밤이 반복되고, 그보다 더 긴 주기로 계절이 순환한다. 순환하지 않는 변화도 있다. 높은 곳의 물은 아래로 흐르고, 생명은 새로 태어나서 성장하고 죽는다. 변화하는 세상의 규칙을 이해하면 수렵과 채집, 농경과 목축에 유리했다. 시간에 따라 세상은 어떻게 그리고 왜 바뀌는 것일까? 밤낮의 길이와 계절 그리고 천체의 움직임마저 서로 관계되어 있다는 것을 알았을 때 사람들은 경외심과 더불어 호기심을 느꼈을 것이다. 모든 것을 한 번에 다 이해하기에는 세상은 너무 복잡하기에 과학은 간단한 현상을 먼저 이해하고, 조금씩 더 복잡한 현상에 도전하면서 자연을 설명했다.

세상의 변화 중 가장 먼저 눈에 들어오는 것이 물체의 움직임이다. 물체는 왜, 어떻게 움직일까? 이 질문에 대해 근대의 물리학은 '역학(mechanics)'이라는 답을 내놓았다. 근대 역학은 순환하든 순환하지 않든 하늘과 땅에서 일어나는 모든 물체의 운동을 하나의 원리로 설명했다. 농경과 함께 시작된 인류 문명의 역사에서 처음으로 '모든 것의 이론'[1]이 등장한 것이다. 뉴턴이 완성한 과학혁명은 산업혁명으로 이어졌고, 인류 문명은 기하급수적 속도로 발전했다.

1) 운동을 이해하는 두 방식 - 아리스토텔레스와 갈릴레이

물체의 운동에 대한 체계적인 고찰을 기록으로 남긴 최초의 인물은 아리스토텔레스다. 그는 반복되는 천상의 운동과 일시적으로 일어나는 지상의 운동을 구분했다. 스승인 플라톤(Platon)을 따라 완벽한 천상과 불완전한 지상에는 완전히 다른 운동 원리가 적용된다고 본 것이다.

지상 물체의 운동도 원인이 없이 일어나는 자연스러운 운동과 원인이 있는 격한 운동으로 구분했다. 무거운 물체가 아래로 떨어지는 것은 자연스러운 운동이고, 던져진 물체가 날아가는 것은 격한 운동이다. 수직 방향의 운동은 물질의 본성으로 보았다. 무거운 물체는 우주의 중심(당시에는 당연히 지구의 중심을 뜻했다)으로 가려는 본성이 있고,

---

1 　모든 것의 이론(Theory of Everything) 또는 만물 이론이란, 자연계의 네 가지 힘인 전자기력, 강력(强力), 약력(弱力), 중력을 하나로 통합하여 설명할 수 있는 가상의 이론이다. 물리학에서는 자연계의 힘 가운데 중력을 뺀 나머지 세 가지 힘을 게이지 이론으로 통일하려 하는데 이를 대통일 이론(Grand Unified Theory)이라 한다.

그림 1 (왼쪽부터) 플라톤, 아리스토텔레스, 코페르니쿠스, 케플러

가벼운 물체는 중심에서 멀어지려는 본성이 있으며, 물체가 무거울수록 더 빨리 내려간다고 주장했다. 수평 방향의 자연스러운 상태는 멈춰 있는 것이며, 수평 방향의 격한 운동은 원인이 작용하는 동안만 움직이고, 원인이 없어지면 자연스레 멈춘다는 것이다.

아리스토텔레스의 운동 이론은 그의 스승인 플라톤과 마찬가지로 관찰에만 의존했고, 대개는 추론에 의지한 정성적 설명에 그쳤다. 그의 이론은 중세를 거치면서 몇몇 문제점이 드러났고, 뉴턴의 과학혁명 이후 폐기되었다.

16~17세기의 과학혁명 시대에 인류는 새로운 방식으로 자연을 설명하기 시작했다. 그 첫걸음은 코페르니쿠스의 태양 중심 모형이다. 그는 과거의 모델보다 훨씬 더 단순한 방식으로 천체의 운동을 설명할 수 있다고 제안했다. 이를 수학적으로 증명한 것은 요하네스 케플러였다. 케플러를 조수로 채용한 튀코 브라헤는 20년간 행성들의 움직임을 관측하며 오차 8분 이내의 관측 자료를 남겼고,[2] 케플러는 이를 분석해

---

2 의심이 많았던 브라헤는 자신의 관측 자료를 남에게 보여 주기를 꺼렸다. 하지만 케플러를 조수로 채용한 지 2년 만에 세상을 떠났고, 죽음 직전 그의 모든 관측 자료를 고스란히 케플러에게 넘겨주었다.

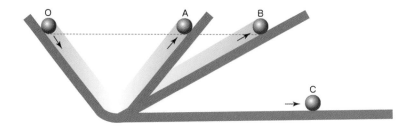

그림 2 갈릴레이의 가상 실험. O에서 출발한 공은 같은 높이의 지점(A 또는 B)에 다시 올라갈 때까지 운동하므로 수평면에서는 계속 구를 것이고, 이렇게 운동 상태를 유지하는 것을 관성이라 한다.

세 개의 행성 운동 법칙을 찾아내어 태양 중심 모형을 정량적으로 확립했다. 정확한 관측과 수학이 새로운 우주상을 만들었다.

과학혁명을 가능하게 한 또 다른 인물은 최초로 망원경을 사용해 천체를 관측하여 금성의 상변화(相變化, phase change) 같은 태양 중심 모형의 결정적인 증거들을 발견한 갈릴레이다. 그는 아리스토텔레스의 '관찰'에서 한 걸음 더 나아간 '실험'을 통해 정량적으로 분석했다.

관찰과 실험은 어떻게 다를까? 자연 현상은 매우 복잡한 상황에서 일어나는데, 실험에서는 몇 가지 요소들을 통제하면서 제거할 수 있다. 예를 들어 수직으로 낙하하는 물체의 속도는 금방 빨라져서 공기의 저항을 크게 받지만, 빗면에서 굴러 내려가는 물체의 속도는 그리 빠르지 않아서 공기의 저항을 무시할 수 있다. 이런 방식으로 잘 통제된 실험은 단순한 관찰보다 데이터의 정밀도를 높여 줄 수 있다.

갈릴레이는 실험을 통해 수직 방향으로 운동하는 물체는 모두 같은 속력으로 낙하한다는 사실을 확인했다. 수평 방향의 운동에 대해서도 실험과 추론을 통해서 물체의 자연스러운 상태는 멈춰 있는 것이 아니라, 움직이던 속도를 그대로 유지하는 것이라고 결론 내렸다. 따라서

과학 산책, 자연과학의 변주곡

물체의 운동을 일으키는 어떤 원인이 작용한다면 물체는 속도가 변해야 한다.[3]

갈릴레이의 이런 주장은 2천 년 동안 인류 지성사를 지배했던 아리스토텔레스의 이론을 무너뜨렸다. 아리스토텔레스의 자연스러운 수직 방향 운동은 물질의 본성 때문이 아니라 '중력' 때문이었고, 격한 운동이라고 생각했던 수평 방향 운동은 언제나 유지되는 '관성(inertia)'으로 대체되었다. 갈릴레이의 이런 가정과 연역적인 추론은 현대에 '과학'이라 불리는 사고방식의 전형을 제공했고, 근대 인류 문명의 역사를 이루는 주춧돌이 되었다.

갈릴레이에 관한 잘못된 소문

갈릴레오 갈릴레이는 코페르니쿠스의 지동설을 지지했고, 휴대할 수 있는 시계가 없던 시절에 샹들리에가 흔들리는 주기를 자신의 맥박과 비교하면서 진자의 주기는 진폭과 상관없이 일정하다는 원리를 발견했다. 또한 자신이 제작한 망원경을 사용해 달에 있는 분화구와 목성에 있는 위성(satellite)을 발견하는 등 수많은 업적을 남겼다.

그가 '근대 과학의 아버지'라 불리는 이유는 실험을 통해 정량적인 검증을 가능하게 한 일 때문이다. 이는 논리적 사고에서 출발하였다. 아리스토텔레스의 주장대로 '무거운 물체가 더 빨리 떨어진다'면, 무거운 물체와 가벼운

---

3   긴 수평면의 양쪽을 두 개의 빗면으로 이어 붙인 상황에서 물체가 한쪽 빗면을 내려와서 수평면을 지나 반대쪽 빗면으로 올라갈 때 같은 높이만큼 올라간다는 실험 사실로부터 수평면을 무한히 늘렸을 때의 상황을 가정하면, 아무 힘의 작용이 없는 수평면에서 물체는 일정한 속력으로 계속 움직여야 한다는 사실을 추론했다.

물체를 서로 연결할 경우 모순이 생긴다. 무거운 물체는 빨리 떨어지려 하고 가벼운 물체는 그보다 늦게 떨어지려 한다면, 무거운 물체 하나인 경우보다는 늦고, 가벼운 물체 하나인 경우보다는 빨리 떨어져야 한다. 그러나 두 물체가 연결되어 있다면 전체 무게는 더 무거워지므로 더 빨리 떨어져야 한다는 결론도 나온다. 이 모순은 애초의 가정이 틀렸음을 뜻한다. 정확한 시계가 없던 시절이라 이를 실험으로 확인하기는 매우 어려웠지만, 갈릴레이는 빗면에서는 낙하 속도가 일정하게 느려진다는 사실을 생각했고, 빗면에서 굴러 내려가는 물체들이 진행한 거리는 물체의 무게와 상관없이 모두 같다는 사실을 정량적으로 찾아냈다. 논리적 사고만으로 찾았던 모순을 실험을 통해 확인하면서 2천 년 넘게 인정받았던 아리스토텔레스의 기존 이론에 오류가 있음을 확인했다.

갈릴레이는 피사의 사탑에서 낙하 실험을 한 것으로 유명하지만, 과학사에서는 그의 제자가 스승의 업적을 미화하려고 꾸며 낸 이야기라고 생각한다. 갈릴레이 당시에는 아무 기록이 없고, 그의 제자 빈센초 비비아니(Vincenzo Viviani)가 쓴 갈릴레이 전기에 처음 등장하기 때문이다.

갈릴레이에 얽힌 또 다른 소문은 그가 종교재판에서 "그래도 지구는 돈다." 라고 말했다는 후대 계몽사조 철학자들의 주장이다. 일흔 살의 병든 그가 교회의 재촉 때문에 할 수 없이 출석한 재판정에서 이런 용기를 내기는 어려웠을 듯하다. 오히려 교황과의 친분 덕에 가택 연금이라는 가벼운 처벌을 받은 것을 다행이라 생각했을 것이다. 철학자 버트런드 러셀은 "'그래도 지구는 돈다'라는 주장은 갈릴레이가 아니라 이 세계가 한 것이다."라고 했다.

2) 수학으로 기술하는 뉴턴의 운동 법칙

갈릴레이의 발견을 바탕으로 뉴턴은 운동을 일으키는 원인을 '힘'이라 부르고, 힘을 받은 물체의 운동은 '가속'된다는 운동 법칙($F=ma$)을 가정했다. 천상에 있는 행성이 태양의 둘레를 공전하는 운동도 속도의 방향이 변하는 가속 운동이므로 힘이 작용해야 한다. 뉴턴은 태양과 행성 사이에 작용하는 중력($F=G\dfrac{mM}{r^2}$)이 그 힘이라고 제시했다.[4]

물체의 운동이란 공간에서 물체의 위치가 시간에 따라 바뀌는 것이다. 운동을 이해하려면 시간과 공간 그리고 위치를 명확히 정의해야 한다. 갈릴레이는 이를 위해 좌표계와 함수를 사용했다. 즉, 물체의 위치를 나타내는 좌표를 시간의 함수로 표현했다.

시간이란 무엇인지 정의하는 것은 어려운 주제지만, 여기서는 단순히 시계로 측정하는 시간을 의미하는 것으로 한다. 뉴턴은 물질과 관찰자의 존재와 무관하게 시간과 공간이 이미 존재한다고 생각했다. 이를 '절대적 시공간'이라 한다. 시간은 공간과 서로 독립적이어서 공간의 모든 곳에서 시간은 똑같이 흐른다. 공간은 모든 곳이 똑같고, 어떤 곳에서도 특정한 방향이란 것이 없다. 우리의 경험에 잘 맞는 설명이지만, 20세기에 들어서 아인슈타인은 이 설명을 바꾸었다(3장 1절 참조).

1687년《자연철학의 수학적 원리》를 펴낸 뉴턴은 물체의 운동을 설명하는 역학 체계를 만들면서 다음의 세 가지 운동 법칙을 제시했다.

▶ 제1법칙(관성의 법칙): 물체에 힘이 작용하지 않으면 속도는 변하지 않는다.

제1법칙은 물체의 자연스러운 상태, 즉 외부로부터 힘을 받지 않는 물체의 운동에 대한 갈릴레이의 발견을 반영한 것이다. 이 법칙에 등

---

4   여기서 m과 M은 두 물체의 질량, r은 두 물체 사이의 거리이고,
     $G=6.67384(80)\times10^{-11}\text{m}^3\text{kg}^{-1}\text{s}^{-2}$은 중력 상수(gravitational constant)이다.

장하는 속도를 말하려면, 우선 좌표계를 설정해야 한다. 운동을 관찰하는 관찰자는 저마다의 좌표계를 설정하고 운동의 법칙을 적용하려할 것이다. 예를 들어 일정한 속도로 움직이는 자전거를 생각해 보자. 길에 서 있는 관찰자에게는 자전거의 운동이 일정한 속도의 운동으로 보일 것이다. 하지만 지금 막 출발해서 일정하게 가속하고 있는 차에 타고 있는 관찰자에게는 자전거의 운동이 가속하는 운동으로 보일 것이다. 따라서 제1법칙은 한 관찰자에게 성립하더라도 다른 관찰자에게는 성립하지 않을 수 있다. 그러면 이게 무슨 법칙이냐고 하겠지만, 제1법칙은 유용한 좌표계를 구분해 내는 기준이다. 제1법칙이 성립하는 좌표계를 '관성계(inertial system)'라 한다. 이런 의미에서 제1법칙은 사실 관성계를 정의하고, 운동을 기술하기 위한 좌표계로 관성계를 쓰겠다고 선언하는 것이다.

▶ 제2법칙(가속도의 법칙): 물체에 작용한 힘은 물체의 질량과 가속도의 곱과 같다.

제2법칙은 운동 법칙의 핵심으로, 우리가 흔히 $F=ma$라고 외우는 공식이다. 이 법칙에는 힘과 질량과 가속도가 등장한다. 제1법칙이 성립하는 관성계에서는 물체에 힘이 작용하면 힘의 크기에 비례하고 질량의 크기에 반비례하는 가속도가 생긴다. 같은 크기의 힘을 가해도 무거운 물체는 작은 가속도가 생기고, 가벼운 물체는 큰 가속도가 생긴다. 이 법칙을 사용하면 힘에 반응하는 물체의 성질로서 상대적인 질량을 정의할 수 있고, 그 질량과 관측되는 가속도의 크기로부터 작용한 힘의 크기를 정의할 수 있다. 이렇게 정의된 질량과 힘을 이용해 역학 체계를 만드는 중요한 진술이지만, 제2법칙 자체는 세상에 어떤 힘들이 어디에 작용하는지에 대해서는 알려 주지 않는다.

▶ **제3법칙(작용-반작용의 법칙): 두 물체가 서로에게 가하는 힘은 크기는 같고 방향은 반대다.**

제3법칙은 운동에 대한 법칙이라기보다는 운동의 원인이 되는 힘의 성질에 관한 법칙이다. 물체와 물체 사이에 작용하는 힘은 한쪽에서 다른 쪽으로 일방적으로 작용할 수 없고, 항상 서로에게 작용하는 상호작용이며, 크기가 같은 힘이 서로 반대 방향으로 작용한다는 주장이다. 제3법칙은 두 물체의 상호작용을 통해서 제2법칙에서 정의되는 상대적인 질량을 측정할 수 있게 해 준다. 현재까지 알려진 자연에 존재하는 힘들은 모두 제3법칙을 만족하는 것으로 알려져 있다.

물체에 작용하는 힘을 알아낸다면, 운동 법칙은 물체의 운동을 예측할 수 있게 해 준다. 물체의 자유 낙하를 살펴보자. 자유 낙하의 원인이 되는 힘은 지구와 물체 사이에 작용하는 중력이다. 지구가 지표면의 물체에 작용하는 중력을 무게라 하는데 지구 중심 방향(지표면을 기준으로 하면 수직 아래 방향)으로 작용하고, 크기는 물체의 질량에 비례하고, 모든 위치에서 거의 같은 값을 갖는다. 다른 힘의 작용을 무시할수 있다면 무게가 질량에 비례하므로 모든 물체는 질량과 관계없이 일정한 가속도로 떨어진다. 이 일정한 가속도를 중력가속도(gravitational acceleration)라 하며, 문자 g로 표기한다. 관측된 중력가속도 g의 크기는 약 $10m/s^2$ 정도로 속력이 매초 $10m/s$씩 증가한다.

《프린키피아(Principia)》의 탄생

우리의 먼 조상들은 하늘을 보며 별의 움직임과 계절 순환 사이의 연결 고리를 찾았다. 하지만 갑자기 나타나는 혜성은 이들에게 두려움을 안겼고, 하늘의 질서를 어지럽히는 혜성은 재앙을 의미하는 신의 메시지라 생각했다. 재앙(Disaster)이라는 용어는 '불길한 별'을 의미하는 그리스어에서 유래했다. 불길한 징조였던 혜성을 주기적으로 찾아오는 손님 정도로 만들어 버린 사람이 영국의 에드먼드 핼리(Edmund Halley)다. 그는 1472년부터 1698년 사이에 유럽에서 기록된 혜성 관측 자료를 모두 뒤져서 패턴을 찾았고, 처음으로 '예언'을 했다. 그는 자신이 예언한 혜성이 다시 나타나기 전에 사망했지만, 그가 예언한 날 정말로 혜성이 찾아왔다. 바로 76년을 주기로 지구에 접근하는 핼리 혜성이다.

핼리의 또 다른 업적은 뉴턴으로 하여금 불후의 명저인《자연철학의 수학적 원리》(약칭 '프린키피아')를 출판하게 한 것이다. 그 발단은 1684년 1월 핼리가 크리스토퍼 렌(Christopher Wren), 로버트 훅(Robert Hooke)과 함께 당시 유행했던 커피 하우스에서 행성의 운동에 관해 담소를 나눈 사건이었다. 런던의 세인트 폴 대성당을 재건한 건축가이자 왕실 관계 건설 총감이던 렌은 거리의 제곱에 반비례하는 중력이 있다면 케플

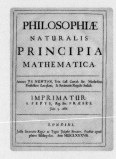

그림 3 1687년에 출간된 《프린키피아》 초판본의 표지

러의 타원 궤도를 증명하는 사람에게 상금을 걸겠다고 했다. 자신이 만든 현미경으로 코르크 조각에서 최초로 세포를 발견했고, 용수철의 탄성 법칙을 찾은 과학자인 훅은 자신이 그 답을 안다고 했지만, 몇 달이 지나도록 답이 없었다.

1684년 여름, 핼리는 궁금증을 풀기 위해 뉴턴을 찾아갔다. 뉴턴은 5년 전

에 써 놓은 풀이를 찾아보았지만 결국 노트를 찾지 못했고, 새로 증명해 주겠다고 약속했다. 1년 반 후에 뉴턴이 보낸 정교한 증명을 본 핼리는 그 결과를 책으로 출판하길 권했다. 핼리는 왕립학회의 지원을 받게 되리라 생각했지만, 재정이 여의치 않았던 왕립학회가 거절하자 핼리는 자신의 사비까지 들여 출판을 도왔다. 이렇게 탄생한 세 권 분량의 책이 바로《프린키피아》다. 이 책에는 뉴턴이 발명한 미적분학, 우주여행을 위한 이론적 바탕 등도 포함되어 있다.

2. 물리학의 네 가지 기본 힘

힘은 물체를 움직이는 원인이다. 물체의 운동을 살펴보면 여러 가지 힘이 작용하고 있음을 알 수 있다. 행성이 태양 주위를 공전하거나 지표면 근처에서 물체가 떨어지는 원인은 중력이다. 일상의 물체들 사이에 작용하는 마찰력이나 공기 저항은 전자기력이 근원이다. 중력의 존재는 17세기에, 전자기력의 존재는 19세기에 알려졌다. 20세기에 들어 강력과 약력이라 불리는 두 가지 근본적인 힘이 더 알려졌다. 이 힘들은 원자를 구성하는 작은 핵 안에 갇혀 있어 핵 안으로 들어가야만 비로소 모습을 드러낸다. 이 세상에 작용하는 힘은 이 네 가지가 전부다.

1) 우주를 지배하는 힘 – 중력

우리 몸은 중력에 매우 익숙해져 있어 그 존재를 잊고 살지만, 실제로 중력이 사라진다면 매우 불편해진다. 중력은 아주 약한 힘이다. 옆에 있는 사람이 나에게 작용하는 중력은 박테리아의 무게만큼도 되지 않는다. 우리가 중력을 크게 느끼는 이유는 지구가 10^{23}명의 몸무게만큼 거대하기 때문이다. 거대한 지구가 중력으로 우리를 당기지만 우리 근육은 간단히 이것을 극복하고 땅 위에 설 수 있고, 위로 뛰어오르게도 할 수 있다. 중력은 아주 작은 힘이지만 물질의 양의 많아지면 점점 커진다. 지구나 태양과 같이 거대한 질량을 가진 우주를 지배하는 힘은 중력이다. 우주의 진화에서 중력은 넓은 범위에 흩어져 있던 물질을 당겨서 별과 행성을 만들었다.

뉴턴이 운동 법칙과 더불어 중력 법칙을 발견하게 된 계기는 행성의 운동을 설명하려는 것이었다. 케플러는 이미 브라헤가 남긴 행성의 운동을 관측한 자료를 분석해서 세 가지 행성 운동 법칙을 깔끔하게 정리했다.[5]

▶ 제1법칙(타원 궤도의 법칙): 모든 행성은 태양을 초점으로 하는 타원 궤도를 돈다.

▶ 제2법칙(면적 속도 일정의 법칙): 태양과 행성을 잇는 선이 같은 시간 동안 쓸고 지나가는 면적은 행성의 위치와 관계없이 일정하다.

▶ 제3법칙(조화의 법칙): 행성의 공전주기의 제곱은 타원 궤도의 긴반지름의 세제곱에 비례한다.

---

5   이 법칙들을 찾아내려면 당시로서는 상당한 수학 실력과 많은 양의 계산이 필요했다. 관측된 자료는 지구 표면에 고정된 좌표계에서 얻은 것이고, 이 법칙은 태양에 고정된 좌표계에서 봐야 드러난다. 지구는 태양을 초점으로 하는 타원 궤도를 돌고 있으므로 두 좌표계 사이에는 복잡한 변환이 필요하다.

행성의 궤도가 타원인 경우는 매우 복잡하므로, 간단한 원 궤도를 가정해 보자. 면적 속도 일정의 법칙은 행성이 일정한 속력으로 돈다는 사실을 말하고, 등속 원운동의 경우 원의 중심 방향을 향하는 구심가속도 (centripetal acceleration)를 가진다. 구심가속도의 크기는 원의 반지름을 r, 행성의 속력을 v라 하면

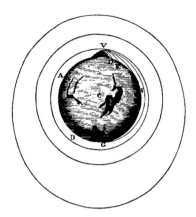

그림 4 뉴턴이 《자연철학의 수학적 원리》 3권 551쪽에 그린 지구 표면 근처에서 던져진 물체의 운동 궤적. 제일 바깥에는 타원 궤도도 있다.

$a_t = v^2/r$이 된다.[6] 행성 운동 제2법칙에 따르면, 행성이 원운동을 하려면 이 가속도에 행성의 질량을 곱한 크기의 힘이 필요하다.

뉴턴은 행성이나 달과 같은 천체가 공전하게 만드는 힘과 지상에서 물체가 낙하하게 만드는 힘을 같은 힘이라고 가정했다. 뉴턴은 던져진 물체의 운동으로부터 이것을 유추했다. 〈그림 4〉처럼 산꼭대기에서 옆으로 던진 물체는 세게 던질수록 멀리 날아간다. 만약 충분히 빠른 속력으로 던진다면 (공기 저항은 무시하자) 물체가 지구를 한 바퀴 돌아서 던진 자리로 돌아올 것이고, 그럼 계속해서 지구를 돌게 된다.

뉴턴은 당시에 알려진 데이터를 사용했다. 지표면에서의 중력가속도는 9.8m/s²이고, 달의 주기와 공전 궤도 반지름으로 구심가속도를 계산하면 약 0.0027m/s²이다. 지구 반지름은 약 6,400km이고 달의 공전

---

6   구심가속도는 고등학교 과정 물리에 소개되어 있다.

반지름은 약 384,000km이므로, $(1/6400)^2:(1/384000)^2=9.8:0.0027$이다. 따라서 '땅 위의 물체와 하늘의 달이 지구 중심으로부터의 거리의 제곱에 반비례하는 힘을 받는다'면, 지상의 물체와 천상의 물체는 같은 힘의 법칙을 따른다. 달의 공전은 이렇게 던져진 물체의 운동과 같다. 천상에서 행성이 공전하는 것과 지상에서 물체가 낙하하는 것은 같은 종류의 힘이 작용한 결과인 것이다. 뉴턴은 그 힘이 모두 중력이라고 제시했다. 뉴턴의 중력 법칙에 따르면, 두 물체 사이에는 크기가 두 물체의 질량의 곱에 비례하고 두 물체 사이의 거리의 제곱에 반비례하며 두 물체를 잇는 방향으로 잡아당기는 힘이 작용한다.

뉴턴은 이런 중력이 작용하면 행성의 궤도가 타원이 됨을 수학적으로 증명했고, 케플러의 세 법칙도 모두 설명할 수 있었다. 오늘날 중력 법칙은 인공위성, 달 착륙, 화성 탐사 등 천체물리학 분야에서 모든 계산의 근간이 된다. 지구에 머물러 있는 인류가 미지의 바깥세상인 우주를 탐사할 수 있게 한 것도 뉴턴의 운동 법칙과 중력 법칙이다. 그리고 이러한 뉴턴의 공리적 방법[7]은 17~18세기 계몽주의 철학의 불을 지피었고, 18~19세기에 인류가 급속히 발전한 근대 문명을 이룩하게 해준 원동력이었다.

현대 천문학자들은 뉴턴의 만유인력(universal gravitation) 법칙만으로 수십억 년 후의 미래를 예측한다. 한 가지 예가 우리 은하와 이웃 은하인 안드로메다은하의 충돌이다. 두 은하가 충돌하더라도 지구에 있는

7　공리적 방법이란 수학에서 많이 사용하는 방식이다. 증명할 수는 없지만 사실이라고 받아들이는 '공리'로부터 많은 사실을 연역적으로 추론하는 이론 체계다. 추론된 사실이 모두 확인되면, '가정'했던 공리는 '법칙'이 되고, 더 많은 사실을 예측할 수 있다.

우리에게 큰 위협이 되진 않는다. 항성 간 거리가 굉장히 멀어서 은하 대부분은 빈 공간이고, 항성이나 행성이 직접 충돌할 가능성은 거의 없기 때문이다.

2) 지상을 지배하는 힘 – 전자기력

전자기력은 중력보다 엄청나게 세고[8] 우리 삶의 대부분을 지배한다. 이 세상의 모든 물질은 원자로 이루어졌고, 원자 안의 핵과 전자(electron) 들을 꽁꽁 묶어 주는 힘이 전자기력이다. 야구공이 공중으로 날아오르게 하는 힘, 우리가 넘어지지 않고 걸을 수 있게 해 주는 마찰력, 밥을 먹을 수 있게 우리 집에 에너지를 실어 날라 주는 전류, 냉장고에 스티커를 붙여 주는 자석, 와이파이(Wi-Fi) 신호를 만들어 주는 전자기파 등등 이 모든 것이 전자기력 때문에 생긴다. 우리가 세상을 살면서 겪는 모든 힘은 전자기력이다.

전자기력을 만드는 전하(electric charge)는 음전하와 양전하가 있다. 같은 부호의 전하끼리는 밀고, 다른 부호의 전하끼리는 잡아당긴다. 전자기력은 중력에 비해 매우 세지만 같은 양의 음(-)과 양(+)이 모여 전하가 없어지면 전자기력은 바로 사라진다.

전기(electricity)와 자기(magnetism) 현상은 고대부터 알려져 있었다. 보석의 일종인 호박(amber, 그리스어로 elecktron)으로 모피를 문지르면 주

---

8   중력과 전자기력의 크기를 비교하는 방법 중 하나는 가장 간단한 원자인 수소에서 핵(양성자)과 전자 사이에 작용하는 중력과 전자기력의 크기를 비교하는 것인데, 전자기력이 약 10^{40}배 더 크다.

변의 가벼운 물체를 잡아당겼다. 마그네시아(magnesia, 그리스 남동부 지역의 이름) 지방에서 나는 어떤 돌은 쇠붙이를 잡아당겼는데 이 돌은 천연 자석인 자철석(magnetite)이었다.

17세기에 지구 전체가 자석이라는 사실이 알려지면서 나침반을 이용해 정밀한 항해를 하는 것이 당시 중요한 과제로 떠올랐다. 영국의 물리학자 윌리엄 길버트(William Gilbert)는 여러 물체를 조사해 많은 물체에 정전기력이 작용하는 것을 확인했고, 전기력도 자기력과 같이 잡아당기는 힘뿐만 아니라 밀어내는 힘도 있다는 사실을 알게 되었다. 그는 이런 현상에 호박을 뜻하는 '전기(electricity)'라는 이름을 붙였다. 벤저민 프랭클린(Benjamin Franklin)[9]은 번개가 전기 현상이라고 주장했고, 이는 여러 사람에 의해 실험으로 확인됐다.

18세기 후반, 샤를 오귀스탱 쿨롱(Charles Augustin de Coulomb)은 정밀한 실험을 통해 전기력도 중력과 마찬가지로 거리의 제곱에 반비례해서 세기가 줄어든다는 사실을 확인했다. 앙드레 마리 앙페르(André-Marie Ampère)는 전류가 흐르는 두 도선 사이에 밀치거나 당기는 힘이 작용한다는 사실을 처음 발견하고 이를 수학적으로 설명하였다. 마이클 패러데이는 전자기 현상을 설명하기 위해 전기장과 자기장의 개념을 도입했다. 이후 쿨롱, 앙페르, 패러데이가 발견한 전기와 자기 법칙들을 다음과 같이 간단히 표현할 수 있다는 사실을 알아냈다. "전하가 전기장을 만든다. 전류가 자기장을 만든다. 자기장의 변화가 전기장을

---

9 미국 '건국의 아버지(Founding Fathers)' 중 한 명이자 독립선언서 작성에 참여한 미국 초기의 정치인. 계몽사상가로서 유럽 과학자들에게 영향을 받았으며 피뢰침, 다초점 렌즈 등을 발명하였다.

그림 5 (왼쪽부터) 전자기학에 큰 공헌을 한 쿨롱, 앙페르, 패러데이, 맥스웰

만든다." 이를 확장하여 전자기 현상에 대한 통일된 법칙을 완성한 사람이 제임스 맥스웰이다.

어떤 물체들을 천으로 문지르면 주변의 물체를 잡아당기는 힘이 생기는 현상에서 전기력이 발견되었다. 전하는 물체에 작용하는 전기력의 크기를 결정하는 성질이다. 물체를 문지르면 없던 전하가 생기는데, 이 상태를 대전(electrification)됐다고 한다. 20세기에 들어 물질이 원자로 이뤄져 있고, 원자는 핵과 전자들로 이뤄져 있다는 사실이 알려지면서 전기적 성질의 근원이 밝혀졌다. 원자를 이루는 핵과 전자가 고유의 전하를 갖고 있던 것이다. 물체를 문지르면 대전되는 이유는 전자들이 한 물체에서 다른 물체로 이동하기 때문이다. 전자를 얻은 물체는 음전기를 띠고 전자를 잃은 물체는 양전기를 띤다. 금속을 따라 흐르는 전류도 전자들의 흐름이다. 거의 모든 전자기 현상은 전자들의 이동으로 생긴다.

대전된 두 물체 사이에 작용하는 정전기력은 뉴턴의 중력 법칙과 유사한 법칙을 따르는데, 1785년 정밀한 실험으로 이 법칙을 확립한 쿨롱의 이름을 따서 '쿨롱의 법칙'이라 한다. 전하를 띤 두 물체 사이에는 크기가 두 전하량의 곱에 비례하고 거리의 제곱에 반비례하며 두

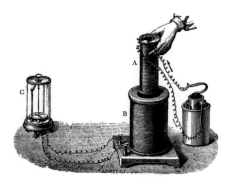

그림 6 1831년 패러데이가 사용한 실험 장치. 오른쪽 전지가 코일 A에 전류를 공급하고, 코일 B에 전류가 유도되면 왼쪽 검류계(G)가 움직인다.

물체를 잇는 방향으로 전하의 부호가 같을 때는 밀고 다를 때는 잡아당기는 힘이 작용한다.[10] 두 전하 사이의 힘을 전기장으로 표현할 수도 있다. 전하의 주변 공간에는 전하량에 비례하고 전하로부터의 거리의 제곱에 반비례하는 전기장이 생기고, 전기장이 있는 공간에 두 번째 전하가 놓이면 두 번째 전하는 전기장 때문에 힘을 받는다는 해석이다.

앙페르는 1820년대에 일련의 실험을 통해 전류 주위에 어떻게 자기장이 생기고, 자기장이 있는 공간을 흐르는 전류가 어떻게 힘을 받는지 수학적으로 정리하여 '앙페르의 법칙'[11]을 발표했다. 전기 현상이 자기 현상을 일으킨다는 사실을 알아낸 것이다.

1831년 패러데이는 자기장이 변화하면 전기장을 만든다는 '패러데이의 법칙(전자기 유도 법칙)'[12]을 발견했다. 앙페르의 법칙과 반대로 자기

---

10 정전기력의 크기는 $F_e = k_e \dfrac{q_1 q_2}{r^2}$ 로 쓸 수 있다. 여기서 q_1, q_2는 두 물체의 전하량, r은 두 물체 사이의 거리이고, $k_e = 8.987551787 \times 10^9 \mathrm{kgm^3 s^{-2} C^{-2}}$은 쿨롱 상수이다.

11 전류가 흐르는 도선 주위에 임의의 닫힌 고리를 잡으면, 고리를 따라 자기장을 적분한 양은 고리 안을 통과해서 흐르는 전류의 크기에 비례한다.

12 정량적으로는 자기장이 통과하는 면을 지나가는 자기 선속(magnetic flux, 자기 다발)의 시간 변화율과 기전력(electromotive force)의 관계로 주어진다. 즉, 자기장이 있는 공간에 임의의 닫힌 고리를 잡으면, 고리를 따라 전기장을 적분한 양은 고리의 안쪽 면을 지나는 자기 선속의 시간 변화율에 비례한다.

현상이 전기 현상을 유도한다는 사실을 밝힌 것이다.

전기와 자기가 서로 영향을 주는 것을 완벽히 알아낸 사람은 맥스웰이다. 그는 패러데이의 법칙에서 자기장과 전기장의 역할이 바뀐 현상, 즉 전기장의 변화도 자기장을 만들 수 있어야만 앙페르의 법칙에 모순이 없다는 것을 알아냈다. 1873년 전기와 자기 현상에 관한 모든 계산을 가능하게 해 준 4개의 미분 방정식을 '맥스웰 방정식'이라 부른다.[13] 이 방정식은 전기장의 변화가 자기장을 만들고 자기장의 변화가 전기장을 만든다는 사실을 수학적으로 깔끔하게 정리했다. 변하는 전기장 또는 자기장을 만들면서 전하나 전류가 없어도 전기장의 변화가 자기장을 만들고, 자기장은 다시 전기장을 만들면서 공간에 전파해 나갈 수 있다. 전자기파(3장 1절 참조)에 대한 이 예견은 20년 후 하인리히 헤르츠(Heinrich Hertz)가 전파를 발견하면서 확인됐고, 전자기파를 이용한 통신의 시대가 열렸다.

3) 원자핵을 묶는 힘 – 강력

1930년대에 원자의 핵은 중성자(neutron)와 양성자(proton)로 이뤄져 있음이 밝혀졌다. 중성자는 전하가 없지만, 양성자는 전하가 있어서 서로 밀어낸다. 핵의 크기가 매우 작아서 서로 밀어내는 힘의 크기가 엄청날 터인데, 어떻게 양성자들이 뭉쳐서 핵을 만들 수 있을까? 중성자와 양성자 사이의 전자기력보다 훨씬 더 강력한 힘을 (강한) 핵력이라

---

13   맥스웰은 저서 《A Treatise on Electricity and Magnetism》(1873)에서 20개의 방정식을 사용하였지만, 후대에 4개로 정리되었다.

양성자와 중성자를 만드는 쿼크

쿼크는 양성자와 중성자를 구성하는 기본 입자다. 위(up) 쿼크 u는 $+\frac{2}{3}e$의 전하를 가지고, 아래(down) 쿼크 d는 $-\frac{1}{3}e$의 전하를 가진다. 양성자를 이루는 요소는 uud이고, $+e$의 전하를 가진다. 중성자를 이루는 요소는 udd이고, 0의 전하를 가진다.

u와 d를 1세대라 부르고, 이보다 더 무거운 질량을 가지는 2세대인 맵시(charm) 쿼크와 기묘(strange) 쿼크, 3세대인 꼭대기(top) 쿼크와 바닥(bottom) 쿼크도 있다. 이들은 더 무거운 입자들을 구성한다.

한다.

1960년대에 들어서 중성자나 양성자는 쿼크(quark)라는 더 작은 입자들로 이뤄져 있고, 이 쿼크들을 묶어서 양성자나 중성자를 만드는 힘이 있다고 밝혀졌다. 쿼크를 묶어 양성자나 중성자를 만들고, 양성자와 중성자를 묶어 원자핵을 만드는 힘이 바로 강력이다.

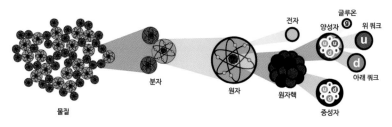

그림 7 물질의 구조

4) 원자핵을 깨는 힘 - 약력

약력은 1930년대에 핵이 붕괴하는 과정을 연구하다가 발견됐다. 매우 느리게 일어나는 베타 붕괴(beta decay)는 전자기력이나 강력으로는 설명되지 않았고, 훨씬 약한 힘을 가정해야 했다. 이 힘이 약력이다. 약력은 양성자를 중성자로, 또 그 반대의 변화도 만드는 힘이다. 수소와 헬륨보다 무거운 원소들은 별이 핵융합을 하면서 만들어지는데, 핵이 커질수록 전자기력을 이기기 위해 강력을 만들어 주는 중성자가 더 많이 필요하다. 이 중성자를 만들어 주는 것이 바로 약력이다.

3. 20세기가 발견한 신세계 - 양자역학

19세기에 물질은 더 이상 나뉘지 않는 원자들로 이뤄져 있고, 원자들은 화학적 성질이 다른 여러 종류의 원소(element)들로 구성돼 있다는 사실이 실험적으로 밝혀졌으며, 속속 새로운 원소들이 발견되었다. 원소의 성질에 대한 자료가 쌓이면서 19세기 말에는 원소들을 질량 순서대로 늘어놓으면 화학적 성질이 비슷한 원소가 일정한 주기로 나타난다는 사실이 알려졌고, 이를 바탕으로 원소 주기율표가 나왔다.

현대의 '원자론'이 널리 받아들여질 즈음, 이 작은 세상에서는 뉴턴 역학과 맥스웰 전자기학으로는 설명할 수 없는 현상들이 나타났다. 원자와 같은 미시 세계를 이해하기 위해서는 새로운 역학 체계가 필요했고, 그 새로운 설명이 바로 20세기의 양자역학이다. 양자역학이 등장한 이후 그 이전의 역학과 전자기학에는 앞에 '고전'을 붙여 구분한다. 이는 양자역학이 그만큼 큰 변화를 가져왔기 때문이다.

1) 원자의 내부 구조를 찾아내다

1897년 조지프 존 톰슨(Joseph John Thomson)은 진공관의 음극에서 나오는 음극선(cathode ray)이 전자라는 아주 작은 입자로 이뤄졌다는 사실을 발견했다. 그의 제자 어니스트 러더퍼드(Ernest Rutherford)[14]는 원자의 중심에 위치하며 원자 질량의 대부분을 차지하지만 크기는 원자 크기의 1만분의 1도 안 되는 아주 작은 존재를 확인하고, 이를 원자핵(nucleus)이라 명명했다. 1911년에 발표한 '러더퍼드 모형'은 양전하를 띤 무거운 원자핵과 그 주위 일정한 궤도를 도는 아주 가벼운 전자로 구성된다. 러더퍼드의 제자 닐스 보어(Niels Bohr)[15]는 두 가지를 가정했다. 첫째, 원자핵 주위를 도는 전자는 각운동량(angular momentum)[16]이 특정 값의 정수배인 정상 상태(steady state) 궤도만 돌고, 둘째, 정상 상태 사이에 전이가 일어날 때 두 정상 상태의 에너지 차이만큼의 에너지를 가진 빛이 나온다는 것이다. 1913년에 발표한 '보어 모형'에 따르면 원

---

14 뉴질랜드 태생 영국의 핵물리학자이며, 핵물리학의 아버지로 불린다. 방사능(radioactivity)이 원자 내부에서 일어나는 반응이라는 사실을 밝혔고, 알파 입자 산란 실험으로 원자 내부에 어떤 구조가 있는지에 대한 가설을 제시했다.

15 원자 구조의 이해와 양자역학의 성립에 기여한 덴마크의 물리학자이며, 이 업적으로 1922년에 노벨 물리학상을 받았다.

16 질량이 m인 전자가 반지름 r인 궤도에서 v의 속도로 원 궤도를 돈다면 각운동량은 mvr이다. 수소 원자 내 전자의 각운동량은 $h/2\pi$의 정수배의 값으로 양자화된다.

더 이상 쪼갤 수 없다던 원자가 쪼개지다

19세기 말, 진공 상태인 전기방전관 안의 음극에서 양극으로 날아가는 뭔가가 발견되었다. 1897년 톰슨은 이 음극선이 어떤 입자들의 흐름임을 입증했고, 그 입자들은 일정한 '전하:질량' 비율을 갖는다는 사실도 알아냈다. 이 입자는 음극을 이루는 금속의 종류와 상관없이 공통적으로 발견됐고, 입자의 전하는 수소 이온이 가지는 전하의 크기와 같지만, 부호는 반대였다. 수수께끼는 이 입자의 질량이 수소의 1,800분의 1이란 사실이었다. '쪼갤 수 없는' 원자 중 가장 작은 수소보다 훨씬 작은 이 새로운 입자가 바로 전자다.

자 내 전자의 정상 상태는 불연속적인 에너지 상태만을 갖는다. 이들 사이의 전이, 즉 양자 도약이 일어나면 에너지 차이에 해당하는 특정 파장의 빛을 방출한다. 이 획기적인 제안은 수수께끼 같았던 수소 원자의 복잡한 선스펙트럼을 완벽하게 설명했다(4장 1절 참조).

러더퍼드와 보어의 모형은 실제로는 불가능하다. 고전 역학과 고전 전자기학에 따르면 가속하는 대전 입자(charged particle)는 전자기파를

그림 8 원자 모형의 변천

방출하면서 에너지를 잃는다. 원자핵을 공전하는 전자는 구심가속도를 받으므로 에너지를 잃고, 반지름이 줄어드는 나선형 궤적을 따라 핵으로 떨어질 것이다. 보어가 가정한 정상 상태가 불가능하다는 새로운 수수께끼를 설명하려면 새로운 역학 체계가 필요했다.

2) 오래 걸려서 찾은 양자 개념

(1) 양자란?

물질을 이루는 최소 단위가 원자이므로 모든 물질은 원자의 정수배로 이루어지지만, 에너지는 연속적인 값을 가질 것이라는 게 19세기 말까지의 생각이었다. 그런데 1900년 막스 플랑크(Max Placnk)[17]는 자신도 믿기 힘들 만큼 황당한 가정을 하면, 그 당시 골치를 썩이던 흑체 복사(black body radiation)[18] 문제를 깔끔히 해결할 수 있다고 발표했다. 그 가정은 빛의 에너지가 가장 작은 단위의 정수배만 존재한다는 것이었다. 1905년 아인슈타인은 빛의 최소 단위 에너지를 '광자(photon)'[19]라고 부르며, 광전 효과[20]를 명확히 설명했고, 이 공로로 1921년 노벨상을 받았다. 빛의 파장이 연속적으로 달라지면 에너지의 최소 단위의 크기도 연

---

17 양자라는 개념을 처음 도입하고 양자역학 성립에 핵심적으로 기여한 독일의 물리학자이다.

18 모든 빛을 흡수하는 흑체도 온도에 따라 다른 파장의 전자기파를 복사한다. 표면 온도가 6,000℃인 태양 표면은 가시광선 근처의 빛을 내쏜다. 우리 주변의 온도가 낮은 물체는 훨씬 긴 파장의 빛을 내쏘아서 맨눈으로는 볼 수 없다.

19 파장이 λ인 광자 하나의 에너지는 $E=hc/\lambda$이다. $h=6.6\times10^{-34}m^2kg/s$는 플랑크 상수라 불리고, $c=3.0\times10^8m/s$는 빛의 속도, λ는 빛의 파장이다.

20 금속 표면에 충분한 에너지를 가지는 빛을 쪼이면, 금속 표면에서 전자가 튀어나오며 전류가 흐르는 현상.

속적으로 변하지만, 정해진 파장의 빛의 세기는 광자의 1배, 2배, 3배, … 등으로만 전달된다. 최소 단위의 정수배만 존재하는 양을 '양자화(quantization)'되었다 하고, 최소 단위를 '양자(quantum)'라 부른다.

(2) 물질파 - 모호해지는 입자성과 파동성

빛은 늘 우리 주변에 있었지만 그 실체에 대해서는 오랜 논쟁이 있었다. 17세기 뉴턴은 빛의 정체를 알갱이로 보았고, 크리스티안 하위헌스(Christiaan Huygens)는 파동으로 보았다. 19세기 초 토머스 영은 이중 슬릿 간섭 실험을 통해 빛이 파동임을 입증했고, 19세기 중반 맥스웰이 빛은 전자기파임을 밝힘으로써 빛의 실체에 대한 논쟁은 끝나는 듯했다. 그런데 20세기 들어 플랑크가 빛의 에너지가 양자화되어 있다는 가설을 들고나오면서 반전이 일어났다. 아인슈타인은 광전 효과를 설명하면서 빛이 입자의 성질을 가짐을 보였고, 아서 콤프턴(Arthur Compton)이 전자기파인 엑스선은 에너지뿐만 아니라 운동량을 가진다는 것을 입증함으로써 빛의 입자성은 확고해졌다.

파동이라 생각했던 빛이 입자의 성질을 나타낸다면, 역으로 입자라고 생각했던 것도 파동의 성질을 가질 수 있다는 발상을 한 사람은 루이 드브로이(Louis de Broglie)[21]다. 얼마 후 전자가 파동의 고유한 성질인 간섭(interference) 현상을 일으킨다는 게 실험으로 확인되었다. 물질파(matter wave)라 불리는 이 파동의 파장은 입자의 운동량에 반비례하

---

21   프랑스의 물리학자로 1920년대 양자역학 개척 시대에 '물질파' 개념을 주창하며 입자-파동 이중성 개념에 결정적인 영향을 끼쳤고, 1929년 노벨 물리학상을 받았다.

고[22] 입자가 빨라질수록 파장은 짧아진다. 이를 단순하게 받아들일 수도 있겠으나, 사실은 어마어마한 사고의 변화를 예고한다.

(3) 불확정성 원리 - 새로운 미시적 실체

파동은 넓은 공간으로 퍼져 나간다. 입자가 파동의 성질을 가진다면 입자의 위치는 어디라고 말할 수 있을까? 파동 중에는 넓게 퍼지지 않는 파동도 있다. 모터보트의 뒤에 생기는 물결은 언덕 하나가 보트의 뒤로 V자를 그리면서 퍼지고 나머지는 잔잔하다. 초음속 제트기가 지나갈 때 조용하다가 갑자기 '쾅' 소리가 나고 다시 조용해지는 것도 같은 현상이다. 이를 충격파(shock wave)라 부른다. 충격파는 위치가 어디라고 말할 수 있지만, 사실 충격파를 만들기 위해서는 파장이 다른 여러 개의 파동을 겹쳐야 한다. 좁은 충격파를 만들려면 더 넓은 범위의 파장이 필요하다. 물질파의 입장에서는 더 정확한 위치를 만들기 위해 더 넓은 범위의 운동량을 겹쳐야 한다는 뜻이고, 이를 불확정성 원리(uncertainty principle)라 부른다. 불확정성 원리는 입자의 위치와 운동량 모두를 정확하게는 알 수 없다는 것이다.

일상생활에서 우리가 보는 입자는 위치(x)와 운동량($p=mv$)을 측정하면 오차(Δx, Δp)가 생기는데, 정밀한 측정 장치를 사용하면 얼마든지 오차를 줄일 수 있다. 그런데 입자가 파동의 성질을 가지는 미시 세계에서는 위치의 오차(Δx)를 줄이려면 여러 파장이 필요하고, 운동량의

22　입자의 질량을 m, 속도를 v라 하면, 운동량은 $p=mv$이고, 물질파의 파장은 $\lambda = \dfrac{h}{p}$ ($\hbar = \dfrac{h}{2\pi}$)이다.

오차(Δp)가 커진다. 이를 수학적으로 따져 보면 $\Delta x \Delta p \rangle h$이어야 한다는 사실을 찾은 사람이 베르너 하이젠베르크(Werner Heisenberg)다.

거시 세계에서의 입자 운동은 뉴턴의 운동 방정식을 풀면 알 수 있다. 미시 세계에서 물질파의 행동은 어떻게 알 수 있을까? 1927년 에르빈 슈뢰딩거(Erwin Schrödinger)는 물질파의 파동이 만족하는 미분 방정식[23]을 고안했고, 그의 파동역학은 수소 원자 내의 전자가 가지는 양자수를 정확히 계산해 냈다(4장 1절 2 참조).

미시 세계에서 찾은 새로운 존재는 입자도 아니고 파동도 아니다. 거시 세계에 익숙한 우리에게는 이 세계를 기술할 수 있는 언어가 없지만, 새로운 존재의 행동은 슈뢰딩거 방정식이 제공하는 수학을 이용해 정확하게 기술할 수 있다.

(4) 확률의 해석

슈뢰딩거 방정식의 해는 전자가 언제 어디에서 발견될지의 확률을 알려 준다. 양자역학은 관측이 이 확률을 바꾼다고 해석한다. 전자의 파동성을 입증한 간섭 현상을 자세히 살펴보자. 전자가 이중 슬릿을 지나면 빛이 만드는 것과 같은 간섭무늬를 만든다. 그런데 두 개의 틈 중 어떤 슬릿을 지나가는지 확인하고자 측정하면 간섭무늬가 사라진다. 어느 슬릿을 지나가는지를 측정하면 그 관측이 전자의 상태를 바꾸기 때문이다. 측정하기 전에는 첫째 슬릿과 둘째 슬릿을 지나가는 전자의 상태가 겹쳐 있지만, 측정하는 순간 하나의 슬릿을 지나는 전자의 상

---

23   미분 방정식은 어떤 함수의 도함수가 만족하는 조건을 준다. 미분 방정식의 해는 그 조건을 만족하는 함수다. 예를 들어 $dy/dx=a$라는 미분 방정식의 해는 $y(x)=ax+c$(c는 상수)이다.

태로 '붕괴'된다는 것이 1925~1929년 코펜하겐에 모인 물리학자들(코펜하겐 학파)의 결론이다.

물리 현상의 확률적 해석이 맘에 들지 않았던 슈뢰딩거는 사고실험을 제안했다. 안을 볼 수 없는 상자 안에 고양이 한 마리, 독극물이 든 유리병, 방사성 물질, 방사능을 검출하는 가이거 계수기, 망치가 있다. 방사성 물질이 붕괴하면 가이거 계수기가 망치를 작동하여 유리병을 깨고 고양이는 죽는다. 1시간 뒤 고양이는 죽었을까 살았을까? 코펜하겐 해석(Copenhagen interpretation)에 따르면 미시 세계의 물리 현상은 확률밖에 알 수 없으며, 관측하기 전까지는 가능한 서로 다른 상태가 공존하고 있다고 말한다. 즉, 상자를 열기 전에는 살아 있는 상태와 죽어 있는 상태가 중첩되어 있고, 여는 순간 하나의 상태로 확정된다고 해석한다. 미시 세계의 확률적 해석을 거시 세계로 연결하니 '죽은 고양이와 살아 있는 고양이의 공존'이라는 패러독스가 생긴 것이다.

'슈뢰딩거의 고양이'는 양자역학이 불완전하다는 사실을 알려 준다. 코펜하겐 해석은 양자역학을 어떻게 해석할 것이냐에 대한 임시변통이라 할 수 있다. 미시 세계에서 일어나는 현상은 엄밀하게 기술하지만, 확률적 해석을 거시 세계에 적용하는 일은 아직도 연구 중이다.

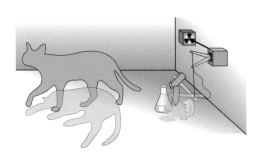

그림 9 코펜하겐 해석을 비판하기 위해 슈뢰딩거가 고안한 사고실험 '슈뢰딩거의 고양이'

3) 새로운 문명을 만든 양자역학

(1) 양자역학과 물질의 이해

양자역학의 가장 큰 성과는 원자를 잘 이해하게 됐다는 것이다. 슈뢰딩거 방정식의 해를 파동 함수 또는 오비탈(orbital)이라 부르는데, 전자들은 에너지가 낮은 오비탈부터 채운다. 이 과정에서 하나의 양자 상태[24]에는 하나의 전자만 있을 수 있다는 볼프강 파울리(Wolfgang Pauli)의 배타 원리(exclusion principle)가 작용하고, 100여 종의 원소가 보이는 화학적 성질을 집약한 주기율표를 설명할 수 있다(4장 1절 참조).

원자에 대한 이해는 물질에 대한 이해로 이어진다. 원자들은 결합해서 분자를 만들거나 아주 많은 수가 일정하게 배열해서 고체를 만드는데, 이 과정을 이해하는 데도 양자역학이 중요하게 작용한다. 고전 전자기학으로는 원자가 모여 분자나 결정고체가 만들어지는 것을 설명할 수 없다. 양자역학은 자세한 계산 없이 불확정성 원리만으로도 공유 결합(4장 1절 참조)을 이해할 수 있다. 두 원자가 전자를 공유하면 전자는 두 원자핵 사이를 오가며 더 넓은 구역에 속박되므로 Δx가 커진다. 불확정성에 의하면 Δp가 작아질 수 있고, 최소의 운동량을 줄일 수 있다. 결과적으로 운동 에너지가 작아져 두 원자는 더 낮은 에너지 상태로 결합하게 된다. 많은 원자가 모여 고체를 이루면, 각각의 원자에 있던 전자들은 파울리의 배타 원리 때문에 에너지가 약간씩 달라지면서 에너지가 거의 연속으로 이어지는 에너지띠를 이루게 된다. 이

---

24 양자수가 다르면 다른 양자 상태에 있다고 한다. 원자 안에 있는 전자의 양자수는 주양자수(n), 각운동량 양자수(l), 자기양자수(m)와 스핀양자수(s)의 조합으로 표시한다.

에너지띠의 구조에 따라서 전기 전도도(electrical conductivity)를 비롯한 여러 물성이 다른 고체가 만들어진다.

현대의 많은 기술은 양자역학을 이용해서 알아낸 물질의 성질을 이용한다. 반도체의 성질을 분석하는 데에도 양자역학의 계산이 필수적인 도구다. 양자역학은 현대 문명의 기초를 이룬 과학기술을 가능하게 했고, 철학과 예술 등 다방면에 큰 영향을 미쳤다.[25]

(2) 미래를 여는 양자역학

양전자(positron)는 전자와 질량은 같지만, 전하가 반대인 입자다. 양전자방출단층촬영(Positron Emission Tomography, PET)은 암을 진단하는 강력한 도구다. 암세포는 무한히 증식하려고 많은 산소를 사용한다. 반감기(half-life)가 2분 정도인 산소의 동위원소를 인체에 주입하면, 이 산소는 암세포 주변으로 이동하며 붕괴하여 양전자를 방출한다. 이 양전자는 근처의 전자를 만나 사라지는데, 이를 쌍소멸(pair annihilation)이라 한다. 에너지는 보존되기 때문에 질량이 사라지면서 반대 방향으로 진행하는 두 개의 감마선을 방출한다. 여러 개의 감마선 검출기를 이용하면 인체의 어느 부분에서 쌍소멸이 일어났는지 알 수 있고, 이 정보를 모아 컴퓨터로 입체 영상을 재구성하여 산소를 소모하는 암세포가 어디에 있는지 알려 주는 것이 PET 장비다.

쌍소멸의 반대 과정인 쌍생성(pair creation)도 가능하다. 강한 에너지가 사라지면서 전자와 양전자를 만들 수 있다. 이렇게 만들어지는 전

---

25 양형진, 〈양자역학 산책〉, 《물리학과 첨단기술》, 2006년 4월 15권 4호.

자와 양전자는 항상 스핀의 방향이 반대인데, 어느 것의 스핀이 '+'인지 관측하기 전에는 알 수 없다. 하지만 전자의 스핀을 관측해서 '+'를 얻었다면, 양전자의 스핀은 항상 '−'이다. 미시 세계에서는 실험으로 충분히 확인된 이 사실을 거시 세계로 확장하면 문제가 생긴다.

아인슈타인의 상대성 이론에 따르면, 빛보다 빠른 속도란 있을 수 없고, 빛보다 빨리 정보를 전달하는 것도 불가능하다. 그런데 함께 생성된 전자와 양전자가 서로 엮여 있는 양자 얽힘(quantum entanglement) 상태를 이용하면 모순이 생긴다. 차근차근 따져 보자. 얽혀 있는 전자와 양전자를 만들고, 이 둘이 광속으로 아주 멀리 떨어질 때까지 1년쯤 기다려 보자. 전자의 스핀을 측정하면, 그 순간 2광년 떨어진 곳에 있는 양전자의 스핀도 결정된다. 빛보다 빨리 정보를 전달한 것이다. 과연 그럴까?

결론만 말하자면, 양전자의 스핀은 전자의 스핀과 반대지만, 이 방법으로 정보를 전달할 수는 없다. 아인슈타인의 상대론은 아직도 건재하고, 양자 얽힘은 아직도 연구 중인 분야다. 최근에는 양자 얽힘을 이용한 새로운 기술들이 나타나고 있다. 양자컴퓨터는 디지털컴퓨터로는 몇 년이 걸리는 암호 해독을 몇 초 만에 할 수 있다. 거꾸로 양자 암호를 사용하면 도청이 불가능한 통신을 할 수 있고, 누가 몰래 도청을 했는지도 알아낼 수 있다. 양자 전송은 〈스타트렉〉의 순간 이동을 가능하게 할 수 있는 기술이지만, 아직은 미시 세계에서만 가능한 기술이다. 이런 기술들은 아직 매우 초보적인 단계지만, 언젠가 훌쩍 일상 생활에 들어와 있을지도 모른다.

2절
변하는 에너지의 형태,
변하지 않는 에너지의 총량

1. 에너지

선풍기는 전원을 연결해야 날개가 돌고, 자동차는 휘발유를 연소해야 움직인다. 인간도 음식을 먹어야 움직여 일할 수 있다. 전기, 휘발유 그리고 음식에 들어 있던 무언가가 일로 바뀐 것이다. 물리학에서는 이 과정을 '에너지의 변화'라고 정의한다. 음식물이 분해되는 과정에서 나온 화학적 에너지는 대사를 거쳐 근육을 수축하고 우리는 이를 이용해 무거운 것을 들어 올릴 수 있다. 우리 몸이 한 일은 음식물에 담긴 화학적 에너지를 운동 에너지로 변환시킨 것이다.

이처럼 에너지는 다양한 형태로 존재한다. 에너지가 물리계로 들어올 수도 있고, 물리계에서 외부로 나갈 수도 있다. 들어온 에너지에서 나간 에너지를 뺀 그 차이가 물리계의 에너지가 늘어난 양이다. 외부로부터 고립된 물리계는 에너지의 출입이 없으므로 에너지가 항상 일정하게 보존된다. 따라서 에너지 보존 법칙(law of energy conservation)은 어떤 엔진도 처음과 나중의 상태가 같다면, 중간에 입력된 에너지보다 더 큰 에너지를 출력할 수 없음을 명확히 알려 준다.

에너지는 과학에서 널리 이용되는 개념이지만, 짧은 문장으로 에너지의 의미를 설명하기란 무척 어려운 일이다. 예를 들어 100원짜리 동전 10개가 들어 있는 동전 지갑이 있다고 가정해 보자. 지갑을 열지 않고 가만히 놓아두면 지갑 안의 동전 개수는 10개로 항상 일정하다. 동전이 저절로 지갑 밖으로 나갈 수도 없고, 닫힌 지갑 안으로 동전이 저절로 들어올 수도 없기 때문이다. 이처럼 지갑을 외부로부터 고립시키면, 지갑 안의 동전 수는 일정하게 유지된다. 한 번도 열리지 않은 동전 지갑 안의 동전 같은 것이 에너지에 해당한다.

지갑에서 100원짜리 동전 3개를 꺼내 자판기에 넣고 커피 한 잔을 사면, 이제 지갑 안에는 동전 7개가 남는다. 이 경우에도 지갑 안의 동전 7개에 지갑에서 자판기로 옮겨 간 동전 3개를 더하면 여전히 그 합은 10개다. 물리학에서는 이와 같은 에너지의 보존과 전달을 계(系, system)로 설명한다. 즉, 나중 상태 에너지(동전 7개)에 계에서 밖으로 전달된 에너지(동전 3개)를 더하면 그 값이 처음 상태의 에너지 값(동전 10개)과 같게 유지된다. 혹은 나중 상태에서의 계의 에너지(동전 7개)는 처음 상태에서의 계의 에너지(동전 10개)에서 외부로 유출된 에너지(동전 3개)를 뺀 값이다.

물리학에서 계와 환경을 나누는 경계는 문제를 푸는 과정에서 필요에 의해 임의로 설정할 때가 많다. 만약 위의 상황에서 지갑과 자판기를 묶어 하나의 계로 생각하면, 계의 내부의 한 부분(지갑)에서 다른 부분(자판기)으로 동전이 전달되었지만, 지갑과 자판기로 구성된 전체 계의 전체 동전 수는 10개로 일정하게 유지된다. 즉, 지갑만 보면 동전이 줄어든 것으로 보이지만, 자판기와 지갑을 함께 보면 동전의 수는 일정하게 유지된다. 물리학의 에너지 보존 법칙도 마찬가지다. 계의 에너지가 줄어든 경우에도 계와 환경의 전체 에너지를 계산하면 그 값은 항상 일정하게 보존된다.

커피를 사서 가벼워진 동전 지갑에 바지 주머니에 들어 있던 별도의 100원짜리 동전 5개를 넣으면, 지갑 안에는 이제 12개의 동전이 있다. 처음 동전의 수 10에 커피를 사려고 사용한 동전 수 3을 빼고, 새로 넣어 준 동전 수 5를 더하면, 10−3+5=12가 된다. 이를 물리학의 입장에서 일반화해 설명하면 다음과 같다. 나중 상태에서의 계의 에너지(12)는 처음 상태에서의 계의 에너지(10)에 유입된 에너지(5)를 더하고 유출된 에너지(3)를 뺀 것과 같다.

지갑에서 동전을 꺼내지도, 동전을 더 넣지도 않았는데 다음 날 동전 지갑을 열어 보니 동전이 12개가 아니라 11개만 남았다고 가정해 보자. 동전 수가 일정하게 보존된다는 지금까지 얻은 경험 법칙을 포기할 수도 있지만, 지갑에 어떤 문제가 있는지 살펴볼 수도 있을 것이다. 자세히 보니 지갑에 동전이 들고 나갈 수 있을 정도의 구멍이 보인다. 동전이 구멍 밖으로 분실되었을 가능성이 있다. 이처럼 계의 에너지가 보존되지 않는 것처럼 보일 때가 있지만, 물리학의 에너지 보존 법칙은 지금까지 그 반례(counter example, 反例)가 발견되어 반증된 적이 없다. 이런 일이 생기면 아직 생각해 보지 않은 다른 형태로 에너지가 변환되어 유출되었다고 생각하는 것이 합리적이다. 물리학에서는 계의 에너지가 다양한 형태로 유입되거나 유출되기도 하는데, 에너지 보존 법칙을 이용해서 에너지의 새로운 형태를 발견하기도 한다.

2. 일과 역학적 에너지의 보존

뉴턴이 만든 고전 역학에서는 위치와 속도로 운동 상태를 규명하고, 대상의 움직임을 $F=ma$라는 운동 방정식으로 표현한다. 즉, 대상에 작용하는 힘(F)이 주어지면 그에 맞춰서 가속도가 생긴다는 관점이다. 이와 같은 고전 역학은 힘 대신에 에너지라는 개념을 써서 나타낼 수 있는데, 에너지로 생각하는 것이 편리할 때가 많다.

1) 일을 하지 않는 힘도 있다

힘(F)이 작용해 물체가 움직이면 힘이 일(W)을 했다고 이야기한다. 만약 힘의 방향과 물체가 움직인 방향이 같다면 아래와 같은 공식이 성립한다.

$$W=FL$$

여기서 L은 물체가 움직인 거리다. 작용하는 힘(F)이 0일 때는 물체가 움직이더라도 일(W)은 0이다. 예를 들어, 얼음판 위에서 미끄러지는 작은 얼음 조각처럼 바닥과 물체 사이에 작용하는 마찰력이 아주 작아 무시할 수 있을 때는 물체가 움직이더라도 일은 0이다. 이 식에 의하면 힘이 작용해도 물체가 움직이지 않는다면 역학적 일은 0이다.

옷걸이에 걸린 옷에는 중력이 아래로 작용하지만 옷은 움직이지 않는다. 옷의 이동 거리(L)가 0이니 중력은 일을 하지 않는다. 중력이 작용하는데 옷이 가만히 옷걸이에 걸려 있는 이유는 중력 반대 방향으로 중력과 같은 크기의 힘이 작용하기 때문이다. 물론 이 힘도 일을 하지 않는다. 옷이 움직이지 않았기 때문이다. 옷이 옷장에 가만히 걸려 있을 때 필요한 일(W)이 0이므로, 옷을 걸어 놓기 위해 필요한 에너지도 0이다. 옷장이 에너지를 필요로 하는 가전제품이 아닌 이유다.

물체에 작용한 힘과 물체가 움직인 방향이 다르다면 어떨까? 이 경우에는 물체가 움직인 방향의 힘의 성분만이 일을 한다고 정의한다. 아래 그림과 같이 힘과 이동 방향 사이의 각도를 θ라 하면, 물체가 움직인 방향으로의 힘 F의 성분은 $F\cos\theta$이므로 일은 다음과 같다.

$$W = FL\cos\theta$$

물체가 움직인 방향이 힘이 작용한 방향과 수직($\theta = 90°$)이라면 $\cos 90° = 0$이므로 일(W)은 0이다. 즉, 물체가 움직이더라도 그 방향이 중력과 수직이어서 중력이 한 일은 0이다. $\theta > 90°$이면, $W < 0$이다. 힘은 음($-$)의 일도 할 수 있다!

2) 일을 하는 힘은 운동 에너지를 만든다

질량이 m인 물체가 속도 v로 움직이고 있다면 이 물체는 운동 에너지 $K=\frac{1}{2}mv^2$을 가진다고 한다. 즉, 어떤 물체가 속도를 가지고 움직이고 있을 때 그 물체 속도의 제곱에 질량을 곱한 값의 반이 운동 에너지다. 이러한 운동 에너지를 바꾸는 원인을 '일'이라고 부른다. 물체가 외부로부터 일을 받으면 그만큼 운동 에너지가 증가한다. 이것을 '일-운동 에너지 정리(Work-kinetic energy theorem)'라고 한다.

일-운동 에너지 정리

일차원을 따라 일정한 크기의 힘(F)이 작용하고 있는 경우에 뉴턴의 운동 법칙 $F=ma$를 적용하면 물체는 일정한 가속도 $a=F/m$로 움직인다는 것을 알 수 있다. 이러한 등가속도 운동에서 물체의 시간 t에서의 속도는 $v(t)=v_i+at$로 적을 수 있는데, 여기서 v_i는 $t=0$일 때의 물체의 처음 속도이다. 등가속도 운동을 하는 물체의 위치는 $x(t)=x_i+v_it+\frac{1}{2}at^2$으로 주어지는데, 여기서 x_i는 물체의 $t=0$에서의 위치. 만약 물체가 x_i에서 출발해서 x_f까지 이동했다면, 그동안 힘 F가 한 일이 얼마일지 계산해 보자.

$v(t)$의 표현 식으로부터 $v_f=v_i+at$이므로 물체의 나중 속도 v_f를 이용해 물체가 x_f에 도달했을 때의 시간이 $t=\frac{v_f-v_i}{a}$임을 알 수 있고, $x(t)$의 표현 식으로부터 얻은 $x_f=x_i+v_it+\frac{1}{2}at^2$에 이를 대입하면

$x_f=x_i+v_i\frac{v_f-v_i}{a}+\frac{1}{2}a\left(\frac{v_f-v_i}{a}\right)^2$을 얻게 된다.

x_f-x_i는 물체의 이동 거리 L이고, $a=F/m$이므로, 식을 정리해

$a(x_f-x_i)=\frac{FL}{m}=v_iv_f-v_i^2+\frac{1}{2}(v_f^2+v_i^2-2v_fv_i)=\frac{1}{2}(v_f^2-v_i^2)$을 얻는다. $FL=W$이므로

$W=\frac{1}{2}mv_f^2-\frac{1}{2}mv_i^2$을 얻는다. 여기서 $\frac{1}{2}mv^2$은 물체의 운동 에너지 K이므로, 우변은 $\Delta K=K_f-K_i$(K_i와 K_f는 각각 물체의 처음, 나중 운동 에너지)로 적을 수 있다. 결국, 물체의 운동 에너지의 변화량 ΔK가 일 W와 같다는 일-운동 에너지 정리를 얻게 된다.

$$W=\Delta K\,(\text{일-운동 에너지 정리})$$

외부에서 물체에 힘을 작용하면, 이 힘이 한 일은 운동 에너지로 변환된다. 〈그림 1〉처럼 멈춰 있는 수레에 힘을 가해 보자. 속도가 생겨 힘이 가해진 방향으로 수레가 움직이고, 운동 에너지는 증가한다. 움직이는 수레에 운동 방향과 반대로 힘을 가하면 속도가 줄면서 운동 에너지가 줄어든다.

자유 낙하를 하는 물체에도 중력이 외력으로 작용한다. 따라서 중력이 한 일만큼 운동 에너지가 증가한다.

일-운동 에너지 정리는 뉴턴의 운동 법칙에서 정확히 유도된다는 사실을 기억하자. 즉, 물체의 운동을 뉴턴의 운동 법칙을 직접 이용해 이해하는 것과 일-운동 에너지 정리를 이용해 설명하는 것은 같은 결과를 준다. 계산의 편의를 생각해 둘 중 하나를 적절히 택해 문제를 풀면 된다.

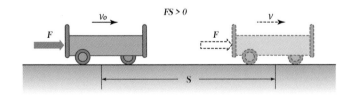

그림 1 일과 운동 에너지의 관계

일-운동 에너지 정리를 이용해 쉽게 계산할 수 있는 운동의 예를 들어 보자. 높이가 h인 건물의 꼭대기에서 질량이 m인 돌멩이를 v_i의 속도로 아래로 던졌다고 하자. 땅에 닿는 순간 돌멩이의 속도를 구해 보자. 중력 $F=mg$는 아래 방향이고, 돌멩이가 이동한 수직 방향의 거리는 h이므로 중력이 한 일은 $W=mgh$가 된다. 일-운동 에너지 정리에 의해서 이 양은 운동 에너지의 변화량과 같으므로 $mgh=\frac{1}{2}mv_f^2-\frac{1}{2}mv_i^2$이고 $v_f^2=v_i^2+2gh$, 즉 $v_f=\sqrt{v_i^2+2gh}$가 된다. 에너지를 이용해 계산하면 간단하지만, 뉴턴의 운동 방정식을 사용하면 훨씬 복잡한 계산이다.

3) 퍼텐셜 에너지를 알면 에너지 보존이 보인다

힘 F가 일정해 물체가 등가속도 운동을 하는 경우에 힘이 한 일은 $W=FL$임을 앞서 설명한 바 있다. 만약 물체의 처음 위치와 나중 위치가 각각 x_i, x_f라면, $L=x_f-x_i$이므로, 이 식은 $W=F(x_f-x_i)$로 적을 수 있다. 식의 우변에 등장한 Fx를 x의 함수인 $-V(x)$로 정의하면, $W=F(x_f-x_i)=-V(x_f)+V(x_i)$가 되므로, 처음 V값을 V_i, 나중 V값을 V_f라 하면, $W=-(V_f-V_i)=-\Delta V$를 얻게 된다. 이 식을 앞에서 살펴본 일-운동 에너지 정리에 대입하면, $W=\Delta K=-\Delta V$이므로 $\Delta(K+V)=0$임을 알게 된다. V가 바로 퍼텐셜 에너지인데, $\Delta(K+V)=0$의 의미는 바로 운동 에너지 K와 퍼텐셜 에너지 V를 더한 값은 나중이나 처음이나 같은 값을 갖는다는 뜻이다. 운동 에너지와 퍼텐셜 에너지를 더한 양이 바로 역학적 에너지 E다. 따라서 $\Delta(K+V)=\Delta E=0$은 역학적 에너지가 일정하게 유지된다는 역학적 에너지 보존 법칙을 의미한다.

$$\Delta E = \Delta(K+V) = 0$$

힘이 일정한 경우의 퍼텐셜 에너지 함수는 위에서 설명한 것처럼 쉽게 적을 수 있다. 예를 들어 바닥에서 물체까지의 높이를 y라 하고, 중력에 의한 퍼텐셜 에너지를 구해 보자. 중력 F는 $-y$ 방향임에 주의해 앞에서 이야기한 $V(x) = -Fx$를 적용하면, $V(y) = mgy$임을 알 수 있다.

앞에서 살펴본 높이가 h인 건물의 꼭대기에서 질량이 m인 돌멩이를 v_i의 속도로 아래로 던진 상황을 역학적 에너지 보존 법칙을 이용해 살펴보자. 돌멩이를 던진 순간의 퍼텐셜 에너지와 운동 에너지는 각각 mgh와 $\frac{1}{2}mv_i^2$이고, 돌멩이가 땅에 닿는 순간의 퍼텐셜 에너지와 운동 에너지는 각각 0과 $\frac{1}{2}mv_f^2$이다. 처음 상태와 나중 상태의 역학적 에너지가 일정하다는 역학적 에너지 보존 법칙을 적용하면 $E_i = V_i + K_i = mgh + \frac{1}{2}mv_i^2 = E_f = V_f + K_f = \frac{1}{2}mv_f^2$이므로, 일-운동 에너지 정리로 얻은 것과 같은 결과 $v_f = \sqrt{v_i^2 + 2gh}$ 를 얻는다.

에너지 정리와 마찬가지로 역학적 에너지 보존 법칙도 뉴턴의 운동 법칙으로 쉽게 증명할 수 있음을 기억하자.

퍼텐셜 에너지 함수와 전환점

퍼텐셜 에너지 함수를 이용하면 물체의 운동을 정성적으로 편하게 이해할 수 있다. 앞에서 생각해 본 중력에 의한 퍼텐셜 에너지 $V(y) = mgy$를 그린 〈그림 2〉를 보자. 하지만 주의할 점이 있다. 떨어뜨린 물체는 땅속으로

과학 산책, 자연과학의 변주곡

들어가지 않고 바닥 면에 멈춘
다. 즉, 이 그림에서 $y < 0$인 영
역은 물체가 존재할 수 없는 영
역이다. 물체를 높이 y_1인 곳
에서 위 방향으로 v_1의 속도
로 던졌을 때 물체가 어떤 운
동을 할지 퍼텐셜 에너지 함
수를 그린 그림으로 이해해 보
자. 중요한 점은 물체의 역학적
에너지 $E = K + V$는 항상 일정

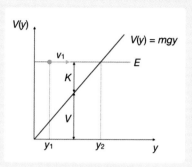

그림 2 중력에 의한 퍼텐셜 에너지

한 값으로 보존된다는 것이다. 물체의 높이가 변하면서 운동하더라도 역학
적 에너지 E는 그림의 붉은색 선을 따라 일정한 값으로 유지된다. 물체의
높이 y가 y_1으로부터 점점 증가하면, 그림에서 역학적 에너지(붉은색 직선)
와 퍼텐셜 에너지(파란색 직선)의 차이는 점점 줄어든다. $E = K + V$를 이용하면
$E - V = K = \frac{1}{2}mv^2$이므로, y가 증가하면서 운동 에너지 K가 감소함을 볼 수
있다. 즉, 처음 v_1의 속도로 높이 y_1에서 위로 던져진 물체는 높이가 올라가
면서 점점 속도가 줄어든다. 물체의 높이가 그림의 y_2에 도달한 순간에는
$E = V$가 되므로 운동 에너지 $K = 0$이고, 따라서 물체의 속도는 0이 되어 정
지한다. 이때가 물체의 바닥에서의 높이가 최대가 되는 곳이다. 물체가 이
곳에 가만히 계속 정지해 있을 수는 없다. 물체에는 계속 크기 mg인 아래
방향으로의 중력이 작용하기 때문이다. 즉, 위로 올라가다 높이 y_2에 도달
한 물체는 순간적으로 정지하고, 곧이어 아래 방향의 중력을 받아 방향을
바꿔 아래로 떨어지기 시작한다. 그림에서 붉은색으로 표시된 역학적 에
너지의 직선 위에서 이제 방향을 바꿔 왼쪽으로 움직인다. 물체가 y_2에서
출발해 점점 높이가 낮아지면, E와 $V(y)$의 차이가 점점 더 벌어지게 되는
데, 이는 다름 아니라 물체의 운동 에너지가 증가한다는 뜻이다. 즉, 물체는
떨어지면서 점점 속도가 빨라지게 된다. 물체의 운동은 물체가 바닥 면인

$y=0$에 도달하는 순간 멈춘다.

중력에 의한 퍼텐셜 에너지를 그린 그림에서 역학적 에너지가 퍼텐셜 에너지와 같아지는($E=V$) 위치는 특히 중요하다. 이곳에서 잠깐 정지한 물체는 곧이어 움직이는 방향을 바꾸기 때문이다. 이처럼 $E=V(y)$를 만족하는 위치를 '전환점'이라고 부른다. 전환점에 도달한 물체는 이전에 움직이던 방향으로 계속 진행하지 못하고 움직임의 방향을 바꾼다. 이와 같이 고전 역학에서는 물체가 전환점을 넘어서 더 진행할 수는 없다. 만약 더 진행해서 물체가 $E < V(y)$인 영역에 들어서게 되면 어떤 일이 생길까? 역학적 에너지 보존 법칙 $E=K+V$를 이용하면, 이 영역에서는 $E-V(y)=K < 0$을 만족해서 0보다 작은 운동 에너지를 갖게 된다. 하지만 $K=\frac{1}{2}mv^2$임을 생각하면 물체의 속도가 허수(imaginary number)가 아닌 한, 운동 에너지는 절대로 0보다 작은 값을 가질 수 없다는 것을 알 수 있다. 즉, $E < V(y)$인 영역은 고전 역학에서는 물체가 위치할 수 없는 금지된 영역이다.

4) 보존력과 비보존력

뉴턴의 운동 법칙으로부터 일-운동 에너지 정리와 역학적 에너지 보존 법칙을 각각 유도해 보았다. 일-운동 에너지 정리와 역학적 에너지 보존 법칙은 같은 것일까 다른 것일까? 이 질문은 일(W)과 퍼텐셜 에너지(V)의 관계를 묻는 것이라 할 수 있다. 언뜻 생각하면 일-운동 에너지 정리와 역학적 에너지 보존 법칙은 서로 동등하다고 오해할 수 있다. 하지만 모든 힘 F에 대해서 퍼텐셜 함수가 항상 존재하는 것은 아니다. 만약 퍼텐셜 에너지 함수 $V(x)$가 존재한다면, 힘 F가 한 일은 $W=-\Delta V=-[V(x_f) - V(x_i)]$로 적을 수 있다. 즉, 힘 F가 한 일은 물체의 처음과 나중 위치에만 의존하지, 두 위치 사이를 물체가 어떤 경로로 이동했는지와는 무관하다. 만약 힘이 한 일이 물체의 처음과 나중 위치뿐 아니라, 물체의 구체적인 이동 경로에 따라서도 달라지는 경우에는 퍼텐셜 에너지 함수 $V(x)$가 존재하지 않는다.

앞서 언급한 것처럼 중력의 경우 퍼텐셜 에너지를 구하고 이를 역학적 에너지 보존 법칙에 적용해 문제를 풀 수도 있고, 혹은 일을 계산해 일-운동 에너지 정리를 이용할 수도 있다.

중력 $F=mg$가 $-y$ 방향으로 작용하고 있을 때, 물체가 원점 $(0,0)$에서 $(1,1)$까지 〈그림 3〉과 같이 움직인 경우 서로 다른 두 경로 A, B에 대해 각각 일을 구해 보자. 경로 A를 따라 $(0,0)$에서 $(1,0)$까지 이동할 때의 일은 0인데, 힘과 이동 방향이 서로 수직이기 때문이다. 한편 $(1,0)$에서 $(1,1)$로 이동할 때의 일은 이동 거리 1m에 중력 $-mg$를 곱해서 얻을 수 있다. 이동 경로 B에 대해 같은 계산을 해 보면, $(0,0)$에서 $(0,1)$로 이동할 때는 일이 $-mg(1\text{m})$이고 $(0,1)$에서 $(1,1)$로 이동할 때는 일이 0이다. 즉, 물체가 $(0,0)$에서 $(1,1)$로 이동할 때 중력이 한 일은 $W_A=W_B$임을 알 수 있다. 이처럼 중력이 한 일은 물체가 이동한 경로와 무관하고, 단지 출발점과 도착점의 위치에만 의존한다. 이러한 종류의 힘을 '보

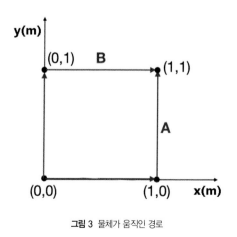

그림 3 물체가 움직인 경로

존력'이라 한다. 힘이 보존력인 경우에는 일(W)이 경로와 무관하므로, $W=-\Delta V$로 정의된 퍼텐셜 에너지도 마찬가지로 경로와 무관한 물체의 위치만의 함수가 됨을 알 수 있다.

한 가지 주의할 점이 있다. 퍼텐셜 에너지 함수가 존재하지 않고, 역학적 에너지 보존 법칙이 성립하지 않는 경우에도 일-운동 에너지 정리는 이용할 수 있다. 마찰이 있는 면 위에서 움직이는 물체가 있다. 움직이는 방향의 반대 방향으로 마찰력 f가 작용한다. 처음 v의 속도로 이동하고 있는 물체는 마찰력이 작용해서 결국 정지한다. 이 물체가 정지할 때까지 움직인 거리를 구해 보자. 마찰력은 '비보존력'이어서 퍼텐셜 에너지를 정의할 수 없으므로 역학적 에너지 보존 법칙을 이용해 답을 구할 수 없지만, 일-운동 에너지 정리를 이용해 문제를 풀 수 있다. 물체가 정지할 때까지 이동한 거리를 L이라 하면 마찰력이 한 일은 $W=-fL$이 된다. 여기서 음($-$)의 부호는 마찰력의 방향과 물체의 운동 방향이 서로 반대임을 나타낸다. 일-운동 에너지 정리 $W=\Delta k$를 이용하면 $-fL=0-\frac{1}{2}mv^2$이므로 $L=\frac{1}{2f}mv^2$을 얻는다. 이 문제처럼 퍼텐셜 에너지를 이용할 수 없어 역학적 에너지 보존 법칙을 적용할 수 없더라도, 일-운동 에너지 정리를 이용할 수 있는 경우가 많다. 일-운동 에너지 정리가 역학적 에너지 보존 법칙보다 더 일반적인 상황에 적용될 수 있다.

과학 산책, 자연과학의 변주곡

3. 에너지의 생산과 이용

1) 발전기는 전자기력을 이용한다

수력 발전소는 다량의 물을 높은 곳에서 아래로 떨어뜨리고, 이 에너지를 이용해 전기를 생산한다. 중력에 의한 물의 퍼텐셜 에너지가 터빈의 회전 운동 에너지로 바뀌고, 코일이 감긴 터빈이 자기장 안에서 회전해 전기 에너지를 생산한다. 이렇게 생산된 전기 에너지는 전력망을 통해 가정으로 전달된다. 풍력 발전소에서는 불어오는 바람의 운동 에너지를 이용한다. 원자력 발전소에서는 원자핵의 붕괴 과정 중 반응 전후의 질량 차이가 에너지를 공급하고, 이 에너지가 물을 끓여 나오는 증기의 압력을 이용해 터빈을 돌린다. 석탄과 석유를 이용하는 화력 발전소에서는 연료를 산소와 반응시켜 나오는 화학적 에너지를 이용해 물을 끓인다. 원자력 발전소와 화력 발전소는 에너지의 원천은 달라도 전기를 생산할 때 증기를 이용한다는 면에서는 비슷하다.

2) 전력의 수송을 담당하는 스마트 그리드

다양한 방식으로 만들어진 전기 에너지는 전력망을 통해 각 가정에 공급된다. 더운 여름 선풍기를 전원에 연결하면 가정에 전달된 전기 에너지는 다시 선풍기의 회전 운동 에너지로 변환되고, 이는 다시 공기 기체 분자들의 운동 에너지로 변환되어 시원한 바람을 일으킨다. 이처럼 우리가 매일 이용하는 수많은 장치는 에너지의 적절한 변환을 이용한다.

전기 에너지는 다른 형태의 에너지보다 유리한 점이 많다. 전력을 수송하는 전력 케이블만 갖춰지면 이 케이블을 통해 손쉽게 에너지를 수송할 수 있다. 중력에 의한 퍼텐셜 에너지를 직접 가정에 전달하거나, 석탄에 담긴 화학적 에너지나 우라늄에 담긴 원자력 에너지를 직접 가정에 전달한다면 막대한 수송비가 든다. 에너지를 전기 에너지 형태로 공급하는 것은 수송 비용 절감뿐 아니라 에너지를 안전하게 사용한다는 점에서 엄청난 이득이다. 이러한 이유로 대부분의 발전소에서는 에너지의 원천은 달라도 결국 전기 에너지 형태로 에너지를 변환해 전력 수송망을 통해 공급하고 있다. 그중에서도 원천 에너지를 터빈의 회전 운동 에너지로 바꾸고, 이를 다시 전기 에너지로 바꾸는 방식이 가장 널리 쓰인다. 최근의 태양광 발전은 다르다. 태양광 발전은 아무런 역학적인 움직임 없이 전기 에너지를 생산한다. 태양광이 물질 내 전자의 에너지 상태를 바꾸고, 이를 이용해 전기를 생산한다.

최근에는 소규모 태양광 발전 등 전기 에너지 공급 주체가 다변화하고, 전기 에너지를 보관하는 에너지 저장 장치 관련 기술도 급격히 발전하고 있다. 시시각각 변하는 전력 수요에 맞춰 전력 공급을 적절히 조정하고, 남는 전력은 저장 장치에 담아 예비 전력으로 이용하고자 하는 시도다. 이러한 지능형 전력망을 '스마트 그리드(smart grid)'라 부르는데, 앞으로 관련 기술의 발전 및 인공지능을 이용한 전력 수요 예측과 맞물려 점점 그 중요성이 커질 것으로 보인다.

과학 산책, 자연과학의 변주곡

거시 세계의 질서를 알려 주는
열역학 법칙

1. 열역학 제0법칙과 온도의 정의

우리는 물체에 손을 대면 그 물체가 얼마나 차가운지, 얼마나 뜨거운지 느낄 수 있다. 하지만 이런 느낌은 상황에 따라 전혀 달라질 수 있기 때문에 과학적인 표현은 아니다. 예를 들어 보자. 왼손은 얼음물에 담그고 있고, 오른손은 김이 모락모락 나는 사우나의 열탕에 담그고 있다가 수돗물을 받은 통에 두 손을 동시에 옮겨 넣으면 왼손은 따뜻함을 느끼지만, 오른손은 차가움을 느낀다. 느낌이라는 것은 이렇게 상대적이기 때문에 뜨거운 물체가 차가운 물체와 무엇이 다른지 과학의 언어로 표현하는 것은 오랫동안 무척 어려운 일이었다.

냉장고의 냉동실에서 얼음을 꺼내 뜨거운 물이 담긴 컵 안에 넣어 보면, 얼음은 점차 녹아 물이 되고, 이 과정에서 물은 차가워진다. 이처

열역학의 발전

과거에는 뜨거운 물체에는 열(heat)이 많다고 생각했다. 즉, 물체 안에 열의 원소에 해당하는 어떤 물질이 다른 물질보다 더 많은 것이라 여겼다. 18세기에 화학자 앙투안 라부아지에가 제안한 이론이다. 라부아지에는 뜨거운 물체에 더 많이 존재하는 질량이 없는 상상의 유동체를 '칼로릭(caloric)'이라 불렀다. 뜨거운 물체와 차가운 물체가 접촉하면 뜨거운 물체에 더 많이 존재하는 칼로릭이 차가운 물체로 흘러가고, 그 결과 뜨거운 물체는 열을 잃고, 차가운 물체는 열을 얻어, 결국 두 물체의 열의 양이 같아진다는 것이다. 이처럼 칼로릭을 물질로 보는 입장에서는 칼로릭이 한 물체에서 다른 물체로 흘러가더라도 전체 칼로릭의 양은 보존되리라고 예상할 수 있다.

라부아지에의 칼로릭 이론에 타격을 준 것은 18세기 말 럼퍼드(Rumford, 벤저민 톰프슨)의 실험 결과였다. 럼퍼드는 금속을 원기둥 형태로 주조하고 그 내부를 절삭기로 둥글게 깎아 대포를 만드는 공정을 유심히 관찰했다. 이 공정을 물속에서 진행하면 금속 내부와 절삭기 사이의 마찰이 끊임없이 열을 만들어 물이 끓게 됨을 실험해 보였다. 즉, 마찰에 의해 열이 무제한으로 만들어질 수 있다는 결론을 얻었다. 이 결과는 칼로릭 이론으로는 설명할 수 없다. 금속 안의 칼로릭이 물로 모두 유출된 다음에는 더는 열이 발생할 수 없으리라는 것이 칼로릭 이론의 예측이었기 때문이다. 제임스 줄은 더 정교한 실험을 수행했고, 결국 역학적 일이 열로 변환된다는 것을 밝혔다. 이를 토대로 역학적 일, 열 그리고 물체의 내부 에너지 사이의 관계를 기술하는 열역학 제1법칙이 알려졌다. 더 나아가 온도라는 것은 분자들의 운동 정도를 표현하는 분자의 평균 운동 에너지에 비례한다는 것도 밝혀졌다. 또한 루돌프 클라우지우스(Rudolf Clausius)는 엔트로피(entropy)라는 새로운 물리량을 제안해 열은 항상 뜨거운 곳에서 차가운 곳으로만 흐른다는 열역학 제2법칙을 정량적으로 표현하였고, 이후 루트비히 볼츠만럼 따뜻한 정도가 다른 두 물체를 접촉시키면 뜨거운 것은 덜 뜨거워지고, 찬 것은 덜 차가워진다. 이렇게 두 물체를 접촉하여 따뜻한 정도가 달라지는 것을 '열접촉'이라고 한다. 열접촉을 하고 있는 두 물체 사이에 전달되는 것을 '열'이라 하고, 에너지와 같은 차원을 가진 물리량임을 강조하기 위해 '열에너지'라 부르기도 한다. 따뜻한 정도를 수치화한 것을 '온도'라고 하면, 위의 내용을 다음과 같이 다시 표현할 수 있다. 온도가 낮은 얼음을 온도가 높은 뜨거운 물이 담긴 컵에 넣으면, 뜨거운 물에서 열이 이동하여 얼음의 온도는 높아지고 뜨거운 물의 온도는 낮아진다. 컵과 외부 사이에 열의 출입이 없다면, 얼음이 점점 녹아 컵 안의 물이 같은 온도의 물로 변한 후 컵 안 물의 온도는 일정하게 유지된다. 열접촉을 하고 있는 두 물질 사이에 더 이상의 열교환이 없는 상태를 열평형(thermal equilibrium) 상태라고 한다.

만약 두 물체 A와 B가 열평형 상태에 있고 마찬가지로 두 물체 A와 C가 열평형 상태에 있다면, B와 C도 열평형 상태에 있으리라고 쉽게 예상할 수 있다. 이것이 바로 열역학 제0법칙이다. 열역학 제0법칙을 이용하면 온도를 정의할 수 있다. 두 물체가 열평형 상태에 있을 때 두 물체는 같은 온도를 갖는다.

1) 섭씨온도 눈금의 정의

액체 온도계는 가는 유리관 안에 염료를 넣어 붉은색을 띤 액체가 들어 있는 형태다. 보통 알코올을 이용한다. 가는 유리관 안에 들어 있는 알코올은 온도가 오르면 부피가 팽창하므로 위로 올라간다. 온도계를 온도를 재고자 하는 장소에 두면 알코올과 알코올이 담긴 유리관 그리고 유리관과 온도계 밖의 물질 사이에 열접촉이 생기고 결국 열평형 상태에 도달한다. 유리관 안에 들어 있는 알코

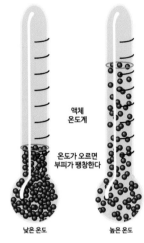

액체
온도계

온도가 오르면
부피가 팽창한다

낮은 온도   높은 온도

그림 1 액체 온도계의 열역학적 원리

올의 부피는 온도에 따라 변하므로 결국 알코올의 높이가 변하고 이를 이용해 외부 온도를 측정한다(《그림 1》).

온도계 눈금의 기준을 매기는 방법으로는 물의 특성을 이용한다. 물에 얼음을 넣으면 얼음과 물의 열접촉에 의해 얼음이 녹아 물이 된다. 충분한 양의 얼음을 물에 넣고 전체가 열평형 상태에 도달할 때까지 기다려 보자. 물의 온도가 얼음의 어는점(freezing point) 온도와 같아지면, 더 이상 얼음이 녹지 않고 물과 얼음이 공존하는 상태를 만들 수 있다. 물과 얼음이 열평형을 이뤄 공존하는 상황에서 물과 얼음의 온도는 물의 어는점이 되고, 이 온도를 0으로 정의한 것이 섭씨온도 눈금(Celsius scale)의 한쪽 끝이다. 섭씨온도 눈금의 다른 쪽 끝은 물의 끓는점(boiling point)을 이용한다. 끓고 있는 물은 외부에서 열이 공급돼

도 온도가 오르지 않고 일정하게 유지된다. 물이 끓는 온도를 100으로 정의하고, 물의 어는점과 끓는점 사이를 백 등분한 것이 섭씨온도계의 1도다. 주의할 것은 어는점과 끓는점을 기준으로 온도계를 제작하더라도 액체의 종류가 달라지면 두 온도계로 읽는 온도가 다를 수 있다는 것이다. 예를 들어 수은을 기준으로 이용한 온도계 A와 알코올을 기준으로 이용한 온도계 B가 있을 때, 같은 온도에서 두 온도계의 눈금이 다르다. 액체의 열팽창이 액체의 종류에 따라 다르기 때문이다. 섭씨온도 눈금은 물을 기준으로 한다.

2) 기체의 부피가 사라지는 절대영도

〈그림 2〉의 왼쪽 장치와 같이 액체가 들어 있는 비커에 기체가 담긴 유리 플라스크를 넣고, 플라스크에 연결된 유리관을 수은이 들어 있는 한쪽이 열린 유리관과 유연한 호스로 연결하였다. 수은이 들어 있는 오른쪽 유리관의 끝은 열려 있으므로 수은 위쪽에 작용하는 압력은

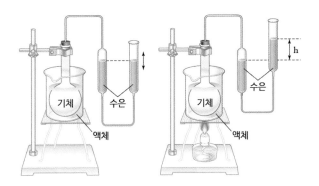

그림 2 등적 기체 온도계의 원리

대기압으로 유지된다. 호스를 이용하여 오른쪽 유리관의 높낮이를 조절하여 왼쪽, 오른쪽 유리관에 연결되어 들어 있는 수은의 높이가 같게 만들면 플라스크 안에 있는 기체의 압력이 대기압과 같아진다.

〈그림 2〉의 오른쪽 장치와 같이 비커에 들어 있는 액체를 가열하여 온도를 높이면 어떻게 될까? 액체의 열이 플라스크로 전달되면 그 안에 들어 있는 기체의 온도가 올라가면서 팽창하여 수은이 오른쪽 유리관 쪽으로 밀려 올라간다. 이때 왼쪽 유리관에 있는 수은 기둥의 높이가 가열하기 전의 높이와 같아지도록 오른쪽 유리관의 높이를 조절할 수 있다. 왼쪽 유리관에 있는 수은 기둥의 높이를 일정하게 유지한다면, 플라스크에 들어 있는 기체의 부피가 변하지 않은 것이므로 기체의 압력이 높아질 것이다. 높아진 압력에도 불구하고 부피가 유지된다는 것은 반대편에서도 정확하게 같은 압력으로 누르고 있다는 것이고, 오른쪽 유리관에 있는 수은 기둥의 높아진 부분이 그 역할을 한다. 따라서 높아진 수은 기둥의 높이를 알면 플라스크 안에 있는 기체의 압력을 알 수 있다.[1] 부피가 일정할 때 온도가 높아지면 압력이 커지고, 반대로 온도가 낮아지면 압력이 낮아지므로 이렇게 부피를 유지한 채 기체의 압력으로부터 온도를 측정하는 장치를 '등적 기체 온도계(constant-volume gas thermometer)'라고 한다.

등적 기체 온도계를 이용해 온도를 바꿔 가면서 플라스크 안 기체의 압력을 측정해 볼 수 있다. 기체의 압력은 온도가 낮아질수록 점점

---

1   부피를 일정하게 유지하면서 플라스크 안에 들어 있는 기체의 온도를 높여 변화한 기체의 압력을 P라고 하면, 이 압력의 변화는 높아진 수은 기둥이 누르는 압력과 동일하다. 따라서 수은 기둥의 높이를 h, 수은의 밀도를 ρ, 중력가속도를 g라 하면 $P = \rho g h$가 된다.

          과학 산책, 자연과학의 변주곡

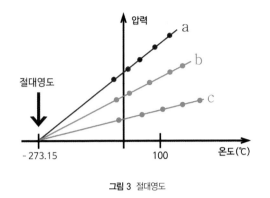

그림 3 절대영도

낮아지는데, 기체의 종류와 관계없이 하나같이 특정 온도에서 압력이 0을 향하는 데이터를 얻을 수 있다. 물론 현실의 실험에서는 온도가 아주 낮아지면 기체가 액체로 변하기 때문에 실제로 압력이 0이 되는 온도에 도달할 수 있는 것은 아니다. 〈그림 3〉에서처럼 실제 실험에서 얻어진 점으로 표시된 결과가 더 낮은 온도에서도 같은 직선을 따른다고 가정하면, 기체의 종류와 무관하게 서로 다른 기체 a, b, c 모두 같은 온도에서 압력이 0이 된다. 이렇게 기체의 압력이 0이 되는 온도를 절대영도(absolute zero)라고 한다. 정밀한 실험을 통해 절대영도는 섭씨온도로 −273.15℃가 되는 것을 알게 됐다. 절대영도를 0으로 잡기 위해서 섭씨온도에 273.15를 더한 온도를 절대온도라고 한다. 예를 들어 섭씨온도로 0℃는 절대온도로 273.15K다.

기체의 압력은 용기 안에 있는 기체 분자가 용기 벽과 얼마나 자주, 그리고 얼마나 강하게 충돌하는지에 따라 달라진다. 증명은 생략하지만, 기체의 압력은 기체 분자들의 평균 운동 에너지에 비례한다. 한편 〈그림 3〉에 나타나 있듯이 압력은 절대온도에 비례한다. 따라서 절대온도는 기체 분자의 평균 운동 에너지에 비례한다는 것을 알 수 있다. 결국 절대영도보다 더 낮은 온도는 존재할 수 없다. 만약 더 낮은 온도가

절대영도에서 입자의 운동 에너지

현대 물리학의 가장 중요한 이론 중 하나인 양자역학은 절대영도에서도 분자의 운동 에너지는 0이 아님을 알려 준다. 양자역학의 불확정성 원리에 따르면, 입자의 운동량의 불확정성과 위치의 불확정성의 곱은 플랑크 상수보다 작을 수 없다. 만약 입자의 운동 에너지가 정확히 0이 된다면 이는 입자 운동량의 불확정성이 0이 됨을 뜻하는데, 양자역학의 불확정성 원리에 따르면 이 경우 입자 위치의 불확정성은 무한대가 돼야 한다. 입자가 정확히 한 장소에서 전혀 움직이지 않고 머무는 것은 불가능하다. 양자역학의 에너지가 가장 낮은 바닥 상태에서 입자의 운동 에너지 기댓값을 구하면 그 값은 0보다 크다. 정확히 절대영도라고 해도 입자는 운동 에너지가 정확히 0인 상태에 있을 수 없다.

존재하려면 운동 에너지가 음수여야 하는데, 운동 에너지는 속도의 제곱에 비례하는 양이어서 결코 0보다 작을 수 없기 때문이다. 즉, 고전 물리학에서 정의하는 절대영도는 기체 분자의 열운동에 의한 운동 에너지가 0이 되는 온도이다.

2. 열역학 제1법칙과 에너지 보존

1) 분자의 운동 에너지: 내부 에너지

분자의 크기는 매우 작고, 기체를 형성하는 경우 분자들이 서로 멀리 떨어져 있어서 상호작용이 약하기 때문에 기체를 기술하기 위하여 아예 분자의 크기와 상호작용을 무시할 수 있다. 이러한 기체를 이상 기체(ideal gas)라고 한다. 이렇게 단순화된 이상 기체를 이해하면 실제 기체에 대한 본질적인 여러 정보를 알 수 있다. 이상 기체의 총 에너지는 상호작용을 하지 않는 분자들의 운동에 의한 것이므로 분자들 운동 에너지의 합으로 결정된다. 한편, 앞에서 보았듯 기체의 절대온도는 분자들의 평균 운동 에너지에 비례하므로 이상 기체의 에너지는 절대온도에 비례함을 알 수 있다.

그런데 여기서 이상한 상황이 발생할 수 있다. 어떤 사람이 기체가 들어 있는 투명한 용기를 들고 기차를 타고 달리고 있다고 하자. 기차 밖에서 정지해 있는 사람이 이 용기 안에 들어 있는 기체 분자들의 운동 에너지를 측정한다면 기차의 운동에 의한 에너지가 더해지기 때문에, 기차 안에서 용기를 가지고 있는 사람이 측정한 운동 에너지와는 다를 것이다. 동일한 상태의 기체에 대해서 기차 안과 밖에서 측정한 온도가 서로 다르다는 것은 말이 안 되는 일이다. 그렇다면 분자들의 운동 에너지가 온도에 비례한다고 이야기할 때, 어떤 조건에서 운동 에너지를 측정해야 하는 걸까? 기체 분자들 전체의 질량 중심의 위치가 변하지 않는 좌표계에서 운동 에너지를 측정해야 한다. 이런 이유로 열역학에서는 에너지가 아니라 내부 에너지를 이야기한다. '내부(internal)'라는 용어가 의미하듯이, 계의 외부 효과는 배제하고 기체만의 에너지를 생각해야 한다. 기체 분자가 들어 있는 용기를 들고 아무리 빠른 속도로 움직인다고 해도 기체 분자들의 내부 에너지가 높아지는 것은 아니다. 기체 분자가 들어 있는 용기 전체가 지구의 중력으로 자유 낙하를 해도 용기 안 기체의 온도는 오르지 않는다. 빠른 바람이 불어도 마찬가지다.

2) 열역학 제1법칙은 에너지 보존 법칙이다

가만히 놓인 용기 안에 있는 기체의 내부 에너지를 더 크게 하는 방법은 무엇일까? 이상 기체의 경우 내부 에너지는 운동 에너지뿐이고 운동 에너지는 절대온도에 비례하므로, 내부 에너지가 증가한다는 것은 기체의 온도가 높아지는 것에 해당한다.

기체 분자들이 들어 있는 얇은 풍선을 생각해 보자. 어떻게 기체 분자들의 온도를 높일 수 있을까? 우리 일상에서의 경험으로 쉽게 떠올릴 수 있는 첫 번째 방법은 뜨거운 무언가를 풍선에 접촉시켜 열(Q)을 공급하는 것이다. 예를 들어 기체 분자가 들어 있는 풍선을 들고 뜨거운 찜질방에 들어가면 된다. 외부로부터 공급된 열이 풍선 내부에 있는 기체 분자들의 운동 에너지를 높인다.

다른 방법은 밖에서 힘을 가해 풍선의 부피를 줄이는 것이다. 부피가 줄면 기체 분자가 풍선 벽에 조금 더 자주 부딪히게 되고, 이는 풍선 내부 압력을 조금씩 높인다. 이렇게 점점 높아지는 압력을 이겨 내고 부피를 줄이려면 외부에서 더 큰 압력을 가하며 부피를 줄여야 하는데 이를 통해 기체는 일(W)을 받게 된다. 이 과정에서 외부로의 열 손실이 없다고 가정하면, 에너지 보존 법칙에 따라 외부에서 해 준 일만큼 기체의 내부 에너지가 증가하고 기체의 온도가 올라간다.

두 상황을 요약하면, 내부 에너지는 외부에서 열(Q)을 공급하거나

외부에서 기체 계에 한 일

?

부피가 줄어드는 과정 중 외부에서 기체에 일을 해 주는 과정을 다음과 같은 계산으로 보일 수 있다. 편의상 풍선이 원기둥 모양이라고 가정하자. 〈그림 4〉처럼 외부에서 원기둥의 한쪽 면에 힘 F를 작용해서 원기둥의 길이를 l만큼 줄였다면 외부에서 한 일은 $W=Fl$이다. 이 과정에서 원기둥의 원 모양의

그림 4

단면적 A가 변하지 않았다고 가정하면 $W=Fl=PAl$로 적을 수 있다. 단위 면적당 힘이 압력 P이므로 $F=PA$로 적을 수 있기 때문이다. 앞의 식에서 Al은 바로 원기둥의 줄어든 부피에 해당한다. 부호까지 고려해서 일 W를 다시 적으면 $W=-P\Delta V$로 적을 수 있다. 즉, 압력 P를 적용해서 기체가 들어 있는 풍선의 부피를 줄이면 그 과정에서 외부에서 기체 계에 일을 해 준다. 물리학에서의 에너지 보존 법칙을 떠올리면 이렇게 외부에서 기체 계에 한 일은 기체 계의 내부 에너지를 증가시키고, 온도를 올린다.

외부에서 일(W)을 하면 변한다. 이를 식으로 적으면 다음과 같다.

$$\Delta E=Q+W$$

이것이 바로 열역학 제1법칙이다.[2] 열역학 제1법칙은 역학에서의 에너지 보존 법칙을 열과 관련한 현상으로 확장한 것이다. 내부 에너지는 외

---

2 열역학 제1법칙을 수식으로 표현할 때도 $\Delta E=Q+W$의 형태로 내부 에너지 앞에만 Δ를 붙여 적어야 한다. Q와 W는 상태 변수가 아니라서, 두 상태 사이의 차이를 뜻하는 ΔQ나 ΔW로 적을 수 없다.

부에서 전달해 넣어 준 에너지(열과 일), 딱 그만큼만 변한다는 뜻이다.

　한의학에는 '열이 많은 사람'이라는 표현이 있다. 열역학의 입장에서는 성립할 수 없는 말이다. 열은 계가 가진 양이 아니라 전달할 수만 있는 양이기 때문이다. 일도 마찬가지다. 한 계가 외부에 일을 할 수는 있지만, 그 계가 일이라는 양을 가질 수는 없다. 체온이 높은 사람을 열이 많은 사람이라고 한다면, 이는 바꿔서 '내부 에너지가 큰 사람'이라고 하는 것이 열역학적으로 타당한 표현이다.

　열역학에서는 계의 상태를 표시하는 변수를 상태 변수(state variable)라고 한다. 계의 상태를 뜻하는 것이 아니라 계에 전달하거나 전달받을 수 있는 열역학적 변수는 전달 변수라고 한다. 내부 에너지는 상태 변수지만, 열과 일은 전달 변수다. 주어진 열역학적인 계가 가진 열의 양이나 일의 양에 관해 이야기하는 것은 어불성설이다. 두 열역학적 계가 열접촉을 하고 있을 때 한 계에서 다른 계로 전달되는 것은 열이다. 열을 전달한 계는 내부 에너지가 낮아지고, 열을 전달받은 계는 내부 에너지가 높아진다.

3. 열역학 제2법칙과 엔트로피 증가

열역학 제1법칙은 열역학적 과정에서 에너지가 보존된다는 것을 의미할 뿐, 어떤 과정이 가능하고 어떤 과정이 불가능한지는 알려 주지 않는다. 변화의 방향을 알려 주는 것이 열역학 제2법칙이다. 예를 들어 온도가 높은 물체와 온도가 낮은 물체가 열접촉을 하면 열은 온도가 높은 쪽에서 온도가 낮은 쪽으로 전달된다. 거꾸로 온도가 낮은 물체에서 온도가 높은 물체로 열이 전달되는 것은 가능할까? 열역학 제1법칙은 이 과정이 불가능하다는 답을 주지는 않는다. 온도가 낮은 쪽에서 높은 쪽으로 열이 전달돼 온도가 낮은 쪽의 온도는 더 낮아지고 온도가 높은 쪽의 온도는 더 높아진다고 해서 열역학 제1법칙에 모순되는 것은 아니기 때문이다. 어떤 방향의 변화는 저절로 일어나는 것이 가능하지만, 그 반대 방향의 변화는 불가능함을 알려 주는 것이 열역학 제2법칙이다.

열역학 제2법칙은 다른 형태로 적을 수도 있다. 위에서 예로 든, "열은 항상 온도가 높은 쪽에서 낮은 쪽으로 전달된다. 그 반대 방향의 변화는 결코 저절로 일어나지 않는다"도 한 표현이다. 아래에서 설명할 열기관(heat engine)과 관련하여 "전달받은 모든 열을 남김없이 모두 일로 변환하는 열기관은 불가능하다"는 것도 열역학 제2법칙의 또 다른 표현이다. 정교하게 정의한 개념인 엔트로피를 이용한 표현도 있다. "외부의 영향으로부터 완전히 단절된 고립계의 엔트로피는 열평형에 도달하는 과정에서 항상 증가한다"이다. 열역학과 통계역학을 이용하면 이러한 여러 형태의 열역학 제2법칙이 모두 동등하다는 것을 증명할 수 있다.

1) 열기관과 열역학적 엔트로피

열기관은 고온의 열원(heat source)에서 열의 형태로 에너지를 전달받아 이 중 일부를 일의 형태로 전환하고 남은 열을 저온의 열원으로 내보내는 장치다. 열기관은 반복해서 일을 해야 하므로 이 과정을 한 번 수행할 때마다 처음 상태로 되돌아오는 순환 과정을 형성한다. 따라서 내부 에너지를 비롯한 모든 상태 변수(온도, 부피, 압력 등)는 순환 전 상태로 되돌아간다. 따라서 열기관이 한 번의 순환 과정 동안 한 일은 열기관이 받은 열과 내보낸 열의 차이와 같다.

열기관에 대한 연구가 진행되면서 열원이 계에 전달한 열 Q가 계의 어떤 상태 변수를 변화시키는지 알게 되었다. 클라우지우스가 도입한 '엔트로피'라는 양이다. 만약 온도가 T인 어떤 계에 열 Q가 들어오면, 그 계의 엔트로피 변화량은 $\Delta S = Q/T$로 정의한다. 이제 온도가 높은 물체(T_h)와 낮은 물체(T_c)가 열접촉을 할 때 열 Q가 전달되는 과정을 살펴보자. 이때 고온 물체의 엔트로피 변화량은 열이 빠져나가므로 $-Q/T_h$이고, 저온 물체의 엔트로피 변화량은 Q/T_c가 된다. 따라서 열접촉을 한 두 물체 전체의 엔트로피 총변화량은 $\Delta S = Q\left(\dfrac{1}{T_c} - \dfrac{1}{T_h}\right)$이 된다. $T_h > T_c$이므로 그 역수는 $\dfrac{1}{T_c} > \dfrac{1}{T_h}$임을 이용하면 $\Delta S > 0$임을 알 수 있다. 즉, 열은 항상 온도가 높은 물체에서 낮은 물체로 전달되는데 그 과정에서 전체의 엔트로피는 증가한다. 만약 거꾸로 열이 온도가 낮은 물체에서 온도가 높은 물체로 전달된다고 가정하면, 위의 식의 전체 부호가 음(−)이 되어 $\Delta S < 0$이 된다. 따라서 열은 항상 온도가 높은 물체에서 낮은 물체로 전달된다는 것과 전체의 열역학적 엔트로피가 증가한다는 것이 모두 열역학 제2법칙의 표현임을 이해할 수 있다.

열기관 순환과 열효율

열기관은 한 번의 순환 과
정에서 고온(온도: T_h)인
열원으로부터 열(Q_h)을
받아 일(W)을 하고 저온
(온도: T_c)인 열원으로 열
(Q_c)을 방출한다. 이 순환
과정 전후 내부 에너지의
변화($\Delta E = Q_h - Q_c - W$)는 0

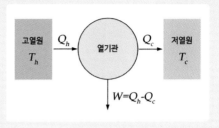

그림 5 열기관 순환 과정

이므로, 이 열기관이 흡수한 열과 방출한 열의 차이가 열기관이 순환 과정
동안 한 일과 같다. 즉, $W = Q_h - Q_c$이다. 〈그림 5〉에서 $T_h > T_c$라면 열은 온도
가 높은 열원에서 온도가 낮은 열원 쪽으로 전달되므로 $Q_h > 0$, $Q_c > 0$이다.
열기관의 열효율은 고온의 열원에서 공급한 열 중 일로 변환된 비율로 정의
된다. 즉, 열효율 e는 $e = \dfrac{W}{Q_h} = \dfrac{Q_h - Q_c}{Q_h} = 1 - \dfrac{Q_c}{Q_h}$이다. 만약 높은 온도에서 흡수
한 열 Q_h 전체가 일 W로 변환되면 $e = \dfrac{W}{Q_h} = 1$이므로 열효율이 100%인 열
기관이다. 이 경우 Q_c는 0이어야 한다. 온도가 변하지 않는 열역학적 과정을
등온 과정, 외부로부터의 열 출입을 차단한 과정을 단열 과정이라고 한다. 단
원자 이상 기체가 등온 팽창, 단열 팽창, 등온 압축, 단열 압축의 과정을 연
달아 거쳐 처음 상태로 돌아오도록 구성한 이상적인 열기관이 바로 카르노
기관(Carnot engine)이다. 카르노 기관에 대해 분석하면 $Q_c / Q_h = T_c / T_h$임을
보일 수 있다. 저온 열원의 절대온도 T_c는 0일 수는 없으므로 열기관의 효
율은 $e = 1 - \dfrac{Q_c}{Q_h} = 1 - \dfrac{T_c}{T_h} < 1$이 된다. 즉, 열효율이 100%인 열기관은 만들 수
없다. 현실적인 열기관의 열효율은 이상적인 열기관인 카르노 기관의 열효
율인 $e = 1 - \dfrac{T_c}{T_h}$보다 절대로 클 수 없다.

2) 볼츠만의 통계역학적 엔트로피

얇은 막을 이용해 용기를 둘로 나눈 뒤 왼쪽에만 기체 분자들을 가득 넣고, 이후 막을 없애면 기체 분자들이 용기 전체에 고르게 퍼진다. 일단 기체 분자들이 용기를 균일하게 채운 다음에는 아무리 오래 기다려도 모든 분자가 왼쪽에 모여 있던 처음 상태로 돌아가지 않는다. 시간이 지나면서 기체 분자들이 고르게 퍼지는 것은 우리가 늘 보는 일이지만, 균일하게 퍼져 있던 기체 분자가 별다른 이유 없이 다시 왼쪽으로 모이는 것은 결코 볼 수 없는 일이다. 우리가 한쪽 방향의 변화는 관찰할 수 있지만, 그 반대 방향의 변화는 결코 볼 수 없다는 면에서 기체의 확산은 열역학 제2법칙과 관련이 있다.

통계역학은 입자들의 특성을 파악해 전체 계가 어떤 거시적인 성질을 갖는지 설명하는 물리학의 중요한 영역이다. 통계역학에서는 계의 상태를 미시 상태(microstate)와 거시 상태(macrostate)로 나눠 설명한다. 전자는 개개의 기체 분자의 상태를 고려하는 경우이고, 후자는 기체의 전체적인 상태를 기술하는 경우다. 예를 들어, 위에서 언급한 용기에

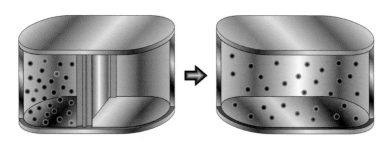

그림 6 기체 분자의 확산

과학 산책, 자연과학의 변주곡

있는 기체가 모두 왼쪽 절반에만 모여 있거나 왼쪽과 오른쪽에 균일하게 퍼져 있다고 하면 거시 상태를 기술하는 것이다.

미시 상태와 거시 상태의 구별을 위해 용기에 기체 분자 두 개만 있는 가장 간단한 상황을 생각해 보자. 기체 분자의 위치를 왼쪽 또는 오른쪽 두 가지로만 구별하자. 첫째 분자와 둘째 분자의 위치는 (왼쪽, 왼쪽), (왼쪽, 오른쪽), (오른쪽, 왼쪽), (오른쪽, 오른쪽)의 가능성이 있는데, 이 네 가지 각각이 미시 상태다. 두 분자가 모두 왼쪽에 모여 있는 거시 상태에 해당하는 미시 상태는 (왼쪽, 왼쪽) 딱 하나만 있다. 한편, 왼쪽과 오른쪽에 균일하게 퍼져 있는 거시 상태에 해당하는 미시 상태는 (왼쪽, 오른쪽), (오른쪽, 왼쪽)의 두 가지가 있다. 두 기체 분자가 상호작용을 하지 않으면서 왼쪽과 오른쪽을 마음대로 왔다 갔다 하는 상황을 계속 스냅 사진으로 찍으면, 두 분자가 모두 왼쪽에 있는 사진은 평균 네 장당 한 장, 왼쪽과 오른쪽에 분자가 하나씩 있는 사진은 네 장당 두 장 정도로 보게 되리라 예상할 수 있다.

용기 안에 기체 분자가 많으면 어떨까? 모든 분자가 왼쪽에 있는 거시 상태에 해당하는 미시 상태는 모든 개별 분자가 왼쪽에 있어야 하므로 한 가지밖에 없다. 반면, 왼쪽과 오른쪽에 절반씩 나뉘어 있는 거시 상태의 경우, 개별 분자의 위치를 왼쪽과 오른쪽으로 서로 맞바꾸어도 거시 상태는 변하지 않으므로, 가능한 미시 상태의 수는 엄청나게 많아질 것이다.

볼츠만은 기체의 확산과 같은 비가역적인 과정은 미시 상태의 수 W가 더 많아지는 거시 상태로 변하는 경향이 있다는 사실을 알아냈다. 볼츠만은 이러한 이해를 토대로 유명한 볼츠만의 엔트로피 공식

$S=k_B\log W$를 유도하였다. 이 식에 나오는 k_B가 볼츠만 상수다. 볼츠만이 발견한 이 공식으로부터 열역학 제2법칙에 관한 미시적인 이해가 가능하게 되었고, 이를 토대로 한 것이 통계역학이다.

클라우지우스가 발견한 열역학적 엔트로피는 결국 계가 가질 수 있는 미시 상태의 수의 로그값에 비례한다. 엔트로피가 증가하는 과정은 계가 가질 수 있는 미시 상태가 늘어나는 과정이다. 용기의 절반에 가뒀던 기체 분자들이 용기 전체로 확산하는 과정에서 가능한 미시 상태의 수가 늘고, 따라서 엔트로피도 늘어난다.

이상 기체의 자유 팽창 과정에서의 엔트로피 변화

(1) 열역학적 엔트로피

용기의 왼쪽 절반에 있던 기체 분자들이 용기 전체로 확산되는 과정에 대한 엔트로피 변화량을 계산해 보자. 용기 전체가 외부로부터 고립된 계라면, 이상 기체가 고르게 퍼지는 팽창 과정에서 내부 에너지의 변화는 없고 온도도 일정하다. 전체 팽창 과정 중 아주 작은 부분에 해당하는 과정에서 기체가 한 일 δW는 기체에 유입된 열 δQ와 크기가 같아서 $\delta Q = -\delta W$이다. $dE = \delta Q + \delta W = 0$이기 때문이다. 팽창 전후의 엔트로피 변화량을 열역학적 엔트로피를 이용해 적으면 $\Delta S = \int_i^f \frac{\delta Q}{T} = \int_i^f \frac{-\delta W}{T}$이고, $\delta W = -PdV$이다. 한편 이상 기체의 상태 방정식 $PV = Nk_B T$를 이용하면 $P = \frac{Nk_B T}{V}$이므로, $\Delta S = \int_i^f \frac{Nk_B}{V} dV = Nk_B \log \frac{V_f}{V_i} = Nk_B \log 2 > 0$을 얻을 수 있다. 즉, 이상 기체의 자유 팽창 과정에서 엔트로피는 증가한다. 열역학 제2법칙을 생각하면 당연한 결과다.

(2) 볼츠만의 통계역학적 엔트로피

볼츠만의 엔트로피 식을 이용해 기체 분자들이 부피 V인 공간 안에 들어 있는 상황에서의 엔트로피를 계산해 보자. 용기 안을 분자가 하나만 놓일 수 있을 정도로 충분히 작은 부피 ΔV로 잘게 나누면, 부피 V의 공간에서 분자 하나가 위치할 수 있는 가능한 미시 상태의 수는 $V/\Delta V$이다. 기체 분자가 N개라면, 모든 가능한 미시 상태의 수는 $W=(V/\Delta V)^N$이다. 볼츠만의 엔트로피 식을 적용하면 $S=k_B\log W=Nk_B\log(V/\Delta V)$를 얻는다. 기체 분자가 왼쪽 절반에 들어 있는 거시 상태에서 시작해 용기 전체로 고르게 팽창한 거시 상태로 변화하는 과정에서의 엔트로피 변화량을 계산하면, $\Delta S=S_f-S_i=Nk_B\log\frac{V_f}{\Delta V}-Nk_B\log\frac{V_i}{\Delta V}=Nk_B\log\frac{V_f}{V_i}=Nk_B\log2$를 얻는다. 위에서 열역학적 엔트로피를 이용해 계산한 식과 정확히 같다. 미시 상태의 수를 세기 위해 임의로 도입한 작은 부피 ΔV의 값과 무관한 결과라는 점이 중요하다. 볼츠만의 통계역학적 엔트로피를 이용해도 기체의 확산 과정에서 엔트로피가 증가한다는 것을 알 수 있다.

3) 열역학 제2법칙과 시간의 화살

엔트로피 증가의 법칙은 통계적인 법칙이라는 점이 중요하다. 만약 확산 과정에 관여하는 기체 분자 수가 아주 작을 때는 엔트로피 증가의 법칙이 항상 성립하지 않을 수도 있다. 앞에서 예로 든 용기 안의 두 분자를 생각해 보자. 기체 분자의 순간적인 위치를 파악할 수 있는 스냅 사진을 찍는다고 상상해 보자. 전체 사진 중 두 분자가 왼쪽에 있는 사진은 1/4, 왼쪽과 오른쪽에 하나씩 들어 있는 사진은 전체 사진 중 1/2만큼 있게 된다. 왼쪽에 하나, 오른쪽에 하나가 들어 있던 상황에서 시작해도 기체 분자가 이리저리 움직이다가 왼쪽에 둘 모두가 들어 있는 상황도 자주 관찰할 수 있다. 만약 처음에 양쪽에 하나씩 있는 거시 상태, 나중에 왼쪽에 둘 다 있는 거시 상태를 상정하면, 이 과정에서 미시 상태의 수 W는 2에서 1로 줄어든다. 따라서 이 과정에서의 엔트로피 변화량은 $\Delta S=k_B\log1-k_B\log2=-k_B\log2\langle0$으로 0보다 작다. 기체 분자가 딱 둘뿐인 경우라면 이렇게 엔트로피가 줄어드는 것도 가능하다. 하지만 기체 분자가 1천 개라면 어떨까? 1천 개 분자 모두가 왼쪽에 있는 미시 상태의 수는 역시 $W=1$이지만, 500개씩 둘로 나뉘어 분포하는 거시 상태에 해당하는 미시 상태의 수는 무려 $W\approx10^{300}$ 정도이다. 우주에 존재하는 원자의 수가 10^{80}개 정도이니 10^{300}이라는 숫자가 얼마나 큰 수인지 짐작할 수 있을 것이다. 따라서 500개씩 나뉘어 있는 처음 상태에서 시작해 1천 개 모두가 왼쪽으로 몰려 있는 나중 상태가 관찰될 확률은 $\frac{1}{10^{300}}$이므로 1천 개 모두가 아무런 이유 없이 모두 왼쪽 절반에서 관찰될 가능성은 절대로 없다. 심지어 우리가 사는 거시 세계에서 다루는 기체 분자의 수는 1천 개보다 훨씬 더 큰 아보가드로수(Avogadro's number)인 6×10^{23} 정도이다. 따라서 거시 세계에서 엔트로피가 감소하는 것을 결코 볼 수 없다.

거시적인 계의 엔트로피는 항상 증가한다는 것은 얼마나 타당할까? 아인슈타인은 물리학이 찾아낸 자연법칙 중 가장 확실한 법칙으로 열역학 제2법칙을 꼽았다. 그 이유는 열역학 제2법칙은 입자들이 따르는 미시적인 운동 법칙과는 별개인, 그보다 상위의 자연법칙이기 때문이다. 열역학 제2법칙은 기체 분자가 따르는 역학적인 운동 방정식과 무관하다는 점에서 일종의 메타 법칙이다. 혹시나 미래에 현대 물리학이

가지고 있는 입자들의 운동에 대한 동역학적인 법칙이 바뀌더라도 열역학 제2법칙이 잘못된 것으로 판명될 가능성은 없다. 열역학 제2법칙은 물리학이 찾아낸 가장 확실한 법칙이다. 간혹 열역학 제2법칙의 확실성을 오해해서 어떤 경우라도 항상 엔트로피가 증가한다고 오해하는 이들이 있다. 열역학 제2법칙 혹은 엔트로피 증가의 법칙은 물론 확실한 자연법칙이지만, 고립계라는 조건 아래에서 관여하는 입자의 수가 거시적으로 클 때만 성립한다는 것에 주의해야 한다.

앞에서 언급한 대로 두 개의 기체 분자로 구성된 계의 엔트로피는 줄어들 수 있다. 또한 외부와 상호작용을 하고 있는 열린계에서라면 엔트로피는 언제든지 줄어들 수 있다. 앞서 3-1)에서 살펴본 것처럼 고온인 물체와 저온인 물체가 열접촉을 하여 열이 전달되는 과정에서 열이 빠져나가는 고온인 물체의 엔트로피는 줄어들었다. 이때 엔트로피가 줄어든다고 해서 열역학 제2법칙에 위배되는 것은 아니다. 고온과 저온인 두 물체를 더한 전체 고립계의 엔트로피는 항상 증가한다는 것이 엔트로피 증가의 법칙이다.

또 다른 대표적인 열린계의 예는 생명 현상이다. 지구 위의 생명체가 생명을 유지하려면 끊임없는 상호작용이 필수적이다. 한 생명체의 엔트로피가 줄어드는 것은 얼마든지 가능한 일이다. 마찬가지로 지구 위 생명의 진화 과정에서 더 고도화된 생명체가 진화를 통해 등장한 것도 엔트로피 증가의 법칙에 위배되는 것이 아니다. 생명체는 고립계가 아니라 열린계이기 때문이다.

물리학의 발전 과정에서 시간에 대한 이해는 변해 왔다. 뉴턴의 고전 역학에서 시간은 운동을 기술하기 위해 도입되는 변수일 뿐 물체의 운동 상태에 무관한 절대적 기준이었다. 20세기 초 아인슈타인은 정지해 있는 관찰자가 재는 시간과 이 관찰자에 대해 등속으로 움직이는 다른 관찰자가 재는 시간이 서로 다를 수 있다는 것을 보였다. 특수 상대론(3장 1절 2 참조)에서 시간은 관찰자의 운동 상태에 따라 달라질 수 있다. 나아가 아인슈타인의 중력 이론인 일반 상대론은 질량이 큰 물체가 주변 시공간의 곡률을 변형한다는 것을 알려 줬다. 현대 물리학에서의 시간과 공간은 물질의 존재와 독립될 수 없다.

열역학과 통계역학의 엔트로피는 시간에 대한 또 다른 통찰을 제공한다. 우리가 접하는 거시적인 세상에서는 항상 시간이 흐르면서 고립계의 엔트로피가 증가하는 것을 볼 수 있다. 물이 담긴 컵에 잉크를 한 방울 떨어뜨리면 잉크 방울의 입자가 물에 고르게 퍼진다. 이렇게 확산된 잉크 입자가 다시 모여 처음의 잉크 한 방울로 돌아갈 수는 없다. 볼츠만의 엔트로피를 생각하면 그 이유를 어렵지 않게 이해할 수 있다. 잉크 입자가 물 전체에 고르게 퍼져 있는 거시 상태에 해당하는 미시 상태의 수가 떨어뜨린 잉크 모두가 한 방울 크기의 좁은 공간에 모여 있는 거시 상태에 해당하는 미시 상태의 수보다 상상하기 어려울 정도로 크기 때문이다.

결국 엔트로피 증가의 법칙은 일어날 확률이 아주 큰 사건은 일어날 확률이 거의 0인 사건보다 훨씬 자주 관찰된다는 의미일 뿐이다. 우리는 시간이 지나면서 거시 세계에서 늘 엔트로피가 증가하는 것을 보는 것에 익숙해져 있다. 혹은 엔트로피가 증가하는 것을 시간이 흐르는 방향이라고 자연스럽게 인식한다. 시간의 방향을 엔트로피를 이용해 설명하는 것을 '열역학적 시간의 화살'이라고 한다. 우리는 한 방향으로 날아가는 화살처럼 엔트로피가 증가하는 것을 보면서 시간이 흐른다고 생각한다. 깨진 잔의 조각들이 스스로 모여서 온전한 잔을 만드는 동영상을 보면 시간이 거꾸로 간다는 사실을 곧 알아챘다.

1절. 과학 법칙이 바꾼 세계관

[문제 1] 난이도 중 ★★

운동장에서 공을 던지거나 책상 위에서 물체를 밀면 일정한 속력으로 멀리 가지 못하고 멈춘다. 우리가 일상에서 접하는 이러한 현상은 뉴턴의 제1법칙과는 일치하지 않는 것으로 보인다. 그 이유는 무엇인가? 뉴턴의 제1법칙을 제2법칙으로부터 설명하려고 한다면, 어떻게 설명하면 될까? 본문의 뉴턴의 제3법칙에 관한 내용에서 "크기가 같은 힘이 서로 반대 방향으로 작용한다"라는 표현이 있다. 하지만 이 표현은 '크기가 같고 서로 반대 방향으로 힘이 작용하면 결국 작용하는 힘은 0이다'라는 의미는 아니다. 그렇다면 뉴턴의 제3법칙은 어떤 의미인가?

[문제 2] 난이도 중 ★★

그림과 같이 각각 질량이 1kg이고 전하량은 +1C, -1C인 두 물체가 서로 1m 떨어져 있을 때, 이 두 물체 사이에 상호작용을 일으키는 힘은 어떤 것이 있는가? 두 물체 사이의 중력과 전자기력을 계산할 수 있는가? 두 힘 중 어떤 힘이 얼마나 더 큰가? (단, 2장 1절의 각주 4번과 각주 10번에 중력과 전자기력의 상숫값이 주어져 있다.)

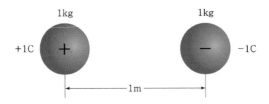

2절. 변하는 에너지의 형태, 변하지 않는 에너지의 총량

[문제 1] 난이도 하 ★

그림과 같은 워터 슬라이드 ①, ②, ③을 통해서 물에 도달할 때까지 중력이 하는
일의 크기를 비교하고 그 이유를 설명하라.

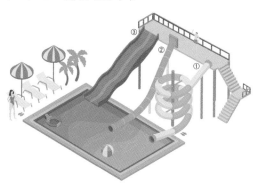

[문제 2] 난이도 중 ★★

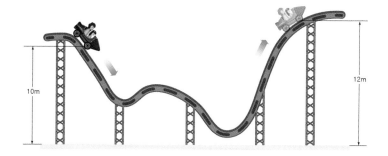

그림은 2인승 롤러코스터 차량(질량 400kg)에 몸무게가 각각 30kg인 어린이와 70kg
인 어른이 같이 타고 10m/s의 속력으로 움직이고 있는 순간을 나타낸 것이다. 이
차량이 오른쪽으로 가다 지면으로부터 12m 높이에서 순간적으로 멈췄다. 이 과정
에서 손실된 에너지를 산출해 보자. 에너지 손실이 발생한 이유는 무엇인가?

[문제 1] 난이도 하 ★

어느 오래된 문서에서 다음과 같은 내용을 발견
하였다.

"얼음과 물이 같이 있는 얼음물은 열 점이고, 끓
는 물은 여든 점이다."

이 문서의 앞뒤 문맥을 통해 이 내용을 파악했

더니, 물의 어는점과 끓는점의 온도가 각각 10'점'과 80'점'이라는 것이다. 이 문서
에서 정의한 온도의 단위인 '점'으로 100'점'은 몇 ℃인가? 이 변환이 정확하려면
'점'이라는 단위에 대해 어떤 가정이 필요한가?

[문제 2] 난이도 중 ★★

단열 용기에 자유롭게 움직일 수 있는 분자 4개가 들어 있다. 그림처럼 ① 분자 4
개가 모두 용기의 왼쪽 부분에 있는 경우의 수는 한 가지이다. 그렇다면 ② 왼쪽
에 3개, 오른쪽에 1개, ③ 왼쪽에 2개, 오른쪽에 2개, ④ 왼쪽에 1개, 오른쪽에 3개,
⑤ 오른쪽에 4개가 들어 있게 되는 경우의 수는 각각 어떻게 되는가? ①~⑤의 엔
트로피는 각각 어떻게 되는가? 만약 용기에 들
어 있는 분자의 수가 4개가 아니라 아보가드로
수만큼이라면, 모든 분자가 용기의 왼쪽에만 있
는 경우의 수와 용기의 오른쪽과 왼쪽에 절반
씩 들어 있는 경우의 수를 계산하고 분자 4개
일 때와 비교해 보자.

Strolling with Science,
a canon of Natural Sciences

3장

우리가 보는
세상에 대한 설명

1절
우리 생활을 이해하는 기반:
시간과 공간

　시간과 공간은 우리가 살아가는 데 절대적인 기준이었다. 모든 사람이 같은 시간을 사용하고, 우리 집과 학교 사이의 거리는 절대 변하지 않았다. 그러나 운동의 본질을 깊이 고민한 사람들, 특히 아인슈타인은 시간과 공간이 절대적으로 고정된 것이 아니라, 보는 사람의 관점에 따라 달라진다는 것을 깨달았다. 시간과 공간이 상대적이라면 전기와 자기 현상에 대하여 우리가 알던 것도 달라진다. 과학혁명 이후 인류는 자연에 대해 깊이 이해하고 있다고 생각했는데, 그 기본적인 틀이 무너졌다. 자연이 작동하는 방식을 이해하기 위한 물리 법칙으로 향하는 새로운 길이 열린 것이다. 시간과 공간에 대한 새로운 이해는 아인슈타인이 시간과 공간에 대해 얻어 낸 수학적 통찰의 결과다.

1. 관성계와 상대성

관성계는 '뉴턴의 제1법칙(관성의 법칙)이 성립하는 기준 좌표계'이다(2장 1절 참조). 이 좌표계의 존재는 증명할 수 있는 것은 아니다. 뉴턴의 법칙이 옳다고 받아들인다면 관성계의 존재도 인정하는 셈이다. 관성계란 뉴턴의 법칙을 위한 이론적인 전제이므로, 우리가 뉴턴 역학을 사용할 때는 항상 관성계인지 아닌지 주의 깊게 살펴봐야 한다. 관성계를 적용하면 영원불변의 절대 공간(absolute space)을 도입하지 않더라도 뉴턴의 법칙을 사용할 수 있다.

그렇다면 우리가 사는 지구는 관성계일까, 아닐까? 일단 지구가 자전하고 있으므로 우리는 모두 원운동을 하고 있다. 또한 지구가 태양의 주위를 공전하고 있으므로 또 다른 원운동을 하고 있으며, 태양계 자체도 은하 안에서 회전하고 있다. 따라서 지표면은 아주 복잡한 운동을 하고 있기에 절대로 관성계는 아니다.

관성의 법칙은 작용하는 힘이 없을 때 성립한다. 관성계가 하나만 있는 것은 아니다. 만약 하나의 관성계가 있다면 관성계와 일정한 속도로 움직이는 모든 계는 관성계다. 지표면에 정지해 있는 좌표계가 관성계라면, 등속으로 움직이는 기차나 배에 고정된 좌표계도 관성계다.

두 관성계 중 어느 쪽에도 우선권은 없다. 이렇게 두 관성계가 동등하다는 생각을 상대성 원리(相對性原理, principle of relativity)라고 하며, 뉴턴 이전에 갈릴레이는 1632년《두 우주 체계에 관한 대화(Dialogo Sopra I Due Massimi Sistemi Del Mondo)》라는 저서에서 중요한 것은 오로지 둘 사이의 상대 운동뿐이라는 상대성 원리를 발표했다.

지구 자전 때문에 우리는 옆으로 밀린다

지구 표면의 위도 θ인 위치에서 지구 자전이 만드는 가속도를 계산해 보자. 지구의 반지름 R은 약 6,400km로 지구 자전축까지의 거리는 〈그림 1〉과 같이 $R\cos\theta$이다. 서울의 위도가 약 37.6도이므로 이 거리는 5,120km다. 지구는 하루에 한 번 자전하므로 회전 각속도의 크기는

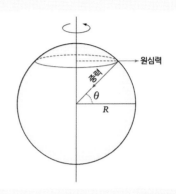

그림 1 위도에 따른 회전 반지름과 원심력

1회전/24시간=$2\pi/(24\times3600)s^{-1}\approx7.3\times10^{-5}s^{-1}$이다. 구심가속도의 크기는 $R\omega^2\approx5,120,000\times(7.3\times10^{-5})^2\approx0.027m/s^2$ 정도다. 표면에 있는 우리는 축에서 멀어지는 방향으로 원심력을 느끼게 된다. 중력 방향의 힘은 중력의 크기를 약간 바꾸는 정도지만, 지면에 평행한 성분은 우리를 수평 방향으로 민다. 이 힘이 만드는 가속도의 크기는 구심가속도에 $\sin\theta=0.6$을 곱하면 약 $0.012m/s^2$ 정도다. 이 정도의 가속도로 생기는 힘은 중력의 1,000분의 1 정도라 무시할 수 있고, 우리의 일상생활은 중력만 작용하는 관성계의 근사치라고 생각해도 무방하다.

관성계

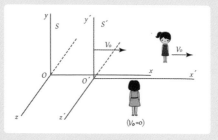

그림 2 두 개의 관성계

〈그림 2〉에서 S는 나를 기준으로 멈춰 있는 관성계, S'은 나로부터 v_0라는 일정한 속력으로 움직이는 관성계다. 어떤 사건을 S에서 관측하면 x라는 위치에, S'에서 관측하면 x'라는 위치에 있는 것으로 관측된다면 두 위치의 관계는 ① $x'=x-v_0t$이다. 이때 우리는 당연히 두 관성계에서 측정하는 시간이 같다고 생각한다. 즉 ② $t'=t$이다. 이것은 우리의 경험으로부터 얻은 믿음이다.

두 관성계에서 관측하는 속력을 알기 위해 ①식의 양변을 미분하면 $v'=v-v_0$가 된다. v는 내가 관측한 물체의 속도, v'는 나에 대해 v_0로 움직이는 다른 관측자가 관측한 물체의 속도이다. 우리는 v'를 상대 속도라고 한다. 즉, 상대 속도는 물체의 속도에서 관측자의 속도를 뺀 값이다. 두 관성계 사이의 관계를 나타내는 식 ①과 ②를 갈릴레이 변환(Galilei transformation)이라고 한다.

두 관성계 중 어느 쪽에도 우선권은 없다. 어느 쪽에서 봐도 실제로 일어난 일은 같기 때문이다. S에 있는 내가 기술한 모든 내용은 S'에 있는 사람이 기술한 모든 내용과 같으며, 다만 S가 반대 방향으로, 즉 $-v_0$로 움직일 뿐이다.

2. 아인슈타인의 특수 상대성 이론

1) 빛의 속력에 대한 실험과 이론

빛의 속력이 어마어마하게 빠르다는 것은 옛날부터 잘 알려져 있었지만, 빛의 속력이 유한한지 무한한지조차 알 수 없었다. 멀리 떨어진 곳에서 불을 켜면 불빛을 보기까지 시간이 걸릴까, 아니면 순간적으로 동시에 볼까?

갈릴레이는 빛의 속력이 유한하다고 생각했고, 근대 과학의 시조답게 빛의 속력을 측정하는 실험을 고안했다. 한밤중에 멀리 떨어진 두 산등성이에 갈릴레이와 조수가 각각 램프를 들고 올라간다. 갈릴레이가 램프의 불을 켜면 불빛을 본 조수도 즉시 램프의 불을 켠다. 갈릴레이는 자신이 불을 켰을 때부터 조수의 불빛을 봤을 때까지의 시간을 측정한다. 이 시간은 불빛이 갈릴레이로부터 조수에게 갔다가 온 시간이므로, 두 위치 사이의 거리로부터 빛의 속력을 구할 수 있다. 그러나 거리를 바꾸며 실험해 본 결과, 시간의 차이는 없었고 갈릴레이가 잰 시간은 사람이 불빛을 보고 램프를 켤 때까지의 반응 시간이었다. 갈릴레이는 빛의 속력을 제대로 측정할 수 없었고, 빛이 적어도 소리보다는 훨씬 빠르다는 결론만 얻을 수 있었다.

지구상에서 최초로 빛의 속력을 측정하는 데 성공한 사람은 프랑스의 물리학자인 아르망 피조(Armand Fizeau)다. 피조는 갈릴레이와 같은 방식으로 빛을 먼 곳에 보냈다가 돌아오는 시간을 측정했다. 갈릴레이와 달리 피조는 조수가 아니라 거울의 반사를 이용했고, 1km 남짓 떨

유한한 빛의 속력

빛의 속력을 최초로 측정한 사람은 덴마크의 천문학자 올라우스 뢰메르(Olaus Römer)다. 1676년 파리 왕립천문대에서 근무하던 뢰메르는 목성의 위성인 이오(Io)를 연구하면서 이오가 목성의 그림자 속으로 들어가는 월식을 관찰했다. 그런데 뢰메르가 측정한 바에 따르면, 지구가 목성에서 멀어질 때는 목성으로 다가갈 때보다 월식이 일어나는 주기가 길어졌다. 지구가 멀어질 때는 이오에서 온 빛이 지구에 도달하는 데 더 긴 거리를 여행해야 하고, 따라서 더 긴 시간이 걸리기 때문일 거라고 생각했다. 뢰메르가 얻은 빛의 속력은 약 212,000km/s로, 당시 여러 데이터가 불확실하다는 것을 고려하면 꽤 정확한 셈이다.

1727년 영국의 천문학자 제임스 브래들리(James Bradley)는 지구의 움직임을 이용해서 빛의 속도를 측정했다. 비가 내릴 때 내가 움직이고 있다면 비가 앞에서 비스듬히 내리는 것처럼 느껴진다. 마찬가지로 별빛의 방향은 지구의 움직임에 따라 기울어진다. 브래들리는 지구가 공전하면서 기울어지는 별빛의 각도를 측정했고, 이에 따라 빛의 속력이 초속 약 301,000km라고 추산했다. 이 값은 현재 우리가 알고 있는 값과 1%도 차이가 나지 않는다.

어진 곳에서 실험했던 갈릴레이보다 충분히 먼 거리인 약 8.6km 거리에서 실험했다. 결정적인 요소는 톱니바퀴를 이용해서 빛이 왕복한 시간 간격을 정확하게 측정하는 방법을 개발한 것이다. 〈그림 3〉과 같이 톱니 사이로 빛이 지나가게 하고, 톱니바퀴의 회전 속도를 조절하면, 톱니 사이를 통과한 빛이 반사되어 되돌아올 때 다음 톱니가 빛을 가리게 할 수 있다. 회전 속도를 올리면 다음 톱니 사이로 빛이 지나가게

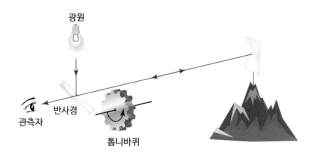

광원

반사경
관측자

톱니바퀴

그림 3 빛의 속도를 측정하기 위한 피조의 실험

할 수 있고, 빛이 왕복하는 시간을 알 수 있다. 이 방법으로 1849년에 피조가 얻은 빛의 속력은 313,300km/s였다.

20세기에 정교한 시계와 레이저를 이용해 측정한 빛의 속력은 299,792,458m/s이다. 현재는 빛의 속력을 표준으로 삼는다. 즉, 빛이 1초 동안 간 거리를 정확히 299,792,458m로 정의하고, 빛이 1/299,792,458초 동안 간 거리를 측정하여 1m라고 정한다.

앙페르의 법칙을 수정한 맥스웰은 전자기파의 존재를 예측했다. 한 번 전기장의 진동이 만들어지면 이것이 주변 공간에 자기장의 진동을 만들고, 자기장이 다시 주변에 전기장의 진동을 만드는 과정이 반복되어 전기장과 자기장의 진동이 공간을 퍼져 나가는 파동이 가능해진다. 1864년 맥스웰은 자신이 고안한 방정식으로부터 전자기파 파동 방정식을 수학적으로 증명했고, 전자기 법칙들로부터 파동의 속도도 계산할 수 있었는데, 놀랍게도 당시에 측정된 빛의 속력과 일치했다. 이는 빛이 전자기파임을 보여 주는 증거였다.

독일의 하인리히 헤르츠(Heinrich Hertz)는 1886년부터 시작한 일련

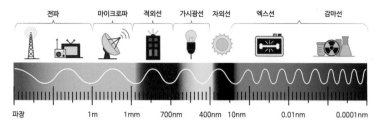

그림 4 전자기파의 파장에 따른 다양한 이름

의 실험을 통해 전자기파가 전자기장이 진동하며 유한한 속도로 진행하는 횡파(transverse wave)라는 것을 보임으로써 맥스웰의 이론을 입증했다. 그는 전자기파를 발생시켜 송출하는 방법, 수신하는 방법을 개발하고 전자기파의 반사와 간섭 현상까지 확인하는 어려운 작업을 거쳐 파장이 수 미터인 전자기파, 즉 전파(radio wave)의 존재를 확인했다. 곧이어 굴리엘모 마르코니(Guglielmo Marconi)는 전자기파를 무선통신에 활용했고, 지금도 전자기파는 전 세계를 연결하는 통신망에서 중요한 역할을 하고 있다.

〈그림 4〉와 같이 전자기파는 파장 혹은 진동수에 따라 분류한다. 파동에서 파장과 진동수의 곱은 전파 속력이다.[1] 우리 눈에 보이는 빛의 파장은 약 400nm(보라색)~700nm(빨간색) 정도다. 전자기파는 파장에 따라서 겉으로 드러나는 성질은 물론 발생과 검출 방식이 상당히 달라진다.[2] 그래서 파장 영역에 따라 전파(1m~∞), 마이크로파(1mm~1m),

---

1 진동수는 단위 시간당 진동하는 횟수로, 단위는 Hz(헤르츠, Hz=s⁻¹)이다. 파장은 한 번 진동하는 동안 파동이 이동하는 거리다. 따라서 파동의 전파 속력은 진동수와 파장의 곱이 된다.

2 전자기파는 파동의 성질뿐만 아니라 에너지와 운동량을 가진 입자의 성질도 가지고 있다. 입자로서는 광자(photon)라 불리며, 광자가 가진 에너지와 운동량은 파장에 반비례한다.

적외선(700nm~1mm), 가시광선(400nm~700nm), 자외선(10nm~400nm), 엑스선(0.01nm~10nm), 감마선(0~0.01nm)으로 불린다.

파장이 긴 전파는 투과력과 집속성(集束性, focusing)이 좋아 장거리 통신에 활용했는데, 최근에는 휴대전화나 컴퓨터의 무선통신에 쓰인다. 우리가 쓰는 휴대전화는 2.1GHz 주파수(파장 약 0.15m)를 많이 사용하고, TV 지상파의 UHD 방송의 주파수는 700MHz(파장 약 0.5m) 정도, 흔히 듣는 FM 라디오는 100MHz(파장 약 3m) 정도를 사용한다. 마이크로파는 2차 세계대전 당시 마그네트론(magnetron)과 같은 마이크로파 발생 장치가 발명되고 레이더에 쓰이면서 널리 알려졌다. 물과 같은 극성 분자(polar molecule)는 마이크로파의 전기장 진동에 잘 반응해서 전자레인지에서 음식물을 데우는 용도로도 활용된다.

적외선은 생체의 분자들을 회전, 진동시켜 열을 발생시키므로 열선(heat ray)이라고도 불린다. 햇볕을 쬐면 따뜻한 느낌이 드는 것은 피부가 햇빛에 포함된 적외선을 흡수해서 온도가 올라가기 때문이다. 가시광선보다 파장이 더 짧은 자외선은 분자들의 화학 반응을 일으킨다. 햇볕을 쬐면 자외선의 작용으로 피부가 타는 것은 물론 유전자 변형도 일어날 수 있다.

파장이 더 짧은 X선은 투과성이 커서, 인체나 물체의 내부를 투사해 의료 진단이나 구조물의 결함 등을 찾는 데 이용된다. 또 파장이 원자 크기 정도여서 물질의 결정 구조(crystal structure)를 탐색하는 데도 사용된다. 이보다 파장이 짧은 감마(γ)선은 방사성 원소에서 먼저 발견되었는데, 큰 에너지를 갖고 있어 생명체에겐 치명적인 방사선이다.

2) 시간과 공간은 관측자에 따라 달라진다

1900년대 초 젊은 아인슈타인이 고민하던 문제 중 하나는 갈릴레이의 상대성이 뉴턴의 역학 법칙에는 잘 들어맞지만, 맥스웰이 정리한 전자기 법칙에는 맞지 않는다는 것이었다. 갈릴레이의 상대성은 어떤 특별한 속도가 없는데, 전자기 방정식에서 빛의 속도는 특정한 값으로 정해진다. 다시 말하면 맥스웰의 전자기 이론은 특정한 관성계에서만 성립하는 것으로 보인다. 이것은 전자기 법칙이 불완전하다는 의미일까? 그 특정한 관성계는 무엇일까?

빛을 파동이라고 생각한 이래로 이 파동의 매질(媒質, medium)이 무엇이냐는 문제는 또 다른 의미에서 과학자들의 커다란 관심사였다. 우리가 알고 있는 형태의 물질은 그 어느 것도 빛의 매질이 아닌 것으로 밝혀졌기 때문이다. 하지만 공기를 빼내어 진공 상태를 만들어도 빛이 지나가는 것으로 보아 이 매질은 모든 공간을 채우고 있는 게 틀림없다. 과학자들은 일단 이 가상의 매질에 고대로부터 내려온 자연철학의 신비적 개념의 이름을 따라 '에테르(aether)'라는 이름을 붙여 놓고 그 성질을 탐구하기에 골몰했다.

아인슈타인 이전에는 맥스웰 방정식이 정해 주는 빛의 속력은 매질이 정지해 있는 계에서의 속력이라고 생각했지만, 아인슈타인은 근본적으로 이 문제에 다시 접근했다. 맥스웰의 전자기 이론이 정말 옳다고 하자. 그러면 빛의 속력이 어느 관성계에서나 같다는 것도 받아들여야 한다. 1887년 앨버트 마이컬슨(Albert Michelson)과 에드워드 몰리(Edward Morley)는 이를 실험적으로 관측했다. 그렇다면 빛은 상대성의 예외적인 존재인가? 그럴 수는 없다. 따라서 상대성의 원리는 옳지만, 상대성을 기술하는 갈릴레이 변환이 불완전하다고 생각해야 한다.

이미 그런 생각을 한 사람들이 있었다. 네덜란드의 물리학자 헨드릭 로런츠(Hendrik Lorentz)는 1892년 마이컬슨-몰리 실험을 설명하고자 빛의 속력이 모든 관성계에서 일정한 경우의 수학적 변환을 만들었다. 이 변환에 따르면 움직이는 물체는 진행 방향으로 공간적인 크기가 줄

로런츠 변환과 시간 지연

움직이는 계에서는 시계가 천천히 간다는 현상은 로런츠 변환에서 쉽게 유도되는 결과다. 내가 관성계 S에서 속도 v_0로 멀어지는 관성계 S'에 있는 시계를 본다고 하자. 문제를 단순히 하고자 시계는 S'에서 멈춰 있다고 하자. S의 원점에 있는 내가 가진 시계의 시각 t와 S'에서 x'에 멈춰 있는 시계의 시각 t'를 이어 주는 로런츠 변환식은 다음과 같다.

$$ct = \frac{1}{\sqrt{1 - v^2/c^2}} = \left(ct' - \frac{v}{c}x'\right)$$

내 시계가 t_1일 때 S'의 시계는 t'_1을 가리키고, 시간이 흘러서 내 시계가 t_2일 때 S'의 시계는 t'_2를 가리킨다고 하자. 두 관성계에서의 시간 간격은 다음과 같다.

$$\Delta t = t_2 - t_1 = \frac{1}{\sqrt{1 - v_0^2/c^2}}(t'_2 - t'_1) = \frac{1}{\sqrt{1 - v_0^2/c^2}}\Delta t'$$

수식을 풀면 $\Delta t > \Delta t'$이므로, 나에게 흐른 시간보다 S'에서 흐른 시간이 더 짧다. 즉 S'에서는 시간이 지연되는 것으로 보인다. 공간이 수축되는 현상도 같은 방법으로 유도할 수 있다.

어들고, 움직이는 관성계에서는 시간 역시 지연되어야 한다는 것을 발견했다.

로런츠 변환에 따르면 다른 관성계에서의 시간 간격과 공간 간격은 다르다. 즉, 일정한 속도로 움직이는 계에서는 시간과 공간이 상대적으로 다르게 느껴진다. 흔히 시간 지연, 공간 수축이라고 불리는 현상이다. 매우 신기하게 느껴지는 현상이라서 〈인터스텔라〉와 같이 영화에서도 많이 등장한다.

아인슈타인은 두 가지를 가정하였다. 첫째, 관성계는 동등하다. 둘째, 진공에서의 빛의 속력은 어느 관성계에서나 일정하다. 그는 1905년 논문에서 이 두 가정으로부터 로런츠 변환과 관련된 결과들이 시공간의 근본적인 성질임을 증명했고, 질량-에너지 등가성(mass-energy equivalence)도 밝혔다.

뉴턴의 역학에서는 시간과 공간이 물리 현상들을 기술하는 기준이었고, 우리가 측정하는 양은 절대적이었다. 아인슈타인의 특수 상대성 이론은 빛이 진짜 기준이라고 말한다. 빛의 속력이 모든 관성계에서 일정하기 위해서 시간과 공간은 모두 상대적으로 변해야 한다. 그것도 각각 변하는 것이 아니라, 로런츠 변환식에서 보는 대로 시간과 공간이 얽혀서 같이 변한다. 더 이상 시간과 공간을 독립적이라고 생각해서는 안 된다.

3. 아인슈타인의 일반 상대성 이론

1) 등가 원리와 중력에 의한 시공간 변화

특수 상대성 이론은 관성계라는 특수한 상황에서 성립하는 이론이기 때문에 '특수'한 경우다. 관성계가 아닌 경우까지 포함하는 보다 일반화된 상대성 이론이 가능할까? 관성계가 아닌 좌표계에서 우리는 색다른 경험을 한다. 간단한 예가 정지 상태에서 출발하여 가속하는 버스 안에 있는 경우다. 버스 안의 사람은 아무 이유 없이 뒤쪽으로 힘을 받는다. 이런 좌표계에 있는 사람은 자신의 좌표계가 관성계가 아님을 알 수 있고, 이런 좌표계에서는 상대성 이론이 성립하지 않는다. 아인슈타인은 상대성 원리를 확장하기 위해 중력을 도입했다. 당시의 역학과 전자기학은 상대성의 원리를 만족하지만, 주요 물리학 이론 중에서 중력은 열외였다. 중력과 상대성을 어떻게 조화할 수 있을까?

창문이 없는 커다란 상자를 생각해 보자. 상자 안에서도 우리는 지구의 중력을 느낄 수 있고, 바닥에 서 있을 수 있다. 이제 이 상자를 주변에 아무것도 없는 우주 공간에 갖다 놓았다고 하자. 그러면 우리는 더 이상 바닥에 서 있을 수 없다. 아마도 상자 중간 어딘가에 떠 있을 것이다.

이제 상자를 한쪽 방향으로 일정한 힘으로 잡아당긴다. 상자는 점점 빨라져서 매우 빠른 속도가 될 것이다. 그런데 이렇게 상자가 가속되는 것은 어디까지나 상자 바깥에서 바라볼 때의 이야기다. 상자 안에 있는 사람은 무엇을 느낄까? 그는 아마도 상자가 지구 위에 있을 때처럼 아래로 잡아당기는 힘 때문에 바닥에 서 있다고 느낄 것이다.

만약 그가 손에 든 사과를 가만히 놓았다고 해 보자. 바깥에서 상자 속을 들여다보는 사람이라면, 일정한 속도로 움직이는 사과에 상자 바닥이 빠르게 다가와서 충돌하는 것을 볼 것이다. 하지만 상자 안에 있는 사람은 사과가 지극히 정상적으로 중력 때문에 바닥으로 떨어진다고 생각할 것이다. 누군가 가르쳐 주지 않는다면, 그는 상자가 지구 위 어딘가에 놓여 있다고 생각할 것이다.

상자 안에 있는 사람은 가속되는 것과 중력을 받는 것을 구별할 수 없다. 그 두 가지가 만드는 현상이 같기 때문이다. 즉, 뉴턴의 역학 법칙 $F=ma$에서의 m과 뉴턴의 중력 법칙 $F=GmM/r^2$에서의 m이 똑같기 때문이다. 전자를 관성 질량이라고 하고 후자를 중력 질량이라고 한다. 그리고 관성 질량과 중력 질량이 같다는 내용을 등가 원리(equivalence principle)라 한다.

가속하고 있는 상자의 벽에 구멍이 뚫려서 빛이 들어온다고 하면 이 빛은 어떻게 보일까? 〈그림 5〉에서 일정한 속도로 움직이는 상자와 가속하는 상자를 비교해 놓았다. 관성계에서 빛은 직선으로 진행하지만, 가속 방향에 수직으로 빛이 들어오면 상자 안에 있는 사람에게는 빛이 휘어져 보이게 된다. 아인슈타인은 가속되는 좌표계에도 적용되는 일반적인 상대성을 나타내기 위해서는 시공간이 휘어진 공간이어야 한다고 생각했다. 따라서 일반적인 상대성을 나타내려면 휘어진 공간을 기하학으로 설명해야 한다. 동시에 등가 원리에 따라서 중력의 효과 역시 휘어진 공간으로 나타나고, 빛도 중력장 속에서 휘어져야 한다고 결론을 내렸다.

그림 5 우주 공간에서 위로 가속되는 상자 내부를 진행하는 빛의 궤적

중력이 강할수록 시공간의 휘어짐은 세지고, 시간은 느리게 흐른다. 즉, 아파트 1층에 사는 사람은 30층에 사는 사람보다 더 오래 산다. 물론 그 차이는 우리가 느낄 수 없는 미미한 수준이다.

2) 일반 상대성 이론의 실험적 증거

(1) 수성의 세차 운동에 의한 근일점의 이동

우리의 일상에서 일반 상대론의 중력 효과를 관찰하기는 쉽지 않고, 그나마 중력이 매우 큰 천체의 규모에서 그 흔적을 찾을 수 있다. 일반 상대성 이론은 성공적으로 적용되었고, 아인슈타인이 이론을 만드는 과정에서 가이드 역할을 한 현상은 바로 수성 궤도의 세차 운동(歲差運動, precessional motion)이었다. 행성 궤도의 세차 운동이란 행성 궤도가 조금씩 변하는 것을 말한다.

케플러가 발견한 바와 같이 행성이 태양의 주위를 도는 궤도는 일반적으로 정확한 원이 아니라 타원이다. 그러나 실제로 이 궤도 역시 완

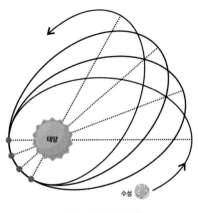

그림 6 수성의 세차 운동

전한 타원이 아니라서 공전하고 난 뒤에 정확히 제 위치에 돌아오지 않는다. 그 결과 〈그림 6〉과 같이 태양을 중심으로 타원 궤도 자체가 조금씩 회전하게 된다. 이를 세차 운동이라 한다. 세차 운동이 일어나는 주원인은 다른 행성의 중력이 작용하기 때문이다.

세차 운동은 모든 행성에서 일어난다. 그런데 다른 행성의 세차 운동은 뉴턴의 중력 이론으로 예측한 결과와 잘 들어맞지만, 수성의 경우에는 오차가 있었다. 수성의 세차 운동 관측값은 100년 동안 장축이 회전한 각도가 약 574초였는데, 뉴턴의 중력 이론으로 계산한 값은 약 531초로, 관측값과 43초 정도 차이가 났다(각도 1도는 60분, 1분은 60초다). 1859년 프랑스의 천문학자 위르뱅 르베리에(Urbain Le Verrier)가 이 차이를 처음 발견한 후 과학자들은 이 문제를 설명하려고 수성 궤도 안에 벌컨(Vulcan)이라는 행성이 있을 것으로 가정하는 등 온갖 방법을 동원했지만 성공하지 못했다. 즉, 이 문제는 뉴턴 역학이 설명하지 못하는 드문 경우였다.

일반 상대성 이론은 이 43초의 차이를 정확하게 예측했다. 일반 상대성 이론으로 질량을 가진 두 물체 사이의 힘을 계산하면 가장 중요한 항은 힘이 두 물체 사이 거리의 제곱에 반비례한다는 뉴턴의 중력 법칙이다. 하지만 일반 상대성 이론에는 그보다 작지만 다른 항이 더

과학 산책, 자연과학의 변주곡

있는데, 이 항들이 43초의 세차 운동이 더 있음을 알려 준다.

아인슈타인은 이 성공적인 결과에 힘입어 자신의 연구가 옳은 방향으로 가고 있다고 믿었다고 한다. 다른 행성의 세차 운동에 대해서도 계산할 수 있는데, 금성의 경우 일반 상대성 이론으로 추가되는 효과는 100년에 8.6초에 불과하다. 이는 금성이 수성보다 태양으로부터 더 멀기 때문에 태양의 중력에 의한 효과 자체가 더 작기 때문이다.

(2) 별 근처에서 휘어지는 빛

아인슈타인은 일찍이 등가 원리로부터 빛이 중력에 의해 휘어질 것을 예측했다. 일반 상대성 이론을 극적으로 뒷받침한 증거는 이 현상을 직접 관찰한 사건이다. 일반 상대론은 시공간 자체가 휘어져 있는 것으로 중력을 기술하는데, 휘어진 시공간에서는 빛의 경로도 휘어진다.

우리 주변에서 이 현상을 관측하려면 〈그림 7〉과 같이 강한 중력을 가진 태양 근처를 지나오는 별빛을 관측해야 한다. 평상시에는 태양 빛

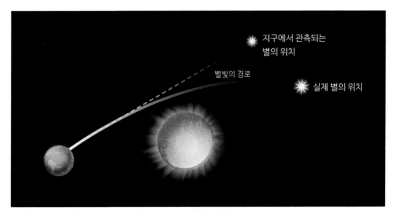

그림 7 태양의 중력 때문에 휘어지는 별빛. 이 때문에 별의 위치가 원래의 위치에서 벗어나 보인다.

이 강해서 별을 볼 수 없지만, 개기일식(皆旣日蝕, total solar eclipse)이 일어날 때는 이 현상을 관측할 수 있다.

1차 세계대전이 끝난 뒤인 1919년 영국 천문대는 5월 29일 개기일식이 일어날 브라질에 앤드루 크로멜린(Andrew Crommelin)이 이끄는 관측팀을, 그리고 아프리카의 사웅투메에 아서 에딩턴(Arthur Eddington)이 이끄는 관측팀을 각각 파견했다. 장거리 여행과 날씨 때문에 우여곡절이 있었으나 두 관측팀 모두 개기일식 때 황소자리 히아데스성단을 관측하는 데 성공했다.

그해 11월 6일 왕립학회와 왕립천문학회가 주최한 런던 학회에서 관측팀이 분석 결과를 발표했다. 1916년 아인슈타인이 계산한 예측값은 1.74초였다. 에딩턴 팀의 결과는 1.61±0.40초로 95% 신뢰도 안에서 아인슈타인의 예측과 일치했다. 크로멜린 팀의 결과도 1.98±0.16초로 역시 비슷할 정도로 일치했다. 다음 날 영국의 《타임스(The Times)》는 〈과학혁명: 우주에 대한 새로운 이론 – 뉴턴의 생각이 뒤집히다〉라는 표제의 기사를 대서특필했다. 이로써 아인슈타인은 세계에서 제일 유명한 과학자가 되었다.

3) 2017년 노벨 물리학상: 중력파

2017년 노벨 물리학상은 중력파(gravitational wave)를 관측한 라이너 바이스(Rainer Weiss), 킵 손(Kip Thorne), 배리 배리시(Barry Barish)가 공동 수상했다. 중력파는 아인슈타인의 일반 상대성 이론 장 방정식의 특정한 종류의 해로, 1916년 아인슈타인이 직접 발견했다. 중력파는 전자기

그림 8 2개의 블랙홀이 병합되는 과정에서 발생한 중력파로 인해 시공간이 뒤틀리는 현상을 나타낸 모식도(출처: LIGO Caltech/T. Pyle)

파처럼 빛의 속도로 진행하며, 전자기파는 전하가 가속될 때 만들어지듯 질량의 변동으로 생겨난다. 전자기파가 전기장과 자기장이 진동하며 진행하는 것처럼, 중력파는 시공간의 곡률(뒤틀림)의 진동이 전해지는 것이다.

중력의 효과란 매우 미약하므로 중력파는 오랫동안 이론적인 가능성으로만 여겨졌다. 1970년대에 관측된 매우 가까운 거리에서 서로 회전하는 중성자별인 쌍성(雙星, binary star)에서 중력파에 대한 최초의 증거가 나왔다. 이 쌍성은 회전 주기가 점점 줄어들면서 가까워지고 있었는데, 그 이유는 중력파에 의해 에너지를 잃었기 때문이다.

1980년대부터 시작된 라이고(LIGO; Laser Interferometer Gravitational-Wave Observatory) 프로젝트는 레이저 간섭계를 이용하여 중력파가 빛의 경로를 진동시키는 것을 감지하는 원리로 중력파를 측정하려는 실험이다. 3,000km 떨어진 미국 동부의 리빙스턴 관측소와 서부의 핸퍼드 관측소에 설치된 두 대의 간섭계는 독립적으로 중력파를 검출해서 양쪽의 데이터를 함께 고려하여 중력파를 재구성한다. 2016년 2월 라이고는 최초로 중력파가 검출됐다고 발표했다. 이 신호는 약 13억 광년 떨어진 곳에서 태양의 30배 정도의 질량을 가진 블랙홀 쌍성이 병합되면서 발생시킨 것으로 분석됐다. 이후 라이고는 다수의 중력파 신호를 검출하면서 천문학의 새로운 기원을 열고 있다.

137억 년 전 우주의 탄생과 별의 미래

1. 우주의 탄생

과학의 매력 중 하나는 같은 질문에 대한 대답이 시대를 거쳐 오면서
달라지는 것이라 하겠다. 특히 우주를 전체적으로 이해하고 분석하는
우주론의 질문은 늘 궁극적이고 비슷한 것이었다. 우주는 어떻게 태어
나 진화했고, 앞으로 어떻게 될 것인지가 핵심 질문이었다. 신화나 종
교는 그 시대의 질문과 대답을 반영하지만, 시간의 흐름을 차단한 채
박제화된 결론 속에 갇혀 있다. 반면 과학은 늘 새로운 해답을 받아들
이면서 시간과 진리의 흐름에 동참한다.

현대 과학자들이 발견해서 우리에게 들려주는 우주의 이야기는 놀
랍기만 하다. 현재 우주는 그 전체 크기를 가늠할 수 없을 정도로 광
활하다. 흔히 우리가 인지할 수 있는 우주의 끝이라고 알려진 '관측 가

능한 우주(observable universe)' 영역만 따져 봐도 빛의 속도로 460억 년을 가야 하는 거리를 반지름으로 하는 거대한 구를 형성하고 있으니 말이다. 물론 그 너머에도 우주가 존재할 것이다. 하지만 얼마나 큰지는 가늠하기 힘들다. 조금 더 정밀하게 계산할 수 있다 해도 그 영역을 넘어서 오는 신호를 포착한다는 것은 거의 불가능하다. 존재하더라도 인지할 수 없다는 말이다. 이렇듯 우주는 우리가 상상하는 것 이상으로 광활한 곳이다.

1) 우주는 빅뱅에서 시작했다

우리가 사는 광활한 우주는 '빅뱅(big bang)'이라고 불리는 순간을 통해서 탄생했다. 거의 점에 가까운 크기로 태어난 우주는 아주 짧은 순간 동안 급격한 팽창을 겪으면서 크기가 기하급수적으로 커지는 과정을 겪은 것으로 보인다. 정확한 원인에 대해서는 다양한 해석이 나오고 있지만, 급팽창 과정을 통해 태어나자마자 순식간에 엄청난 크기로 커졌다는 데는 많은 과학자가 동의하고 있다. 급팽창 이론이 평탄성 문제(flatness problem)와 사건의 지평선 문제(horizon problem)라고 불리는 현대 우주론의 몇 가지 문제를 잘 설명해 주기 때문이다.

　지금도 우주는 팽창하고 있다. 시간이 흐름에 따라 우주 공간 자체가 점점 더 커지고 있다. 우리가 사는 일상에서는 공간이 늘어 물건과 물건 사이가 점점 멀어지는 일은 일어나지 않는다. 하지만 우주 공간에서는 이런 일이 실제로 벌어진다. 고무풍선 위에 단추들을 붙여 놓았다고 생각해 보자. 고무풍선에 바람을 넣으면 고무풍선의 표면이 늘어나서, 단추 자체는 움직이지 않았지만 단추와 단추 사이는 점점 더 멀어질 것이다. 한 단추의 입장에서 보면 다른 단추가 자신으로부터 멀어지는 것으로 관측될 것이다. 이는 고무풍선의 표면이 늘어났기 때문에 생긴 현상이지, 결코 단추가 움직였기 때문이 아니다.

이제 고무풍선을 우주 공간이라고 해 보자. 단추는 우주를 구성하는 기본적인 독립체인 은하라고 할 수 있다. 더 정확히 말하자면, 우주에서의 팽창으로 서로 멀어져 가는 주체는 은하들의 집단인 은하단(galaxy cluster)이다(이 책에서는 표현을 단순화하기 위해 우주의 구성원 또는 은하라고 하기로 한다). 은하들은 단추처럼 움직이지 않고 있는데 우주 공간이 자체적으로 팽창하면서 은하들이 서로 멀어지는 것으로 관측된다. 이것이 팽창하는 우주의 실체다. 우주가 팽창한다는 사실은 1929년 에드윈 허블의 관측을 통해 알려지기 시작했다.

우주가 팽창하고 있다는 사실은 우리에게 우주에 관한 많은 이야기를 들려준다. 현재 우주가 팽창하고 있다면, 시간을 거꾸로 돌려 과거

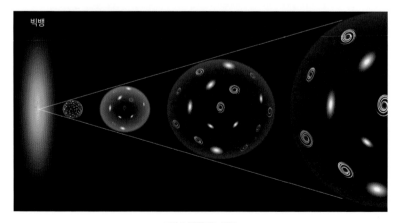

그림 1 팽창하는 우주

과학 산책, 자연과학의 변주곡

로 갈 경우 우주는 작아져야 한다. 그리고 더 과거로 가면 어느 시점에선가 우주가 시작된 때와 만날 것이다. 우주가 시작된 시점부터 현재까지 우주가 팽창해 온 시간이 우주의 나이다. 현재 우주의 나이는 약 138억 년 정도로 추정된다.

우주가 막 시작됐던 초기 우주는 아주 작은 공간이었을 것이다. 이 작은 공간 속에 현재 우주에 존재하는 모든 것이 들어가 있었을 테니 초기 우주의 밀도는 상상할 수 없을 정도로 높았을 것이다. 온도 또한 엄청나게 뜨거웠을 것이다. 시간이 흐르고 우주가 팽창하면서 우주의 에너지와 질량의 총합은 그대로였지만 우주 공간의 크기, 즉 부피는 커졌다. 우주의 밀도는 시간이 지나면서 점점 낮아졌고, 우주의 온도 또한 그와 함께 점점 떨어졌다. 우주는 아주 작고 뜨겁게 태어났지만 138억 년의 세월 동안 팽창을 거듭해서 오늘날의 광활하고 차가운 우주가 됐다.

2) 우주 초기에 탄생한 수소와 헬륨

우주가 탄생했을 때는 물질이 존재하지 않았다. 우주의 밀도와 온도가 매우 높아서 어떤 물질도 존재할 수 없었다. 오로지 빅뱅의 순간을 거쳐서 탄생할 때 갖고 태어났던 에너지만이 우주를 채우고 있었다. 우주 자체가 공간적으로 팽창해 부피는 커지고 밀도와 온도가 낮아지면서 에너지로 꽉 차 있던 우주에 변화가 생기기 시작했다.

가장 작은 물질 단위인 쿼크와 전자가 먼저 생겨났다. 우주가 태어난 지 채 3분이 안 됐을 무렵 쿼크가 뭉쳐져 원소를 만들 수 있는 재료들인 양성자와 중성자 같은 입자들이 생겨나기 시작했다. 이때 만들어진 양성자는 수소 원자의 원자핵이기도 한데, 자연 상태에서는 스스로 붕괴되지 않고 지금까지 존재한다. 우주는 양성자와 중성자와 전자가 자유롭게 떠돌아다니는 상태를 유지하면서 시간이 지남에 따라 팽창을 계속했다.

우주의 나이가 약 38만 년 정도 됐을 무렵 다시 한번 큰 변화를 겪었다. 우주는 계속 팽창해서 공간이 더 커졌다. 우주의 밀도는 그 전보다 더 낮아졌고 온도도 더 떨어졌다. 우주 공간의 배경 온도가 절대온도로 약 3,000도 정도 됐을 때 원자핵과 전자가 만나 원소를 형성할 수 있는 온도와 밀도 조건이 충족되었다. 이 시기에 전 우주에 걸쳐 동시다발적으로 수소 원자핵인 양성자와 전자가 만나 수소 원소를 만들었다. 양성자 두 개로 이루어진 헬륨 원자핵과 전자들이 만나서 헬륨을 만들었다. 약간의 리튬도 생성되었다. 주기율표 맨 앞에 포진한 원소들이 이때 만들어진 것이다.

현재 우주에 존재하는 거의 모든 수소는 우주의 나이가 불과 38만 년쯤 됐을 무렵 생성됐다. 물은 수소와 산소가 결합해 만들어진 분자다. 물 분자를 이루고 있는 수소도 이때 만들어졌다. 우리가 물을 마시면 그 속에 포함된 수소가 우리 몸 안으로 들어와서 흡수된다. 물을 마신다는 것은 결국 우주 초기에 만들어진 수소를 마시는 것이다. 수소는 이때 만들어져 다른 원소와 결합과 분해를 반복하면서 계속 재활용되는 것이다. 현재 존재하는 상당 부분의 헬륨도 이때 만들어졌다. 우주 진화의 역사를 우주 속의 에너지가 물질로 바뀌는 과정의 역사라고 말하기도 한다. 우주 속에서 에너지와 물질이 차지하는 비율의

그림 2 우주배경복사

변화가 곧 우주 진화의 역사인 것이다.

우주의 나이가 38만 년이었을 무렵 전 우주에는 수소와 헬륨으로 이뤄진 물질과 수소 원자의 생성 과정에서 발생한 빛에너지가 등방적 (等方的)이고 균일하게 분포돼 있었다. 이때 발생한 빛은 우주 공간이 팽창함에 따라 파장이 길어지고 온도가 떨어져 현재는 절대온도 3도 의 우주배경복사(cosmic background radiation)로 존재한다. 등방적이고 균일하다는 것은 우주의 어느 곳에나 비슷한 양의 물질과 에너지가 골 고루 분포하고 있다는 뜻이다. 하지만 그 분포가 완벽하지는 않다. 우 주의 한 지역과 다른 지역 사이에는 밀도와 온도의 미세한 차이가 존 재하는데, 한 지역과 다른 지역 사이에는 거의 10만분의 1 정도밖에 되지 않는 작은 차이를 보였다. 이 작은 밀도 차이의 요동은 시간이 지 나면서 점점 더 커지기 시작했다.

3) 은하와 별의 탄생

우주 물질의 대부분을 중성 수소가 차지하고 있었고 별은 아직 형성되지 않았다. 원시 물질 밀도의 미세한 차이 때문에 시간이 지나면서 점점 더 큰 구조물이 나타났다. 이 원시 구조물은 시간이 지나면서 은하로 형성됐다. 원시 은하는 우주의 나이가 2~4억 년 정도 됐을 무렵 형성된 것으로 보인다.

은하 형성 이론은 크게 하향식과 상향식으로 나뉜다. 하향식 이론에 따르면 거대한 가스 구름이 약 1억 년 동안 대규모의 중력 붕괴를 겪으면서 은하가 형성된다. 상향식 이론에 따르면 구상성단(球狀星團, globular cluster)과 같은 작은 구조물이 먼저 형성되고 이들이 뭉치면서 더 큰 구조물인 은하가 형성된다. 나선은하는 주로 상향식 과정을 거쳐서 만들어진다고 알려져 있다. 거대 타원은하는 거대 가스 구름의 하향식 과정을 통해서 만들어지기도 하고 나선은하와 나선은하가 합쳐지면서 만들어지기도 한다. 작은 은하들은 서로 합쳐져서 더 큰 은하를 형성한다. 은하들은 수십 개씩 무리를 지어 은하군을 형성하기도 하고, 수천 또는 수만 개씩 중력으로 묶여 은하단을 형성한다. 더 큰 규모의 초은하단으로 존재하기도 한다. 우리가 사는 우리 은하는 이렇게 존재하는 1조 개의 은하 중 하나다. 막대나선은하인 우리 은하는 우주의 나이가 십수억 년 정도 되었을 무렵 형성됐다. 우리 은하는 가까운 곳에 있는 안드로메다은하와 점점 가까워지고 있으며, 오랜 세월이 흐르면 안드로메다은하와 충돌하고 합쳐져 거대한 타원은하가 될 것이다.

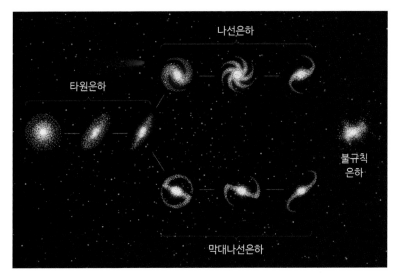

그림 3 은하의 유형

이 과정을 통해 중력 수축하는 가스 구름 내에서는 별의 탄생 과정이 진행된다. 우주가 공간적으로 팽창을 거듭하면서 밀도가 조금 더 높은 지역으로 더 많은 물질이 유입됐다. 밀도가 상대적으로 높았던 지역의 밀도는 더 높아졌고, 밀도가 낮은 지역에서는 반대 현상이 일어났다. 한 지역과 다른 지역 사이의 밀도 차이는 점점 벌어졌다. 우주의 나이가 2~4억 년 정도 됐을 무렵 물질의 밀도가 충분히 큰 지역에서 변화의 조짐이 나타났다.

우주의 나이가 38만 년부터 2~4억 년에 이르는 동안 우주에서는 별다른 일이 일어나지 않았다. 이 시기를 우주의 암흑 시기라고 한다. 물론 우주는 시간이 지나면서 공간적으로 팽창을 거듭했고, 부분적으로 수소와 헬륨 가스로 이루어진 밀도가 매우 높은 가스 구름이 형성됐다. 이런 가스 구름 중 중력의 임계점(critical point)을 넘어선 거대 가스

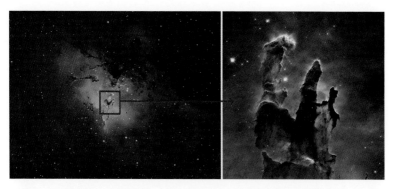

그림 4 독수리 성운(왼쪽)에서 별이 탄생하고 있는 곳, 일명 '창조의 기둥'(오른쪽)을 촬영한 허블망원경 이미지

구름들이 생기기 시작했다. 거대 가스 구름들은 임계점에 도달하자 불안정해지면서 자체적인 중력 붕괴를 시작했다. 이 과정에서 가스 구름 중심부의 밀도는 더욱 높아졌고 온도도 올라갔다.

일정한 밀도와 온도 조건이 갖춰지자 거대 가스 구름의 중심부에서 수소의 원자핵인 양성자와 다른 수소의 원자핵인 양성자가 결합했다. 가스 구름의 중심에서 양성자와 양성자가 만나 헬륨 원자핵이 형성되는 핵융합 반응이 일어난 것이다. 이 과정에서 거대한 가스 구름의 중심부에서 빛이 생성됐다. 이렇게 생성된 빛은 몇백만 년에서 몇천만 년에 걸쳐 가스 구름을 뚫고 올라와 외부로 빛을 내보냈다. 우주에서 제1세대 별들이 탄생한 것이다. 거대 가스 구름의 핵융합 과정에서 만들어진 압력이 중력과 균형을 이루면서 더 이상 붕괴하지 않고 정역학적인 평형 상태를 유지했는데, 이것이 별의 탄생이다. 즉, 우주의 나이가 2~4억 년 정도 됐을 무렵 가스 구름으로만 이뤄져 있던 원시 은하에서 별이 탄생하고 별빛이 있는 은하가 만들어진 것이다.

흔히 우주를 진공 상태라고 한다. 태양계에서 가장 가까운 별까지

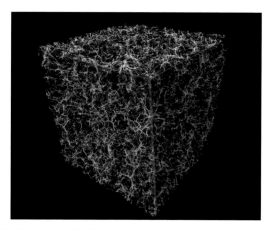

그림 5 우주 내부의 물질 분포. 희미한 밝은 선이 모두 은하단이며, 그 사이에 있는 빈 공간은 우주의 '보이드'를 나타낸다.

빛의 속도로 달려도 4년이 넘게 걸린다. 빛의 속도로 여행한다고 해도 4년 동안 단 한 개의 별도 만날 수 없다는 이야기다. 은하와 은하 사이는 보통 몇백만 광년이나 떨어져 있다. 몇백만 년 동안 빛의 속도로 달리는 여행을 해도 평균적으로 하나의 은하와도 마주치지 않는다. 그러니 우주를 진공 상태라고 해도 별 무리는 없을 것이다.

현재 우리가 사는 우주에는 1조 개 정도의 은하가 존재하는 것으로 알려졌다. 은하마다 몇천억 개의 별들을 거느리고 있으니 우주에 존재하는 별의 개수는 은하 1조 개 곱하기 별 몇천억 개를 곱한 값을 넘는다. 이렇게 많은 별이 있지만 전체적으로 볼 때 우주는 거의 텅 빈 공간인 것이다. 최근의 은하 분포 관측 결과를 보면 은하들은 마치 그물처럼 서로 연결돼 있다. 좀 더 정확히 말하자면 은하단이 그물처럼 연결돼 있고, 그 사이는 그물의 구멍처럼 텅 비어 있다. 이런 곳을 보이드 (void)라고 한다.

2. 별과 행성의 진화

1) 무거운 원소는 초신성이 만든다

시간이 흐르고 우주가 점점 더 커지면서 우주 공간에서는 원소들이 생겨나지 않았다. 원소들을 만들어 낼 만한 온도와 밀도를 유지할 수 없었기 때문이다. 원자번호가 더 큰 무거운 원소들은 별의 내부에서 태어났다. 가스 구름 속에서 핵융합 작용이 일어나고 별빛이 생성되면 별이 탄생한다. 별은 빛을 만들어 내지 못하면 죽음을 맞이한다. 별 내부 원소의 원자핵과 원자핵이 합쳐지는 핵융합 과정을 통해 새로운 원소들이 만들어졌고 이 과정에서 별은 빛을 만들었다. 처음에는 수소와 수소의 원자핵인 양성자가 합쳐져서 헬륨을 만들었고, 차례로 더 복잡한 핵융합 과정을 거치면서 산소, 질소, 탄소 같은 우리 몸을 구성하는 원소들을 만들었다.

태양 정도의 질량을 가진 별들은 일생을 살고 죽음을 맞이하기까지 중원소(heavy element)를 만들지만, 철 같은 더 무거운 원소를 만들기에는 내부 온도와 밀도 조건에 한계가 있다. 상대적으로 가벼운 별들은 별빛을 내고 몇몇 원소를 만드는 과정을 겪는 마지막 단계에서 적색거성(red giant)이 된다. 중력 수축과 별 내부 압력 사이의 균형이 깨지면서 별이 커졌다 작아졌다 하는 단계를 거치는 것이다. 수축과 팽창을 거듭하던 적색거성 단계의 별의 안쪽으로 수축하는 부분은 백색왜성(white dwarf)이 되고 바깥쪽으로 흩어지는 부분은 행성상성운(planetary nebula)이 된다. 별의 내부에서 만들어진 원소들은 행성상성운의 형태로 우주 공간으로 흩어진다. 시간이 지나면 가스 구름이 다시 뭉쳐서 성운을 형성한다.

태양보다 좀 더 무거운 별에서는 더 다양한 핵융합 작용이 일어나고 더 무거운 원소들이 만들어진다. 하지만 철보다 무거운 원소를 만들어 내지는 못한다. 태양보다 아주 무거운 별들은 일생을 살고 마지막 단계에 이르면 거대한 적색초거성의 단계를 거치고 초신성(supernova) 형태로 폭발한다. 질량이 아주 무거운 별의 안쪽은 수축해서 블랙홀이 되고 바깥쪽 부분은 초신성 잔해의 형태로 우주 공간으로 흩어진다. 블랙홀이 되기에는 질량이 조금 작은 별들은 일생을 마치면서 폭발해서 중심부는 중성자별(neutron star)이 된다. 초신성 잔해의 형태로 흩어졌던 중원소를 함유한 가스와 먼지 구름은 시간이 지나고 조건이 갖춰지면 다시 성운으로 뭉쳐진다. 별은 일생을 살면서 끊임없이 핵융합 작용을 한다. 그 결과 빛을 내는 별의 형태를 유지하는 것이다. 더 이상 핵융합 작용을 하지 못하면 빛을 내지 못하고 불안정해지면서 최후를 맞이한다. 마지막 단계를 거치면서 일생 동안 만든 중원소들을 우주 공간으로 내보낸다. 빅뱅으로 우주가 탄생한 지 얼마 지나지 않은 우주 공간 속에서 수소와 헬륨 같은 원소들이 생성됐다면, 철보다 가벼운 중원소들은 별의 내부에서 별이 평생 핵융합을 하는 과정에서 생겨났다.

철보다 더 무거운 원소들은 무거운 별이 죽으면서 폭발하는 초신성에서 생겨났다. 초신성 폭발 과정은 엄청난 에너지가 분출되는 과정이다. 온도가 급상승하는 순간이기도 하다. 이때 철보다 무거운 원소들이 순식간에 생겨난다. 그리고 핵분열이 일어나면서 새로운 원소가 생

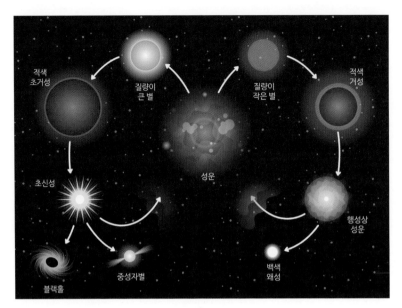

그림 6 별의 일생

겨나기도 하고(흔히 방사능을 내는 원소들이 그렇다), 원소가 중성자를 획
득하면서 새로운 원소로 다시 태어나기도 한다. 이런 과정을 거쳐서 주
기율표를 꽉 채우고 있고 우리 주변의 물질들을 구성하고 있는 철보다
무거운, 주로 금속 성분의 원소들이 생겨났다. 모든 일이 별의 내부에
서 또는 별이 죽는 과정에서 벌어졌다. 별이 탄생하고 진화하고 죽는
과정이 반복되면서 별은 더 많은 중원소를 만들었다. 세대를 거듭할수
록 중원소는 더욱 풍부해졌다.

2) 평범한 태양을 도는 지구는 특별한 행성이다

태양은 우리 은하 내에서도 1세대 별에 속하지는 않는다. 별들이 태어

　　　　　　　　　　　　과학 산책, 자연과학의 변주곡

나서 살고 죽기를 몇 차례 거듭한 후 태어난 3~4세대에 속하는 별이다. 별은 죽으면서 만들어 놓은 원소들을 우주 공간으로 뿌려 놓는다. 시간이 지나면서 다시 뭉쳐서 형성된 성운 속에는 이전 세대의 별이 만든 원소들이 함유돼 있을 것이다. 별이 탄생하고 진화하고 죽는 과정을 거칠수록 성운 속 중원소의 비율은 커질 것이다.

태양은 앞선 별들이 몇 차례 일생을 영위하면서 여러 원소를 만들어 놓은 중원소가 풍부하게 존재하는 가스 구름 속에서 태어났다. 지금으로부터 약 50억 년 전의 일이다. 태양은 전 우주적 관점에서 보자면 그저 흔하고 평범한 작은 별에 속하며, 앞으로 50억 년을 더 살 수 있다. 태양은 8개의 행성과 수많은 그들의 위성들, 명왕성을 비롯한 왜소행성(dwarf planet)들, 소행성(asteroid)들과 혜성들을 거느리면서 태양계를 구성하고 있다. 이들 태양계 구성원들도 풍부한 중원소를 함유하고 탄생했다. 태양계는 우리 은하의 외곽 지역에 있는데, 현재 초속 200km가 넘는 속도로 나선팔(spiral arm)과 나선팔 사이를 통과하고 있다.

우리가 사는 지구는 태양계 내에서 (현재까지는) 유일하게 표면에 액체 상태의 물을 포함하고 있는 행성이다. 수성이나 금성은 태양과 너무 가까운 곳에 있어서 물을 액체 상태로 표면에 잡아 둘 수 없었다. 화성 표면에는 한때 액체 상태의 물이 흘렀던 증거가 많이 보이지만 지금은 아니다. 목성이나 토성의 위성들은 태양으로부터 아주 멀리 떨어져 있어서 그 표면은 두꺼운 얼음층으로 덮여 있다. 표면적으로 지구는 생명체가 살기에 적당한 위치에 놓여 있는 것처럼 보인다. 바다는 생명체 번성에 필수적인 요소다. 화성에서 과거 생명체의 흔적이나 심지어 살아 있는 미생물 같은 생명체를 발견할 수 있을 것으로 기대하는 이유도 화성에 한때 바다가 있었다는 증거가 존재하기 때문이다.

별은 가스와 먼지로 이뤄진 구름 속에서 태어났다. 별의 내부에서는 수소 같은 가벼운 원소들이 끊임없이 융합하는데, 이 과정에서 산소, 질소, 탄소 같은 더 무거운 원소들을 만들어 내고 그 결과로 별의 빛이 만들어졌다. 별 내부에서 이런 과정의 동력이 다하면 별은 해체되거나 폭발하면서 첫 일생을 마감한다. 별 내부에서 만들어진 중원소들은 이때 다시 성간 구름 속으로 흩어지게 된다. 시간이 흐르고 밀도와 온도의 조건이 맞으면 이들이 다시 뭉쳐져서 또 다른 성간 구름이 된다. 그 속에서 생명을 구성하는 유기 분자들이 만들어지고 또다시 별과 행성이 만들어진다. 이 행성들에서 생명이 태어나고 진화해서 지적 능력을 갖춘 생명체가 됐다. 그래서 천문학자들은 인간을 '생각하는 별 먼지'라고 부르기도 한다.

인간은 광활한 우주 속에서 아주 작고 평범한 존재에 불과한 것처럼 보인다. 하지만 차분하게 생각하면 인간은 유구하고 광활한 우주의 역사를 머금은 고귀한 존재다. 인간은 별의 뜨거웠던 내부로부터 우주의 시간을 견뎌 온 결과로 만들어진 생각하는 별 먼지다. 인간은 우주의 작은 한구석에 살고 있으면서도 우주를 전체적으로 파악하고 분석하고 생각할 수 있는 위대한 별 먼지다. 아직은 달에 겨우 발을 디뎠지만, 자신의 행성을 떠나서 우주여행을 시작한 용감한 별 먼지다. 이 모든 것을 가능하게 한 시작점에 빅뱅이 있었다. 그리고 그 우주가 우리를 기다리고 있다.

과학 산책, 자연과학의 변주곡

3. 우주의 미래

우리가 사는 우주는 시간이 지나면서 점점 커진다. 우주의 미래는 어떤 모습일까? 우주의 궁극적인 운명은 무엇일까? 이것은 물리적 우주론의 아주 중요한 주제다. 현재 알고 있는 관측 증거들을 바탕으로 우주의 미래를 추정하지만, 일어나지 않은 사건에 대한 접근이기 때문에 현시점에서 다양한 시나리오를 그릴 수 있다. 현재 우주는 시간이 지나면서 팽창률이 더 커지는 가속 팽창을 하는 것으로 관측된다. 반면 우주의 형태는 편평한 것처럼 보인다.

우주의 거시적인 미래를 예측하는 고전적인 방법은 우주 속 물질의 양을 측정하여 비교해 보는 것이다. 우주의 평균 밀도를 해당 밀도의 임계값으로 나눈 값을 밀도 인자(density parameter)라고 한다. 밀도 인자(Ω_0)는 우주의 운명을 표기하는 중요한 지표로 사용한다.

우주의 평균 밀도가 임계 밀도와 정확히 일치하여 밀도 인자가 1이면 우주의 형상은 편평하다. 삼각형 내각의 합은 180도이며 평행선은 계속 같은 거리를 유지한다. 우주 전체의 기하학적인 형태가 편평하다는 것을 의미한다. 편평한 우주는 영속적으로 팽창하지만, 팽창하는 속도는 계속 느려져서 0에 가깝게 수렴한다. 밀도 인자가 1보다 크다는 이야기는 우주의 평균 밀도가 임계값보다 크다는 말이다. 우주의 기하학적 형상은 구의 표면처럼 닫혀 있어 '닫힌 우주'라고 한다. 삼각형 내각의 합은 180도를 초과하고 평행선은 존재할 수 없으며 모든 선은 만나게 된다. 닫힌 우주에서는 우주 속 물질의 양이 충분히 커서 중력이 우주의 팽창을 멈추고, 우주의 모든 물질이 한 지점으로 붕괴

될 때까지 수축할 것이다. 우주의 미래는 팽창을 멈추고 빅뱅이 시작됐던 것 같은 작은 특이점으로 수렴되는 것이다. 밀도 인자가 1보다 작으면 우주의 기하학적 형상은 열려 있어 '열린 우주'라고 한다. 말안장의 표면처럼 음의 곡률을 갖는 공간이 된다. 삼각형 내각의 합은 180도보다 작다. 우주 속 물질의 양이 충분하지 않기 때문에 우주는 영원히 팽창할 것이다.

그런데 우주 속에는 눈에 보이지 않는 물질인 암흑 물질(dark matter)이 존재한다. 눈에 보이는 보통 물질보다 4~5배 정도 많은 것으로 관측되고 있다. 보통 물질과 암흑 물질을 합친 우주 속 물질의 총량도 밀도 인자를 1로 만들기에는 역부족이다. 역시 열린 우주를 가리킨다. 우주의 거시적인 기하학적 형상은 말안장의 표면 같은 모습일 것이다. 그런데 다른 방법으로 우주의 모습을 관측한 결과 우주는 기하학적으로 편평한 것으로 밝혀졌다. 밀도 인자가 1인 편평한 우주를 가리키는 것이다. 우리가 사는 우주는 열린 우주이면서 동시에 편평한 우주여야 하는 모순에 빠진 것이다.

암흑 에너지(dark energy)라고 불리는 것이 존재해야만 한다는 여러 관측 증거들이 나왔다. 암흑 에너지의 양은 보통 물질과 암흑 물질을 모두 합친 것의 두 배 이상 많아야 한다. 그래야 우주 속 물질의 총량과 암흑 에너지의 양을 합치면 우주의 밀도 인자가 거의 1에 근접해 우주의 기하학적 형상이 편평한 것을 설명할 수 있게 된다. 또한, 시간이 지남에 따라 팽창률이 점점 더 커지는 가속 팽창을 하고 있다는 사실도 확인됐다. 암흑 에너지의 특성은 마치 척력(斥力, repulsive force)처럼 작동해서 우주의 팽창을 가속하는 방향으로 작동한다는 것이

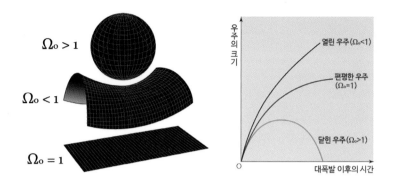

그림 7 우주의 미래. (좌) 밀도 인자에 따른 공간 모형 (우) 밀도 인자에 따른 우주의 미래

알려졌다. 고전적인 의미의 열린 우주이면서 편평한 우주여야 하는 형용모순(形容矛盾)처럼 보이는 문제는 암흑 물질의 등장으로 해소됐다.

우리는 편평한 모습을 유지하면서 가속 팽창하는 우주에 살고 있다. 우주의 미래와 운명은 어떻게 될까? 현재까지는 우주가 영원히 팽창할 것이라는 의견이 강하다. 하지만 조금 더 정밀한 관측이 이뤄진다면 예측 가능한 여러 시나리오 중에서 우주가 어떤 방향으로 나아갈지 추정할 수 있을 것이다.

[문제 1] 난이도 상 ★★★

500개의 톱니를 가진 피조의 톱니바퀴가 일정한 각속력 60번/s로 회전하고 있다. 그림에서 톱니의 홈 A를 통과한 빛 펄스가 반사되어 돌아올 때, 톱니의 홈 C를 지나가게 된다. 거울까지의 거리 d가 5,000m일 때 빛의 속력을 구해 보자.

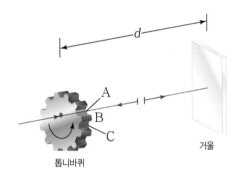

톱니바퀴

거울

풀이 빛이 반사되어 돌아오는 시간 동안에 톱니바퀴는 회전하여 A 위치에 나사의 톱니 구멍 B가 지나가고 C가 위치하게 된다. 빛 펄스는 등속 운동하는 입자로 모형화한다. 톱니바퀴는 500개의 톱니를 가지고 있으므로, 500개의 홈을 갖게 된다. 따라서 빛이 홈 A를 통과한 다음 A에 바로 인접한 구멍을 통하여 다시 반사되기 때문에, 빛 펄스가 거울까지 왕복 운동하는 시간 간격 동안 톱니바퀴는 1/500번 회전하였다.

등속 운동하는 입자 모형으로부터 빛 펄스의 속력 C를 구한다. 펄스가 왕복하는 데 걸리는 시간 간격 Δt를 구하기 위하여 각속력 $\omega = \dfrac{\Delta\theta}{\Delta t}$를 이용한다.

$$c = \frac{2d}{\Delta t} = \frac{2d\omega}{\Delta\theta}$$

$$= \frac{2(5000\text{m})(60\text{회전/s})}{\left(\dfrac{1}{500}\text{회전}\right)} = 3.0\times10^{8}\text{m/s}$$

이 결과는 실제 빛의 속력과 매우 유사함을 알 수 있다.

[문제 2] 난이도 중 ★★

너비가 L인 강에서 두 사람 A와 B가 배를 타고 내기를 하기로 했다. 강물은 속도 v로 흘러가는데 A는 출발점 O에서 강을 따라 거리 L만큼 갔다고 다시 돌아오고, B는 강을 건너갔다가 다시 오기로 했다. 똑같은 거리를 배를 타고 가는데, 배의 속력도 c로 같다면 둘 중 누가 빠를까?

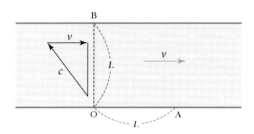

풀이 A의 소요 시간은 $t_A = \dfrac{L}{c+v} + \dfrac{L}{c-v} = \dfrac{2cL}{c^2-v^2}$ 이며,

B의 경우 강의 흐름 때문에 비스듬히 상류 쪽을 바라보고 노를 저어야 하류로 내려가지 않고 B 지점에 도착하므로 실제 B의 속력은 $\sqrt{c^2-v^2}$ 이다.

따라서 B의 소요 시간은 $t_B = \dfrac{2L}{\sqrt{c^2-v^2}}$ 이다. 둘의 소요 시간을 비교하면

$\dfrac{t_B}{t_A} = \sqrt{1 - \dfrac{v^2}{c^2}} < 1$이므로 B의 소요 시간이 더 짧아 빨리 돌아오게 되고,

B가 내기에서 이기게 된다.

[문제 3] 난이도 중 ★★

일반 상대성 이론의 예측 중 하나는 태양 근처를 지나는 빛이 태양의 질량 때문에 생긴 휘어진 시공간 속에서 휘어져야만 한다는 것이다. 만일 다음의 그림과 같이 두 개의 은하가 관측자와 일직선상에 있고, 관측자가 고성능의 망원경으로 관측한다면 먼 곳에 있는 은하를 볼 수 있을까? 볼 수 있다면 어떤 형태로 보이겠는가?

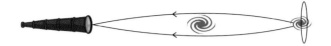

풀이 가까이 있는 은하에 의해 가려져 있어야 할 먼 곳의 은하가 고리(ring) 모양으로 관측된다. 두 은하가 일직선이 되었을 때 관측자로부터 먼 곳에 있는 은하의 빛이 가까이 있는 은하의 중력에 의해 대칭적으로 휘어서 멀리 있는 은하가 고리 모양의 빛으로 관측되는 것이다. 이처럼 관측자가 빛을 내는 먼 곳의 은하와 빛을 굴절시키는 가까운 은하와 일직선상에 있을 때 생기는 고리 모양의 상(像)을 '아인슈타인 링(Einstein Ring)'이라고 부른다.

[문제 4] 난이도 하 ★
매우 빠르게 우주 공간을 여행하는 우주선 안에 있는 승객이 전등을 켰다가 10분 후에 껐다. 지상의 관측자가 고성능 망원경으로 우주선 안의 전등 불빛을 관측했다면, 전등은 얼마 동안 켜져 있었다고 할까? (a) 10분 (b) 10분 이상 (c) 10분 미만

풀이 (b)가 정답이다. 지상에 있는 시계에 대하여 우주인의 시계는 느리게 관측된다(시간 팽창).

[문제 5] 난이도 하 ★
갈릴레이의 상대성 원리는 역학 법칙에는 성립하지만 전자기 법칙에는 성립하지 않는다. 이렇게 보편성 없이 이것과 저것이 다르다는 결과는 우리가 자연현상을 잘못 해석하고 있는 것이 아닌지 반성한 과학자가 있었다. 그는 시간과 공간 같은 기본 개념을 제대로 파악한다면 역학 법칙만이 아니라 전자기 법칙도 관측자에 상관없이 똑같을 것이라고 생각했다. 그래서 그는 서로 등속 운동을 하는 관측자에게는 역학 법칙만이 아니라 전자기 법칙도 똑같다고 전제했다. 그는 누구인가?
(a) 아이작 뉴턴   (b) 헨드릭 로런츠   (c) 알베르트 아인슈타인

풀이 (c)가 정답이다.

[문제 1] 난이도 상 ★★★

허블에 의해 우주가 지금도 팽창하고 있다는 사실을 알게 되었다. 우리는 모든 은하가 서로 멀어지고 있는 것을 관측할 수 있는데, 그렇다면 우리 은하가 우주의 중심이라고 생각할 수 있는가? 그 이유를 아래 그림을 이용하여 설명해 보자.

풀이 풍선 위의 모든 은하는 풍선이 팽창하면서 서로 멀어지고 있다. 즉, 우리 은하만 주변 은하와 멀어지는 것으로 관측되는 것이 아니라 모든 은하의 입장에서 고려해도 주변 은하와 멀어진다는 것을 알 수 있다. 따라서 우리 은하가 우주의 중심이라는 주장은 잘못된 것이다.

[문제 2] 난이도 중 ★★

우주에 암흑 에너지가 존재한다고 믿는 이유는 무엇인가?

풀이 우주에서 실제로 관측 가능한 물질의 양을 조사하면, 우주의 평균 밀도는 매우 작다. 별처럼 스스로 빛을 내는 물질이 밀도 인자 Ω_0에 기여하는 크기는 0.004로, 밀도 인자의 0.4%에 불과하다. 성간 물질(별 사이 물질)을 모두 더해도 밀도 인자의 4%나 이는 현재 관측되는 물질만 고려한 것이다. 광학망원경이나 전파망원경으로 관측하지 못하는 물질이 존재하므로 이를 암흑 물질이라고 부른다. 직접 관측할 수는 없지만 중력의 효과를 고려해서 간접적으로 그 존재를 추정할 수 있다. 즉 양성자, 중성자로 이뤄진 보통 물질은 많아야 5% 정도이고, 암흑 물질은 27% 가까이 되리라고 추정된다. 그런데 관측에 따르면 우주는 상당히 평평한 편이고, 밀도는 임계 밀도보다 약간 클 수 있으나 오차 범위 안에서 $\Omega_0=1$이라고 할 수 있다. 따라서 Ω_0에 기여하는 나머지 68%가 에너지라 믿고 있다. 에너지와 물질은 동등하므로(질량은 에너지의 한 형태이므로) 우주 전체의 밀도는 물질과 에너지를 더해서 생각해야 한다는 것이다. 이 에너지를 암흑 에너지라고 부르는데 그 정체는 아직 모른다.

현재 관측에 따르면 우주는 가속 팽창하고 있다. 만일 서로 당기는 중력만 있다면 팽창이 느려져야 하는데 도리어 빨라지고 있다는 것은 서로 미는 힘이 작용하기 때문이라고 생각할 수 있다. 이는 음의 압력을 미치는 에너지가 우주 전체에 퍼져 있기 때문으로 해석할 수 있는데, 이것이 바로 암흑 에너지라고 믿고 있다.

[문제 3] 난이도 하 ★

1광년이란?

(a) 거리

(b) 1년보다 긴 시간

(c) 일반적인 1년과 동일한 시간

풀이 1광년은 빛이 1년(약 3×10^7초) 동안 이동한 거리이므로 (a)가 정답이다.

Strolling with Science,
a canon of Natural Sciences

4장

우리가 보지 못하는
작은 세계에 대한 설명

원자, 분자, 물질

1. 원자의 세계

1) 원자, 물질을 이루는 기본 단위

20세기 최고의 물리학자 중 한 사람인 리처드 파인먼(Richard Feynman)은 "세상의 모든 지식이 사라진다고 할 때 단 하나만을 남길 수 있다면, 나는 세상은 원자로 이뤄졌다는 사실을 택하겠다."라는 유명한 말을 남겼다. 원자를 잘 이해하는 것은 자연을 전체적으로 이해하는 첫걸음이라는 말이다.

공기, 물, 흙, 나무, 인체 등 우리 주위의 모든 물질은 원자라고 부르는 아주 작은 입자로 이루어진다. 원자는 얼마나 작을까? 인체는 대략 1m 크기의 물체다. 1m의 10만분의 1, 즉 10^{-5}m 크기인 것에는 생명체의 기본 단위인 세포(cell)가 있다. 세포 크기의 10만분의 1인 10^{-10}m는 옹스트롬(Å)이라고도 부르는 원자의 크기다. 이렇게 작은 원자의 존재를 옛날 사람들이 알았을까?

약 2,400년 전 이 문제를 심각하게 고민한 그리스의 철학자가 있었다. 바로 데모크리토스(Democritos)다. 그는 물질을 무한히 나눌 수는 없을 테고, 더 이상 나눌 수 없는 원자(a-tom)가 있지 않을까 추측했다. 물론 그는 원자가 얼마나 작은지 몰랐지만, 원자에 대한 그의 생각은 19세기 초에 부활했다. 원자의 개념을 잃어버렸다는 것은 2천 년의 시간을 잃어버린 셈이다.

1808년 존 돌턴(John Dalton)은 원자설을 제안했는데, 그 핵심은 다음과 같이 요약할 수 있다.

- 모든 물질은 아주 작고 딱딱한 원자로 이뤄졌다.
- 같은 종류의 원자는 모두 똑같고, 다른 종류의 원자는 서로 다르다.
- 원자는 더 이상 작게 쪼갤 수 없다.
- 둘 또는 그 이상의 원자는 간단한 정수비로 결합해서 화합물을 만든다.
- 원자는 화학 반응을 통해 없어지거나 새로 만들어지지 않는다.

후일 원자는 전자, 양성자, 중성자 같이 더 작은 입자로 나뉜다고 알려졌고, 같은 원소의 원자 중에도 질량이 다른 동위원소가 있다는 것도 알려졌다. 그뿐만 아니라 방사능이라는 현상을 통해 우라늄 원자가

라듐 원자로 바뀔 수 있다는 것도 알려졌다. 화합물에서 원자 개수의 비율이 간단한 정수가 아닌 경우도 있었다. 그러나 화학 반응의 본질에 대한 돌턴의 생각은 바뀌지 않고 살아남았다. 즉, 물질의 변화를 다루는 데는 원자가 기본이 된다.

2) 원자들이 모여서 만드는 다양한 물질

물질의 구성에 관한 중요한 개념 중에는 원자와 더불어 원소가 있다. 원자가 셀 수 있는 입자의 개념이라면, 원소는 물질을 구성하는 기본 요소라는 뜻이다. 고대의 철학자인 탈레스(Thales)는 물을 유일한 원소라고 생각했고, 아리스토텔레스는 물, 불, 공기, 흙의 4원소설을 주장했다. 그러나 아리스토텔레스는 이 네 가지 원소를 구성하는 원자라는 작은 입자는 인정하지 않았다.

자연에는 대략 90종류의 원소가 존재한다. 지금은 인공적으로 만든 원소를 포함해서 118종의 원소가 알려졌다. 우주에서 가장 풍부한 세 가지 원소는 수소, 헬륨, 산소의 순서로 나타난다. 아리스토텔레스가 말한 물, 불, 공기, 흙은 원소가 아니다.

다른 원소들이 결합하여 만드는 새로운 물질은 화합물(化合物, compound)[1]이라고 부른다. 물은 원소가 아니라 수소와 산소라는 두 가지 원소의 화합물이고, 공기는 질소와 산소의 혼합물(混合物, mixture)[2]

1 　화합물은 두 가지 이상의 원소들이 화학적으로 결합하여 성분 원소의 성질과는 전혀 다른 새로운 성질의 물질이 된 것을 말한다.

2 　혼합물은 두 가지 이상의 물질이 화학적 반응을 일으키지 않고 각각의 성질을 잃지 않은

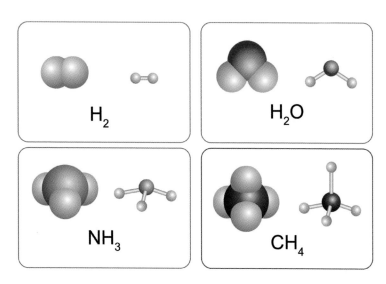

그림 1 여러 가지 분자들의 모형

이다. 우리의 주식인 탄수화물은 탄소, 수소, 산소로 이뤄진 화합물이고, 단백질은 수소, 산소, 탄소, 질소, 황 등 다섯 가지 원소로 이뤄진 화합물이다. 유전 물질인 DNA에는 수소, 산소, 탄소, 질소 그리고 인이 들어 있다. 원소의 종류가 약 100가지인 데 비해 원소의 조합인 화합물의 종류는 대단히 많다. 지금까지 알려진 화합물 종류는 대략 1억 개에 달한다. 그중 대부분은 화학자들이 실험실에서 만든 합성 화합물이다.

원자와 관련된 핵심 개념 중에 분자(molecule)가 있다. 어떤 순수한 물질을 나누다 보니 어느 단계에서 전혀 다른 물질로 변했다면, 이 물질이 원래 성질을 갖는 마지막 단계가 분자다. 한 모금의 물도 나누다

채 물리적으로 단순히 섞여 있는 것을 말한다.

과학 산책, 자연과학의 변주곡

보면 H_2O라는 하나의 분자에 도달하고, 물 분자를 분해하면 물과는 성질이 다른 수소와 산소를 얻는다. 물 분자는 수소 원자와 산소 원자의 결합으로 만들어진 것이다. 원소와 화합물이 짝을 이루는 개념이라면, 분자는 원자와 짝을 이루는 개념이다. 모든 화합물은 적어도 두 개의 원자가 결합한 분자이다.

화합물 중에서 가장 간단한 분자에는 일산화탄소(CO)와 염화수소(HCl)가 있다. 화합물이 아니면서 간단하고 우주적으로 풍부한 원소에는 수소 분자(H_2)가 있고, 결합을 이루지 않기 때문에 원자 자체가 분자이면서 풍부한 물질은 헬륨(He)이다. 우주에서 가장 풍부한 단원자 분자는 He, 2원자 분자는 H_2, 3원자 분자는 물(H_2O), 4원자 분자는 암모니아(NH_3), 5원자 분자는 메테인(CH_4)이다.

3) 멘델레예프의 주기율과 비활성 기체

돌턴의 원자론이 나온 이후 수십 년에 걸쳐서 딱딱하다고 생각했던 원자의 내부에 어떤 정보가 들어 있다는 암시가 드러났다. 그중 하나는 1859년 분광기(分光器, spectrometer)가 발명되면서 원소들은 고유한 선스펙트럼을 나타낸다는 사실이 알려진 것이고, 다른 하나는 1869년에 발표된 주기율표였다. 선스펙트럼은 새로운 원소들을 발견해 주기율표를 완성하는 데 핵심적 역할을 했고 별과 은하, 즉 우주의 주성분은 수소와 헬륨이라는 사실도 알려 주었다.

주기율(periodic law)은 원소의 화학적 성질과 직결돼 있다. 러시아의 화학자 드미트리 멘델레예프(Dmitrii Mendeleev)는 1869년에 발표한 주기율표에서 당시 알려진 60여 종의 화학 원소들을 원자의 상대적 질량인 원자량의 순서에 따라 배열했다. 그랬더니 음악에서 도, 레, 미, 파, 솔, 라, 시의 7가지 음을 거쳐 8번째 음은 한 옥타브 높은 도로 돌아가듯이 리튬(Li), 베릴륨(Be), 붕소(B), 탄소(C), 질소(N), 산소(O), 불소(F) 다음에는 리튬과 성질이 비슷한 나트륨(Na, 소듐이라고도 함)이 나타났다. 나트륨으로 시작되는 다음 옥타브에서도 나트륨, 마그네슘(Mg), 알루미늄(Al), 규소(Si), 인(P), 황(S), 염소(Cl)의 7가지 원소 다음에는 다시 나트륨과 성질이 비슷한 칼륨(K, 포타슘이라고도 함)이 나타났다. 옥타브에도 여러 높낮이가 있듯이 원자의 내부에도 일종의 계층 구조가 있는 듯했다.

나중에 헬륨(He), 네온(Ne), 아르곤(Ar) 등 비활성 기체(inert gas)가 발견돼 오늘날의 주기율표가 완성됐다. 주기율표에서 제일 위의 수소와 헬륨을 1주기, 다음 리튬부터 네온까지의 8개 원소를 2주기, 그다음 나트륨부터 아르곤까지의 8개 원소를 3주기라고 분류한다. 리튬과 나트륨과 칼륨, 불소(F, 플루오린)와 염소와 브로민(Br), 헬륨과 네온과 아르곤 식으로 아래위로 인접한 원소들은 같은 족에 속한다고 말한다. 같은 족의 원소들은 성질이 비슷하다.

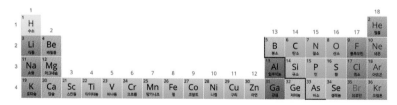

그림 2 주기율표 일부. 맨 위에 표시된 숫자는 족의 번호, 왼쪽에 표시된 숫자는 주기의 번호. 검은색 선은 금속과 비금속을 구분하고, 둘 사이에 준금속이 존재한다. 완전한 주기율표는 대한화학회 홈페이지(http://new.kcsnet.or.kr/periodic)에서 찾을 수 있다.

과학 산책, 자연과학의 변주곡

주기적으로 반복되는 중요한 성질 중 하나는 원자들 사이의 결합 방식이다. 수소 원자는 단 하나의 결합을 이루어서 H_2 분자를 만든다. 산소 원자는 두 개의 결합을 이루기 때문에 수소와 반응하면 H_2O 분자를 만든다. 이때 수소의 원자가(valence, 한 원자가 다른 원자와 이루는 화학 결합의 수)는 1, 산소의 원자가는 2라고 말한다. 탄소, 질소, 산소, 불소의 원자가는 4, 3, 2, 1로 규칙성을 나타내고, 그다음 주기인 규소(실리콘), 인, 황, 염소의 원자가도 4, 3, 2, 1의 값을 가진다. '원자가'라는 개념은 19세기 중반에 자리 잡게 됐는데, 왜 원소들은 특정한 원자가를 나타내는지, 왜 규칙적으로 나타나는지는 설명할 수 없었다.

19세기 말 주기율이 나타나는 근원적 이유를 이해할 수 있는 중요한 발견이 있었다. 멘델레예프의 주기율표에는 요즘 18족이라고 불리는 헬륨, 네온, 아르곤, 크립톤(Kr), 제논(Xe), 라돈(Rn)이 없었다. 아직 발견되지 않았던 것이다. 이들은 다른 원자와 전혀 반응하지 않는 독립된 원자 상태여서 비활성 기체 또는 귀족 기체(noble gas)라고 불린다. 이 중 아르곤은 공기 중에 조금 들어 있지만 반응성이 없어서 존재가 드러나지 않았다. 1894년 존 레일리(John Rayleigh)가 공기의 1% 정도를 차지하면서 반응성이 전혀 없는 기체를 분리하고, 일을 하지 않는 원소라는 뜻에서 아르곤(a-rgon)이라고 명명했다. 이어서 1895년 레일리의 동료였던 윌리엄 램지(William Ramsay)는 네온, 크립톤, 제논 등 나머지 비활성 기체를 발견했다. 1904년 레일리는 노벨 물리학상을, 램지는 노벨 화학상을 수상했다.

비활성 기체가 발견되어 주기율표에 새로운 족이 추가되면서 원소들이 특정한 방식으로 반응하는 이유를 이해하기 시작했다. 염소와 칼륨

이 만나면 격렬하게 반응하면서 염화칼륨(KCl)이라는 안정된 염(salt)을 만든다. 이때 염소와 칼륨 중간에 매우 안정되어 반응을 하지 않는 아르곤이 자리 잡은 것을 보니, 염소와 칼륨은 반응을 통해 각각 안정된 아르곤의 특성을 얻는다는 추론이 가능하다. 말하자면 비활성 기체는 모든 원소의 이상향인 셈이다.

4) 보어 모델과 파동역학

비활성 기체의 발견에 이어 1897년 조지프 존 톰슨이 −1의 음전하를 갖고 수소 원자보다 1,000분의 1 정도 가벼운 전자를 발견했다. 지금은 수소 원자에는 양성자와 전자가 하나씩 들어 있다는 것이 잘 알려져 있지만, 양성자가 발견되기 전인 1900년대 초 톰슨은 원자에는 1천여 개의 전자가 들어 있고, 양전하는 배경에 골고루 깔려 있다는 푸딩 모델을 제안했다. 톰슨의 모델은 돌턴의 원자와는 달리 내부 구조를 가진, 그러나 내부가 꽉 차 있는 원자 모델이다.

1911년 톰슨의 제자 어니스트 러더퍼드가 금박지 실험을 통해 원자의 중심에 자리 잡은, 원자 지름의 10만분의 1 정도로 작고 단단하며 양전하를 가진 원자핵을 발견했다. 이를 계기로 돌턴과 톰슨의 딱딱하고 내부가 골고루 차 있는 원자 모델은 대부분의 질량은 중심에 몰려 있고 전자들이 핵을 중심으로 돌고 있는 러더퍼드의 원자 모델로 바뀌었다. 그러나 러더퍼드의 모델에서는 모든 전자가 핵으로부터 같은 거리에서 돌고 있어 주기율을 설명할 수 없었다. 주기율표의 계층 구조를 설명하려면 원자 내부의 전자가 어떤 계층 구조인지 알아야 했다.

과학 산책, 자연과학의 변주곡

톰슨(1856~1940)　　톰슨의 푸딩 모델　　러더퍼드(1871~1937)　　러더퍼드의 핵 모델

그림 2 톰슨과 러더퍼드의 원자 모형

　다음 단계의 획기적인 발전은 러더퍼드의 제자였던 덴마크의 닐스 보어에 의해 이뤄졌다. 보어는 전자는 원자핵 주위를 원운동하고, 음전하를 가진 전자는 쿨롱 인력(Coulomb attraction)에 의해 양전하를 가진 원자핵과 상호작용하고, 전자의 각운동량은 양자화[3]되어 있다는 가정 아래 전자가 1개인 원자의 에너지를 계산했다. 아직 양성자를 발견하기 전이기 때문에 단순히 양전하를 가진 원자핵이라고 생각했다. 즉, 핵의 전하가 양의 정수라는 사실이 아직 확립되지 않은 것이다.

　에너지의 양자화라는 개념은 1900년 막스 플랑크가 도입했는데, 보어는 태양계에서 행성들이 다른 궤도를 가지듯, 원자 내에서 전자의 각운동량이 양자화된다고 가정했다. 그랬더니 전자의 에너지가 $E_n = -R/n^2$이라는 식으로 나타났다. 여기서 R은 뤼드베리 상수(Rydberg constant)이고, n은 양자수(quantum number)라 불리는 정수이다. n이 1이

3　보어의 모형에서는 궤도와 각운동량, 에너지 등의 값이 불연속적인(띄엄띄엄한) 것만 허용된다. 이렇게 고전 역학에서는 연속적인 값을 취하는 물리량을 어떤 단위의 정수배로 특정한 값만 갖게 치환하는 것을 양자화라 한다.

면 에너지는 -R, n이 2이면 -R/4, n이 3이면 -R/9, n이 4이면 -R/16 식으로 전자의 에너지는 불연속적인 값을 가진다. 어느 정도 임의적인 가정에 입각한 보어 모델의 타당성은 당시 가장 흥미로운 문제 중 하나였던 수소의 선스펙트럼을 설명하면서 인정받았다. 다른 원소와는 달리 수소 스펙트럼의 선들은 가시광선 영역에서 빨간색 쪽에서 보라색 쪽으로 가면서 진동수가 규칙적으로 감소하는 현상을 나타내는데, 그 이유를 설명할 수 없었다. 그러나 보어 모델에서 전자의 에너지가 불연속적인 값들로 주어지자 각각의 선들의 진동수는 전자 에너지의 차이로부터 완벽하게 설명됐다. 진동수가 4.569×10^{14}Hz인 빨간색 선은 전자가 외부로부터 에너지를 받아 바닥 상태로부터 n=3인 상태로 올라갔다가 n=2인 상태로 떨어지면서 나오는 -R/9과 -R/4의 에너지 차이에 해당하는 빛이다. 그리고 6.168×10^{14}Hz에 해당하는 연두색 선은 전자가 n=4인 상태로 올라갔다가 n=2인 상태로 떨어지면서 나오는 빛이다. 파란색, 보라색 등 나머지 선들도 모두 같은 방식으로 설명됐다. 보어 모델이 뜻하지 않게 수소 스펙트럼의 비밀을 풀면서 타당성을 확보한 것이다.

 그러나 보어 모델이 과학의 발전에 가장 크게 기여한 바는 러더퍼드

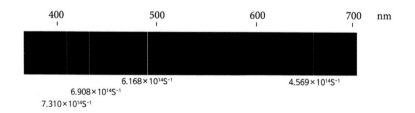

그림 4 수소의 선스펙트럼

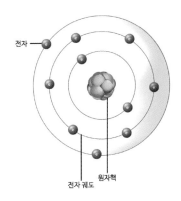

그림 5 닐스 보어와 전자껍질 모형

의 모델과 달리 원자 내부에서 전자의 에너지가 불연속적이고 양자화
된 에너지 준위(energy level)를 가진다는 사실을 밝힌 데 있다. 그 후 에
너지 준위는 편의상 전자껍질(electron shell)이라는 생각으로 발전했다.
그러나 보어 모델에는 각각의 껍질에 전자가 몇 개 들어간다는 규칙은
들어 있지 않았다. 그래도 주기율표상 1, 2, 3의 주기와 보어 모델이 제
시하는 n=1, 2, 3의 전자껍질 사이에 밀접한 관계가 있으리라는 것은
충분히 짐작할 수 있다.

보어 모델이 발표된 1913년 또 다른 중요한 발전이 이뤄졌다. 영국의
젊은 물리학자 헨리 모즐리(Henry Moseley)는 보어 모델을 활용해 여러
원소에 대해 핵의 양전하를 측정했는데, 놀랍게도 핵의 양전하는 모
두 정숫값으로 나타났다. 이후 어떤 원소의 핵전하는 원자번호(atomic
number)라 불렸고, 주기율표에서 원소들은 원자량 대신 원자번호 순으
로 배열됐다.

주기율표에서 2번인 헬륨도 안정된 비활성 기체이고, 10번인 네온

과 18번인 아르곤도 비활성 기체다. 그렇다면 첫 번째 전자껍질에는 두 개의 전자가, 두 번째 전자껍질에는 여덟 개의 전자가, 세 번째 전자껍질에도 여덟 개의 전자가 들어가면 안정된 구조가 만들어지는 것이라는 추론이 가능하다. 1주기의 수소를 제외하면 자연에 풍부한 2주기와 3주기의 원소들에는 8이라는 수가 일종의 매직 넘버인 듯하다. 보어 모델이 나오고 3년 후인 1916년 미국의 화학자 길버트 루이스(Gilbert Lewis)는 혼자서는 불안정한 원자들이 어떤 방식으로든 8개의 전자 수를 맞추어 안정된 분자를 만든다는 원리를 제안했다.

다시 3년 후인 1919년에는 러더퍼드가 원자핵에 들어 있는 +1의 양전하를 가진 양성자를 발견하면서 원자번호는 어떤 원소의 핵에 들어 있는 양성자 수로 정의됐다. 그러고 보면 윌리엄 프라우트(William Prout)가 모든 원소의 기본일지도 모른다고 생각했던 수소가 실은 수소의 핵에 자리 잡은 양성자인 것이고, 중성 원자에서 원자번호는 양성자 수이자 동시에 전자 수다. 이로써 원자는 양성자와 중성자로 이뤄진 원자핵과 전자로 구성됐다는 것이 모두 밝혀졌다.

표 1 원자를 구성하는 입자

입자	위치	상대적인 전하	상대적인 질량
양성자	핵	+1	1.00728
중성자	핵	0	1.00867
전자	핵 외부	−1	0.00055

원자번호는 우주의 모든 원소를 양성자 수에 따라 한 줄로 세우고 번호를 매긴 것인데, 1부터 118까지 한 군데도 빈틈이 없는 자연수다.

원자번호를 보면 자연이 양성자를 먼저 만들고 양성자를 합쳐서 다양한 원소를 만든 것을 짐작할 수 있다. 138억 년 전 빅뱅 우주에서 처음 3분 사이에 1번 수소, 2번 헬륨과 미량의 3번 리튬이 만들어지고, 나머지 원소들은 대부분 수억 년 후 별에서 만들어진 것으로 알려졌다.

1932년 러더퍼드의 제자인 제임스 채드윅(James Chadwick)이 양성자와 함께 원자핵에 들어 있는 전하가 0인 중성자를 발견했다. 중성자는 작은 원자핵에서 양전하를 갖고 반발하는 양성자들을 붙잡아 주는 역할을 한다. 어떤 원자의 양성자 수와 중성자 수의 합을 질량수(mass number)라고 한다. 원자번호가 같아서 같은 원소인데 질량수가 다른 경우를 주기율표에서 위치가 같다는 뜻으로 '동위원소'라고 한다. 양성자와 중성자가 각각 한 개인 중수소(deuterium, 질량수가 2인 수소의 동위원소)는 중성자가 없는 보통 수소의 동위원소다. 중수소는 빅뱅 우주에서 수소로부터 헬륨이 만들어지는 과정에서 징검다리 역할을 한 중요한 입자다.

원자번호 순서로 작성된 주기율표에서 2번인 헬륨, 10번인 네온, 18번인 아르곤이 안정된 것을 보면, 핵에서 가장 가까운 첫 번째 껍질에는 전자 2개, 그다음 두 번째와 세 번째 껍질에는 8개의 전자가 들어가면 안정한 원자가 만들어지는 것은 분명하다. 그러나 경험적으로 파악한 2와 8의 의미를 원리적으로 이해하려면 또 다른 발전이 필요했다.

보어 모델은 수소의 스펙트럼을 설명하는 데 성공했으나 전자가 두 개인 헬륨부터의 스펙트럼은 설명할 수 없었다. 전자가 두 개 이상이면 보어의 가정에는 들어 있지 않은 전자 사이의 반발을 고려해야 하기 때문이다. 따라서 그다음 발전은 입자로만 생각했던 전자를 파동으로 파악하면서 이뤄졌다.

에너지는 질량을 가진 물질과 질량이 없는 빛으로 나눌 수 있는데, 20세기 초 빛은 파동으로 작동하는 동시에 입자의 특성을 나타낸다는 것이 알려졌다. 데모크리토스 이후 물질의 입자성은 당연한 것으로 받아들여져 물질의 파동성이 빈틈으로 남아 있었는데, 1923년 프랑스의 루이 드브로이가 물질파(matter wave)를 제안하고 물질파의 파장을 구하는 식을 제시했다. 같은 시기에 클린턴 데이비슨(Clinton Davisson)과 레스터 거머(Lester Germer)는 높은 에너지로 가속한 전자를 얇은 금속 막에 충돌시키면 전자기파의 일종인 엑스선을 충돌시켰을 때와 비슷하게 간섭 효과가 나타나는 것을 관찰해서 물질 입자인 전자의 파동성을 실험적으로 증명했다.

드브로이에 이어 1926년 오스트리아의 슈뢰딩거는 전자를 파동으로 취급해 원자 내에서 전자의 상태를 구하는 슈뢰딩거 방정식을 고안하고 파동역학(wave mechanics)을 창시했다. 슈뢰딩거 방정식의 해는 파동 함수 또는 오비탈(orbital)이라 불리는데, 오비탈은 핵을 중심으로 x-, y-, z- 방향으로 위치의 함수로 주어진다. 수소처럼 전자가 1개인 경우 슈뢰딩거 방정식은 보어 모델과 같이 하나의 양자수에 의해 결정되는 해가 나왔다. 그런데 전자가 2개 이상이면 슈뢰딩거 방정식의 해는 세 개의 양자수를 포함한다. 첫 번째 양자수는 주양자수(principal quantum number)라 불리고 보어 모델에서 n에 해당한다. 두 번째 양자수는 각운동량 양자수(angular momentum quantum number), 세 번째 양자수는 자기 양자수(magnetic quantum number)라 불린다.

과학 산책, 자연과학의 변주곡

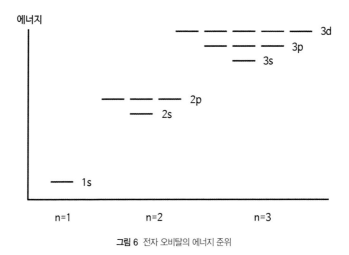

그림 6 전자 오비탈의 에너지 준위

슈뢰딩거 방정식을 풀면 n=1인 경우에는 하나의 오비탈을 얻는데 이것을 1s 오비탈이라 한다. n=2인 경우에는 오비탈이 모두 네 개인데 2s 오비탈이 한 개, 2s 오비탈보다 약간 에너지가 높은 2p 오비탈이 세 개가 있고, 세 개의 2p 오비탈은 에너지가 같다. 여기에서 2는 주양자수, p는 각운동량 양자수, 그리고 $2p_x$, $2p_y$, $2p_z$로 표시하는 세 개의 오비탈은 서로 자기 양자수가 다른 오비탈이다. n=3인 경우에는 한 개의 3s 오비탈, 세 개의 3p 오비탈, 그리고 다섯 개의 3d 오비탈이 있다. 그런데 3d 오비탈은 에너지가 꽤 높아서 4s 오비탈보다 높다. 그래서 2s, 2p, 3s, 3p 오비탈까지만 생각하면 n=2인 경우에도, n=3인 경우에도 전자가 쉽게 채울 수 있는 오비탈은 네 개인 셈이다.

이제 남은 문제는 각 오비탈에 전자가 몇 개까지 들어갈 수 있느냐는 것이었다. 1928년 영국의 폴 디랙(Paul Dirac)이 전자에 대해 상대성 이론을 적용하면 스핀(spin)이라는 네 번째 양자수가 도입된다는 것을 보였다. 그런데 팽이의 회전 방향이 두 가지밖에 있을 수 없듯이 스핀 양자수에는 +1/2, -1/2의 두 값만이 존재한다. 한편 오스트리아의 볼프강 파울리는 원자에서 서로 다른 두 전자는 네 가지 양자수가 다 같은 값을 가질 수 없다는 배타 원리를 발표했다. 즉, 적어도 하나의 양자수는 달라야 한다는 말이다. 그렇다면 한 오비탈에 스핀의 방향이 다른 두 개의 전자가 들어 있다면 더 이상 전자가 들어갈 수 없게 된다. 추가로 들어가는 전자는 이미 들어 있는 전자와 네 가지 양자수가 다 같아지기 때문이다.

1927년 베르너 하이젠베르크는 원자 내에서 전자의 위치에는 원천적으로 불확정성이 존재한다는 불확정성 원리를 제시했고, 막스 보른 (Max Born)은 파동 함수의 제곱이 어느 위치에 전자가 존재할 확률에 해당한다는 확률론적 해석을 제안했다. 원자 내부의 세계는 거시 세계와는 달리 양자론이 지배하는 세계인 것이다.

오늘날의 주기율표에서는 원소들을 원자량 대신 원자번호에 따라 배열한다. 원자번호 순서는 원자량의 순서와 대부분 일치한다. 중성인

그림 7 (왼쪽부터) 폴 디랙, 볼프강 파울리, 베르너 하이젠베르크

원자에는 중심의 핵에 들어 있는 양성자 수와 같은 수의 전자가 들어 있어 서로의 전하를 상쇄해 전하는 0이 된다. 원자 내에서 전자는 첫 번째, 두 번째 등 전자껍질에 순차적으로 들어간다. 원자번호가 1인 수소의 경우 하나밖에 없는 전자는 제일 에너지가 낮은 첫 번째 전자껍질에 들어간다. 원자번호가 2인 헬륨이 비활성 기체인 것을 보면 첫 번째 껍질에 전자 두 개가 들어가 안정해지는 것을 알 수 있다. 원자번호가 3인 리튬의 경우 3개의 전자 중에서 2개는 헬륨처럼 첫 번째 껍질에 들어가고, 세 번째 전자는 두 번째 전자껍질에 들어간다. 리튬으로 시작하는 2주기 원소 중에서 원자번호가 4, 5, 6, 7, 8, 9인 베릴륨, 붕소, 탄소, 질소, 산소, 불소는 모두 첫 번째 껍질에 2개의 전자를 가지고, 두 번째 껍질에는 각각 2, 3, 4, 5, 6, 7개의 전자를 가진다. 그리고 10번인 네온은 두 번째 껍질에 8개의 전자를 가져 안정하게 된다. 나트륨으로 시작하는 3주기에서도 상황이 비슷하여 18번인 아르곤은 세 번째 껍질에 8개의 전자를 갖고 안정해진다.

따라서 탄소와 규소, 질소와 인, 산소와 황, 불소와 염소, 네온과 아르곤처럼 같은 족에 속한 원소는 제일 바깥쪽 전자껍질에 들어 있는 전자의 수가 같은 것을 알 수 있다. 제일 바깥쪽 전자껍질에 들어 있는 전자를 최외각 전자(peripheral electron) 또는 원자가 전자(valence electron)라고 부른다.

2. 분자의 세계

1) 화학 결합

(1) 이온 결합

화학 결합(chemical bond)이라는 생각은 19세기 중반에 등장했지만, 전자가 발견되기 이전에는 제대로 설명할 방법이 없었다. 전자를 발견한 톰슨은 나트륨과 염소처럼 다른 원소가 만나면 한 원자에서 다른 원자로 전자가 이동하는데, 이때 전자를 내준 원자는 양전하를 띤 양이온이 되고, 전자를 받은 원자는 음전하를 띤 음이온이 돼, 양전하와 음전하 사이의 전기적 인력으로 두 원자가 결합한다고 설명했다. 이온(ion)이라는 말은 1830년대에 전기화학의 아버지인 마이클 패러데이가 처음 사용했지만, 당시에는 전자가 알려지지 않았다.

비활성 기체의 발견과 원자들의 전자 배치를 이해하자 최외각 전자가 1개인 나트륨은 전자 1개를 내놓아 네온처럼 최외각 전자가 8개인 나트륨 이온($Na+$)이 되고, 최외각 전자가 7개인 염소는 전자를 받아 아르곤처럼 최외각 전자가 8개인 염소 이온($Cl-$)이 돼 안정한 '이온 결합(ionic bond)'이 이뤄진다는 것을 파악했다. 이온 결합은 전자와 옥텟 규

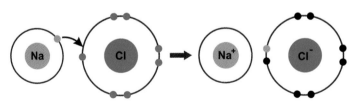

그림 8 나트륨과 염소의 이온 결합

칙(octet rule, 원자는 최외각 껍질이 완전히 채워지거나 전자 8개를 가질 때 가장 안정하다는 규칙)을 통해 직관적으로 화학 결합을 설명할 수 있는 가장 간단한 경우다. 염화나트륨($NaCl$), 염화칼륨(KCl) 같은 이온 결합 물질은 양이온과 음이온이 교대로 위치해 같은 전하 사이의 반발력을 최소화하고, 반대 전하 사이의 인력을 최대화하는 결정 구조를 만든다.

(2) 공유 결합

우주에서 가장 풍부한 원소는 수소이고, 수소 원자 둘이 결합하면 수소 분자(H_2)가 되기 때문에 우주에서 가장 풍부한 2원자 분자는 H_2이다. 그런데 원자번호가 1로 전자가 1개인 수소 원자 사이의 결합은 이온 결합처럼 쉽게 전기적 인력으로 설명할 수 없다. 같은 수소 원자 둘이 만났을 때 하나는 전자를 내주고 다른 원자는 전자를 받을 이유가 없기 때문이다.

수소 분자가 안정한 이유는 2번 원소인 헬륨에서 찾아볼 수 있다. 수소 원자 둘이 만났을 때 각각 전자를 내놓고, 이들 전자쌍을 두 원자의 핵, 즉 두 양성자 사이에 놓으면 전자쌍의 음전하는 양쪽 양성자의 양전하를 가운데 쪽으로 끌어당겨 붙잡아 주는 역할을 한다. 이때 각 수소 원자는 전자쌍이 자신에게 속하는 것으로 느껴 전자가 두 개인 헬륨과 같이 안정한 상태가 된다. 각각 한 개씩 내놓아 이뤄진 전자쌍을 양쪽 원자가 공유해서 만들어지는 방식의 결합을 '공유 결합(covalent bond)'이라고 한다. 공유 결합은 H-H처럼 원자 사이의 짧은 선으로 표시하는데, 선 하나는 결합에 참여한 두 개의 전자, 즉 결합 전자쌍을 나타낸다.

2주기에서는 네온의 최외각 전자 수가 8인 것으로 보아 C, N, O, F 등의 원소는 최외각 전자 수가 8이 되는 방향으로 공유 결합을 만든다. 최외각 전자가 7개인 F 원자 2개가 만나면 각각 전자를 1개씩 내놓고 공유 결합을 이루어 F_2 분자를 만든다. HF(불화수소)도 마찬가지다. 이처럼 한 원자가 다른 원자와 결합하는 수를 '원자가'라 한다. F의 원자가가 1인 것처럼 F의 아래에 위치한 Cl도 원자가가 1이다. 최외각 전자가 6개로 2개의 전자가 부족한 O는 2개의 H 원자와 공유 결합을 이뤄 H_2O 분자를 만든다. 원자가가 2인 산소 원자끼리 결합할 때는 O=O 식으로 이중 결합을 만든다. O와 같은 족인 S도 원자가가 2이다. 이런 식으로 NH_3(암모니아)와 질소 분자($N \equiv N$)에서 질소의 원자가는 3이고, CH_4(메테인)에서 탄소의 원자가는 4임을 알 수 있다. 질소 아래의 인(P)도 원자가가 3이고 탄소 아래의 규소도 원자가가 4이다.

공유 결합에서는 기본적으로 옥텟 규칙을 따르지만, 예외적으로 수소는 2개의 최외각 전자를 가지면 헬륨처럼 안정해진다. 전자의 공유와 옥텟 규칙의 원리를 처음 제시한 것은 미국 버클리 소재 캘리포니아대학의 루이스 교수였다. 그 후 라이너스 폴링(Linus Pauling)은 화학에 파동역학을 도입하고 오비탈에 입각해서 공유 결합에 대한 이론을 확립했다. 자연에는 이온 결합성 물질보다 공유 결합으로 이뤄진 물질

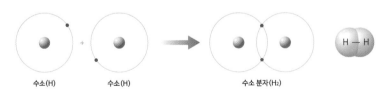

수소(H)   수소(H)   수소 분자(H_2)

그림 9 수소의 공유 결합

$$H-H \quad :N\!\equiv\!N: \quad \ddot{O}\!=\!\ddot{O} \quad :\ddot{F}\!-\!\ddot{F}:$$

그림 10 수소, 질소, 산소, 플루오린 분자. 직선은 결합 전자쌍을, 두 개의 점은 비결합 전자쌍을 나타낸다.

이 종류와 양에서 압도적으로 많다. 대지의 주성분인 SiO_2(이산화규소), 대양의 주성분인 H_2O, 대기의 주성분인 N_2와 O_2는 모두 공유 결합으로 만들어진 물질이다. 동식물과 박테리아 등 생명체도 마찬가지다. 자연의 주된 결합이 주거나 받는 것보다는 공유의 원리를 따른다는 것은 흥미롭다.

(3) 금속 결합

H, C, N, O, F 등 비금속 원소들은 전자를 받거나 공유해서 결합을 이룬다. 그런데 금속 원소만 있을 때는 상황이 달라진다. 순수한 Na 금속에서 모든 원자는 각각 한 개의 전자를 내놓는다. 이 전자를 받아줄 상대 원소가 없으면 전자를 내놓고 네온의

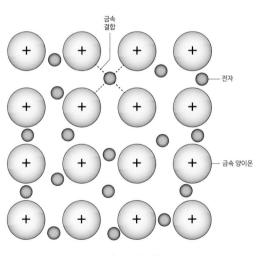

그림 11 금속 결합

전자 구조를 가진 Na⁺ 이온들이 여기저기에 자리 잡는데, 이때 반발하는 양이온 사이에 전자들이 두루 퍼져 전자의 바다를 이루고 Na⁺ 이온을 붙잡아 안정한 구조를 만든다. 최외각 전자가 부족해 공유 결합으로 안정한 구조를 만들 수 없는 금속들은 모든 원자가 전자를 내놓고 양이온들이 모든 전자를 공유한다고 볼 수 있다. 전자 바다에 고르게 분포한 금속 양이온과 같은 '금속 결합(metallic bond)'은 순수한 금속뿐만 아니라 몇 가지 금속으로 이루어진 합금에서도 적용된다.

(4) 수소 결합

엄밀한 의미에서 화학 결합은 아니지만 자연에서 중요한 역할을 하는 힘에는 '수소 결합(hydrogen bond)'이 있다. 이온 결합, 공유 결합, 금속 결합은 상당히 강한 결합이라 그것을 깨기 위해서는 수천 도에 달하는 높은 에너지가 필요하다. 물을 끓이면 100℃에서 수증기로 바뀌지만, 물 분자 내에서 수소와 산소 사이의 공유 결합은 끊어지지 않는다. 수증기에서 물 분자들은 독립적으로 높은 운동 에너지를 갖고 돌아다닌다. 온도가 낮아지면 물 분자들은 뭉쳐서 빗방울이 돼 땅으로 떨어지는데, 이를 통해 액체인 물에서 물 분자들을 붙잡아 주는 힘은 공유 결합의 힘보다 상당히 약한 것을 알 수 있다. 이때 물 분자들을 붙잡아 주는, 공유 결합 세기의 1/10 정도 되는 힘을 수소 결합이라고 한다.

수소 결합을 이해하려면 전기음성도(electronegativity)라는 개념이 중요하다. 원자번호가 9인 불소는 전자를 1개 얻어서 10번인 네온과 같이 비활성 기체가 되려는 경향이 강하다. 분자 내에서 한 원자가 결합에 참여한 전자를 자기 쪽으로 끌어당기면 원래보다 약간 음성을 띠게 될 것이다. 이처럼 공유한 전자를 끌어당겨 전기적으로 음성이 되려는 정도를 전기음성도라고 한다. 그런데 원자번호가 9인 불소는 전자를 1개만 얻으면 10번인 네온처럼 비활성 기체가 되기 때문에 전기음성도가 아주

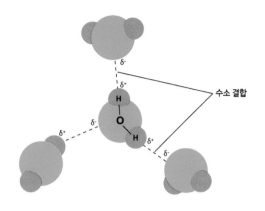

그림 12 물 분자의 수소 결합

높다. 산소는 전자를 2개 얻어야 네온 구조가 되기 때문에 불소보다는 전기음성도가 약간 낮다. 질소는 산소보다, 탄소는 질소보다 전기음성도가 낮다. 수소는 탄소보다도 낮아서 주요 원소 중에서 전기음성도가 매우 낮은 편이다. 전자를 잘 내주는 금속 원소들은 수소보다 전기음성도가 더 낮다. 폴링은 전기음성도 개념을 확립하고 요즘 널리 사용되는 전기음성도 스케일을 고안했다. 폴링의 스케일을 따르면 불소는 4.0, 산소는 3.5, 질소와 염소는 3.0, 탄소는 2.5, 수소는 2.1 정도의 전기음성도를 가진다.

2) 분자 구조와 물질의 성질

(1) 분자 간 상호작용
분자 간 상호작용의 세기를 반영하는 분자의 성질에는 '끓는점'이 있

다. 분자들 사이에 전기적으로 끄는 힘이 강하면 비교적 높은 온도에서 뭉쳐 액체가 되고, 액체가 되면 분자들을 떼어 놓기 어렵기에 온도를 높여 분자들의 운동 에너지가 높아져야 기체로 바뀐다. 이런 경우에 그 물질의 끓는점이 높다고 말한다. 어떤 물질의 끓는점을 측정하면 그 물질을 구성하는 분자들 사이에 작용하는 인력의 세기를 짐작할 수 있다.

전기음성도가 2.1인 수소와 3.0인 염소가 결합한 염화수소(HCl)에서는 공유된 전자의 일부가 염소 쪽으로 끌려가 염소는 부분 음전하($\delta-$)를, 수소는 부분 양전하($\delta+$)를 갖게 된다. 분자 내에서 전하가 분리되면 마치 자석에서 N극과 S극이 분리된 것과 비슷하게 +극과 −극의 두 극이 생기고, 이를 쌍극자(dipole)라 부른다. 그리고 H-Cl 같은 결합을 극성 결합(polar bond), H-Cl 같은 분자를 극성 분자라고 말한다. 극성의 크기는 쌍극자 모멘트(dipole moment)로 나타내며, 이는 부분 전하의 절댓값과 양극 사이 거리의 곱으로 정의한다. 한편 같은 수소 원자가 결합한 수소 분자는 무극성 분자(nonpolar molecule)다.

HCl 같은 극성 분자들이 많이 모여 있으면 '쌍극자-쌍극자 상호작용'이 일어나서 끓는점이 높아진다. 반면 H_2 같은 무극성 분자들 사이에는 쌍극자-쌍극자 상호작용이 없어 끓는점이 낮다. 무극성 분자인 경우에도 순간적으로 전자 밀도가 한쪽으로 치우쳐 쌍극자-쌍극자 상호작용보다는 약한 분산력이 작용한다. 수소를 포함하는 H_2, HCl, H_2O의 끓는점을 비교하면, 분산력이 작용하는 H_2는 −253℃, 쌍극자-쌍극자 힘이 작용하는 HCl은 −85℃, 수소 결합이 작용하는 H_2O는 100℃로 끓는점에 큰 차이가 있는 것을 알 수 있다. 분자 간 상호작용의 세기 차이 때문에 같은 온도에서 어떤 물질은 기체로, 어떤 물질은 액체로, 어떤 물질은 고체로 존재한다.

(2) 수소

우주 공간에 풍부한 H_2는 직선형 분자다. 결합한 두 원자가 같은 H 원자이기 때문에 공유한 전자쌍이 어느 쪽으로 쏠릴 이유가 없다. 중성인 수소 분자 사이에는 끄는 힘이 거의 없어서 끓는점은 $-253℃$, 즉 절대온도 20K로 매우 낮다. 그래서 지구의 표면 온도뿐만 아니라 천왕성의 표면 온도인 $-200℃$ 정도에서도 수소는 기체다. 수소는 모든 기체 중에서 가장 가벼워서 약 46억 년 전에 일어난 태양계 형성 과정에서 지구의 수소는 모두 바깥쪽으로 밀려났다. 그러나 목성, 토성, 천왕성 등 태양에서 멀리 떨어진 행성에는 수소가 풍부하다.

수소는 산소와 반응해 연소하면 많은 열을 낸다. 그러나 우리 주위에서 수소는 대부분 산소와 결합해 물로 존재하기 때문에 수소를 연료로 사용하려면 물을 수소와 산소로 분해해야 한다. 물은 매우 안정한 화합물이기 때문에 물의 분해에는 많은 에너지가 필요하다. 수소와 유사한 직선형 분자에는 삼중 결합을 이루며 공기의 78%를 차지하는 질소(N_2)와 이중 결합을 이루고 공기의 21%를 차지하는 산소(O_2)가 있다. 질소와 산소의 끓는점은 각각 $-196℃$와 $-183℃$이다. 화합물 중에서 일산화탄소(CO, 끓는점 $-191℃$)와 염화수소(HCl, 끓는점 $-85℃$)는 직선형 2원자 분자다. 이산화탄소(CO_2)는 탄소를 중심으로 양쪽으로 두 개의 산소가 이중 결합을 이룬 직선형 3원자 분자다. 이산화탄소는 $-78℃$에서 기체에서 고체 드라이아이스로 또는 고체에서 기체로 승화한다.

(3) 메테인

수소와 탄소의 화합물 중에서 가
장 기본적인 메테인(methane, CH_4)
은 탄소와 수소 사이에 이뤄진 4개
의 공유 결합, 즉 4개의 전자쌍으
로 만들어진다. 전자쌍은 음전하

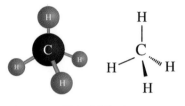

그림 13 메테인(CH_4)

를 갖기 때문에 음전하 사이의 반발력에 의해 4개의 전자쌍은 최대한
멀어지려는 경향이 있다. 탄소를 중심으로 4개의 수소가 입체적으로
멀어지는 구조는 대칭적인 정사면체 구조다. 수소보다 큰 메테인 분자
사이에는 수소보다는 강한 분산력이 작용하므로 메테인의 끓는점은
수소보다 높은 −161℃ 정도다. 메테인은 천연가스의 주성분인데, 상온
에서 기체이기 때문에 가스관을 통해 이동한다. 메테인이 연소되면 탄
소는 이산화탄소로, 수소는 물로 바뀌면서 많은 열이 나온다. 메테인
에서 탄소는 단위 무게당 탄소보다 훨씬 많은 열을 내는 수소를 4개나
붙잡고 있는 효율적 수소 운반체인
셈이다.

　원자가가 4인 탄소는 최대 4개의
결합을 만들기 때문에 다양한 화
합물을 만들 수 있는 가능성을 지
닌다. 그래서 수많은 유기 화합물,
특히 생체 화합물에서 핵심적 역할

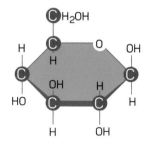

그림 14 포도당($C_6H_{12}O_6$)

과학 산책, 자연과학의 변주곡

을 한다. 탄소 중심의 정사면체 구조는 유기 화합물에서도 기본 틀을
이룬다. 광합성(光合成, photosynthesis)의 산물인 포도당($C_6H_{12}O_6$)에 들어
있는 6개의 탄소 원자는 모두 정사면체 구조의 중심에 자리 잡고 있다.

(4) 암모니아

암모니아(NH_3)에서 원자번호
가 7인 질소는 다섯 개의 최외
각 전자 중에서 3개를 수소와
공유해 옥텟 규칙을 만족한다.
그러다 보니 질소는 최외각 전

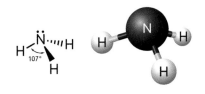

그림 15 암모니아(NH_3)

자가 둘이 남는데, 이 2개의 전자는 공유 결합에 사용되지 않기 때문
에 비공유 전자쌍이라고 부른다. 암모니아에서는 3개의 공유 전자쌍
과 1개의 비공유 전자쌍, 도합 4개의 전자쌍이 반발해서 메테인과 비
슷한 정사면체 구조를 만드는데, 질소와 수소만 놓고 보면 삼각뿔 구
조가 된다.

  수소보다 전기음성도가 높은 질소는 3개의 수소로부터 전자를 끌
어당겨서 부분 음전하를 띠고, 전자를 내준 수소 쪽은 부분 양전하를
띠게 된다. 그래서 암모니아는 극성 분자다. 암모니아에서는 한 분자에
서 음전하를 띠는 질소와 이웃 분자에서 양전하를 띠는 수소 사이에
수소 결합이 일어나기 때문에 끓는점은 −33℃로 상당히 높은 편이다.
따라서 비교적 쉽게 액화한다. 이 성질은 수소와 질소 기체로부터 암모
니아를 합성하는 하버 공정(Haber Process)에서 중요한 의미를 지닌다.
반응이 진행한 후에 온도를 낮추어 암모니아를 액화해서 분리하고, 남

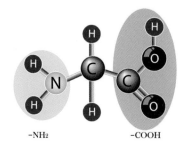

-NH₂   -COOH

그림 16 아미노산

은 기체에 수소와 질소를 추가
한 후 다시 반응을 진행한다.

암모니아에서 수소가 하나
빠진 $-NH_2$ 작용기를 아민기
또는 아미노기(amino group)라
고 한다. 아미노기는 아미노산,
단백질, DNA 등 생체 화합물

에서 중요한 역할을 한다.

(5) 물

물(H_2O)은 자연에서 가장 특별한 성질을 가진 생명에 필수적인 화합물
이다. 물에서 산소는 6개의 최외각 전자 중에서 2개를 수소와 공유하
여 옥텟 규칙을 만족하고, 남은 4개의 전자는 2개의 비공유 전자쌍을
이룬다. 물에서는 2개의 공유 전자쌍과 2개의 비공유 전자쌍, 즉 4개
의 전자쌍이 반발해서 정사면체 구조를 만든다. 그런데 산소와 수소만
놓고 보면 산소를 중심으로 굽어진 구조다.

물의 유도체로 볼 수 있는 화합물 중에는 알코올의 일종인 에탄올
(C_2H_5OH)이 있다. 물에서 하나의 수소가 탄소로 치환하면 탄소의 원
자가인 4를 만족시키면서 물보다 복잡한 유기 화합물이 만들어진다.

탄소에 또 하나의 탄소가 결
합하고 빈자리에 수소가 결
합하면 에탄올이 된다. 에
탄올의 탄소 부분은 무극성

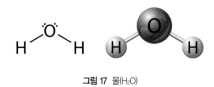

그림 17 물(H_2O)

이어서 물과 섞이지 않지만, H-O- 부분의 극성 때문에 에탄올은 물과 잘 섞인다.

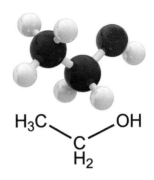

그림 18 에탄올(C_2H_5OH)

물은 암모니아처럼 극성 분자인데, 전기음성도가 질소보다 높은 산소는 부분 음전하가 상당히 커 물 분자 사이의 수소 결합은 암모니아 분자 사이의 수소 결합보다 강하다. 더구나 물에서는 2개의 수소와 2개의 산소의 비공유 전자쌍이 모두 수소 결합에 참여한다. 결과적으로 물의 끓는점은 100℃로 암모니아의 끓는점보다 높고, 지구 표면의 온도보다도 높아서 상온에서 액체로 존재한다. 물을 가열하면 가해진 열이 수소 결합을 끊는 데 사용되기 때문에 물의 온도는 서서히 오른다. 이때 물의 '열용량(heat capacity)'이 크다고 말한다. 물은 액체 상태로 오대양을 이룬다. 박테리아와 동식물 등 모든 생명체에 들어 있어서 세포 내에서 많은 극성 물질들을 녹이고, 생명 활동에 필요한 화학 반응이 원활히 일어날 수 있는 환경을 제공한다.

원자 결합이 만드는
생명의 기본 물질

1. 화학 반응 속도

뉴턴 역학에서는 어떤 작용이 있으면 그에 대해 반대 방향으로 반작용(反作用, reaction)이 있다고 설명한다. 화학 반응이란 반응에 참여하는 물질, 즉 반응물들을 섞어 주고 온도나 압력을 가하는 등 어떤 작용을 했을 때 그에 대응해서 생성물이 나타나는 과정을 말한다.

우주에서 가장 많이 일어나는 화학 반응은 수소 분자를 만드는 반응(H+H→H₂)이라고 할 수 있다. 수소는 우주에서 가장 풍부한 원소인데다 수소 원자는 전자가 한 개밖에 없어서 불안정하다. 이처럼 쌍을 이루지 않은 홀전자(unpaired electron)를 가진 수소 원자는 수소 라디칼(radical)이라고도 불린다. 과격하다고 할 정도로 반응성이 높다는 뜻이다. 수소 라디칼 둘이 만나면 순간적으로 전자를 공유하면서 수소 분자를 만들기 때문에 반응 속도는 매우 빠르다. 그렇다고 해서 우주 공간의 모든 수소가 분자 상태로 존재하는 것은 아니다. 수소가 아무리 풍부하다고 해도 넓은 우주 공간에서 수소 원자 둘이 충돌할 확률은 매우 낮기 때문이다. 반응물의 농도는 반응 속도를 결정하는 요인이라 우주에서 수소 대부분은 분자가 아닌 원자 상태로 존재한다. 물론 온도와 압력이 높은 별의 내부에서 수소는 양성자와 전자가 분리된 플라스마(plasma) 상태로 존재한다.

위 반응의 역반응($H_2{\rightarrow}H{+}H$)은 속도가 정반응의 속도보다 느릴 것이다. H_2의 농도가 H의 농도보다 낮은 데다 안정한 분자를 불안정한 라디칼로 분해하는 반응이기 때문이다. 수소가 연소하는 반응이나 탄소가 연소하는 반응 모두 정반응은 빠르게 저절로 일어나지만, 역반응이 자발적으로 일어나는 일은 거의 없다.

$$수소의\ 연소\ 2H_2+O_2{\longrightarrow}2H_2O$$
$$탄소의\ 연소\ C+O_2{\longrightarrow}CO_2$$

그런데 정반응과 역반응이 모두 무시할 수 없는 속도로 일어난다면 충분한 시간이 지난 후에는 양방향의 속도가 같아져서 반응물과 생성물이 일정한 비율로 공존하게 될 것이다. 이를 평형(equilibrium)이 이뤄졌다고 말한다. 가장 유명하고 중요한 평형의 예는 20세기 초 성공적으로 이뤄진 암모니아 합성 반응이다.

$$N_2+3H_2 \leftrightarrows 2NH_3$$

질소와 수소도 안정한 분자지만 질소가 수소로부터 전자를 받아 안정화된 암모니아는 질소와 수소 각각에 비해 더 안정하기 때문에 위의 반응은 발열 반응이다. 처음에 반응 속도를 높이고자 높은 온도에서 합성을 시도했더니 역반응이 우세해 암모니아 수율이 매우 낮았다. 열을 내는 반응에 외부에서 열을 가하면 반응물로 되돌아간다. 발열 반응에서는 나오는 열을 제거해야 반응이 지속된다. 프리츠 하버(Fritz Haber)는 온도를 낮추고 반응 속도를 높여 주는 철 촉매를 사용해서 실용적인 암모니아 합성 조건을 찾아냈다. 촉매(觸媒, catalyst)란 화학 반응식에는 나타나지 않지만 반응 속도를 조절해 주는 물질이다. 대부분의 촉매는 반응 속도를 증가시킨다.

2. 생명의 화합물

위에서 살펴본 반응 중에서 수소 라디칼 반응 이외에는 모두 전기음성도가 상당히 차이 나는 원소들 사이의 반응이다. 수소의 연소 반응에서는 전기음성도가 상대적으로 낮은 수소가 전기음성도가 높은 산소에 전자를 내줘 안정한 물을 만든다. 탄소의 연소 반응에서도 마찬가지로 탄소가 산소에 전자를 내주면서 결합해 이산화탄소를 만든다. 이러한 반응을 산소와 결합한다는 뜻에서 '산화(oxidation)'라고 한다. 산화는 전자를 내준다는 것과 같은 의미다. 그런데 암모니아 합성을 $3H_2 + N_2 \rightarrow 2NH_3$ 식으로 쓰면, 이 경우에도 전기음성도가 낮은 수소가 전기음성도가 높은 질소에 전자를 내주고 산화하는 것을 알 수 있

과학 산책, 자연과학의 변주곡

다. 산소는 아니더라도 어느 정도 전기음성도가 높은 질소 또는 염소와 결합하는 반응($H_2+Cl_2 \rightarrow 2HCl$)도 편의상 질화, 염화라 하는 대신 산화라고 한다. 일반적으로 안정한 생성물을 얻는 산화 반응은 열을 방출하는 발열 반응이다. 그래서 암모니아 합성도 발열 반응이다.

대부분 산화 반응의 결과물인 산화물에서는 이온 결합에서처럼 전자가 완전히 이동하진 않는다. 이때 편의상 전자가 완전히 이동했다고 가정하고 각각의 원소가 갖는 전하값을 산화수(oxidation number)라고 부른다. 중성 분자에서 각 원자의 산화수 합은 0이다. H_2O에서 H의 산화수는 +1이고, O의 산화수는 −2이다. CO_2에서 C는 +4, O는 −2이다. NH_3에서는 H는 +1, N은 −3이다.

산화의 역반응, 즉 산소를 떼어 내는 반응은 '환원(reduction)'이라고 한다. 환원은 쉽게 일어나지 않는다. 인류는 약 3천 년 전에 산화철(FeO, Fe_2O_3)을 철(Fe)로 환원하는 제철 방법을 발견해 철기 문명을 일으켰다. 요즘 용광로에서는 탄소가 주성분인 코크스(cokes)를 불완전 연소해서 CO를 얻고, CO를 CO_2로 산화시키면서 산화철로부터 산소를 떼어 낸다. 오늘날의 정보화 사회는 모래의 주성분인 산화실리콘(SiO_2)을 환원시켜 얻은 순수한 실리콘으로 반도체를 만드는 기술 덕분에 가능해졌다. 물로부터 수소를 얻는 것은 아직은 꿈과 같은 환원 반응이다. 무한정한 물로부터 발열량이 높고 이산화탄소를 배출하지 않는 수소 연료를 경제적으로 얻을 수 있다면 수소 혁명이 일어날 것이다.

자연에서 일어나는 가장 중요한 환원 반응은 광합성이다. 광합성이 합성하는 생성물은 탄수화물의 일종인 포도당이다. 이 반응은 다음과 같이 요약할 수 있다.

$$6CO_2 + 12H_2O + 햇빛 \rightarrow C_6H_{12}O_6 + 6H_2O + 6O_2$$

이 반응을 단계적으로 나눠 이해해 보자.

① 포도당 한 분자에는 탄소 원자가 6개 들어 있다. 따라서 반응물에는 6개의 CO_2 분자가 필요하다.

② CO_2에서 C는 O에 의해 산화된 상태다. C에서 O를 떼어 내려면 C로부터 전자를 받고 있는 O에게 C보다 전자를 더 잘 내주는, 즉 전기음성도가 더 낮은 원소를 제공해야 한다. 물의 수소가 그런 원소다. 그런데 물에서 수소는 산소에 전자를 내주고 산화수가 +1인 상태다. 수소가 전자를 되찾으려면 에너지가 필요한데, 광합성에서는 햇빛이 그 에너지다.

③ $6CO_2$에서 6개의 C는 모두 24개의 전자를 12개의 O에 주고 있다. 24개의 전자를 주려면 H 원자가 24개 필요하고, 그러려면 12개의 H_2O 분자가 필요하다.

④ 그렇다면 포도당의 화학식은 $C_6H_{24}O_{12}$가 아닌지 의문이 들지만, C, H, O가 모두 옥텟 규칙을 만족하면서 6개의 C, 24개의 H, 12개의 O가 결합할 수는 없다. 그래서 $C_6H_{12}O_6$가 만들어지고 남는 물은 $6H_2O$로 나온다. 이처럼 반응물의 $12H_2O$와 생성물의 $6H_2O$는 기원이 다르기에 반응식의 양쪽에서 $6H_2O$를 빼면 안 된다.

⑤ 24개의 H 원자가 12개의 H_2O 분자로부터 나오는 과정에서 12개의 O 원자는 전자를 내주고 산화돼 6개의 O_2 분자로 나와 공기 중으로 들어간다. 우리가 호흡하는 공기 중의 산소는 거의 과거 광합성의 부산물로 나온 것이다. 광합성을 떠나서는 지구상의 생명체를 생각할 수 없다.

탄수화물은 '탄소가 물과 결합했다' 혹은 '물에 둘러싸였다'는 의미의 수화물(水化物, hydrate)이다. 그래서 $C_6H_{12}O_6$는 $C_6(H_2O)_6$ 식으로 써도 좋다. H_2O에서 H와 O의 산화수 합이 2(+1)+(−2)=0이므로 $C_6(H_2O)_6$에서 C의 산화수는 0이다. 우리가 밥, 빵 등을 먹고 소화해 얻는 에너지는 산화수가 0인 탄수화물의 탄소를 호흡으로 받아들인 산소로 산화할 때 나오는 에너지다. 코를 통해 폐로 공기를 들이마시는 호흡에 대비해 세포 내에서 영양소로부터 에너지를 얻는 과정을 '세포 호흡'이라고 하는데, 동식물의 경우에는 세포 내의 미토콘드리아(mitochondria)라는 소기관에서 O_2를 사용해서 C를 CO_2로 산화하면서 에너지를 얻는다. 우리는 세포 호흡 덕분에 에너지가 많이 필요한 근육 운동이나 두뇌 활동을 할 수 있는 것이다. 그런데 심한 운동으로 산소 공급이 부족하면 포도당은 CO_2까지 산화하지 못하고 호흡은 젖산에서 중단된다. 근육에 젖산(lactic acid)이 축적되면 피로와 통증을 일으킨다.

공기와 차단된 환경에서 살아가는 유산균이나 효모 같은 미생물도 산소가 부족하기 때문에 포도당을 젖산이나 에탄올 등으로 부분적으로 분해한다. 이러한 발효로 만들어진 다양한 유기 화합물은 김치, 피

그림 1 광합성과 호흡의 관계를 보여 준 프리스틀리의 실험

클, 요구르트 등의 식품이나 포도주 등 각종 주류에 남아 맛과 향기를 발휘한다.

광합성과 호흡은 산화-환원을 통해 밀접하게 연결돼 있는데, 이를 처음 보여 준 것은 산소를 발견한 조지프 프리스틀리(Joseph Priestley)였다. 그는 1772년에 행한 실험에서 밀폐된 유리 기구에 쥐를 넣으면 얼마 후에 죽는데, 쥐 대신 타고 있는 초를 넣으면 촛불이 꺼지는 것과 유사하다는 사실을 관찰했다. 그 상황에서 기구 안에 식물을 넣고 며칠이 지난 후 쥐를 넣으면 쥐가 한동안 살아 있고, 꺼져 가는 초를 넣으면 촛불이 살아났다. 이 실험은 쥐의 호흡과 초의 연소가 공기 중의 산소를 사용하고 이산화탄소가 발생한다는 것과 식물이 광합성 과정에서 이산화탄소를 사용하고 산소가 발생한다는 것을 알려 주었다. 자연에서는 태양 에너지를 사용해 식물과 동물 사이에 대규모 에너지 순환이 일어나고 있는 것이다.

1) 산과 염기

자연에 풍부한 1, 2, 3주기 원소들은 전기음성도가 약간씩 다르다. 따라서 다른 원소들 사이에서는 전자가 이동하는 산화 반응이 일어난다.

산화의 결과물은 산(acid)이다. 그렇다면 자연은, 특히 생명은 산이나 산에 대응하는 염기(base)를 다양한 방식으로 사용할 것이다.

전기음성도가 다른 원소 사이의 반응 중 가장 간단한 예는 수소와 염소가 반응해 염화수소를 만드는 반응이다.

$$H_2 + Cl_2 \rightarrow 2HCl$$

기체 상태에서는 HCl 분자에서 공유된 전자는 전기음성도가 높은 Cl 쪽으로 치우쳐 염소는 부분 음전하를, 수소는 부분 양전하를 갖게 된다. HCl이 물에 녹으면 부분 양전하를 가진 수소는 물에 둘러싸이면서 H^+ 이온으로, 부분 음전하를 가진 염소는 Cl^- 이온으로 해리한다. H^+ 이온은 시큼한 맛 등 산성의 특징을 나타내서 H^+ 이온을 내는 물질을 산이라고 한다.

염소보다 전기음성도가 더 높은 산소가 탄소, 질소, 황, 인 등 비금속 원소를 산화하면 탄산(H_2CO_3), 질산(HNO_3), 황산(H_2SO_4), 인산(H_3PO_4) 등의 산을 만든다. 물을 만드는 원소라는 뜻에서 수소를 'hydro-gen'이라 명명한 앙투안 라부아지에는 산소를 산을 만드는 원소라는 뜻에서 'oxy-gen'이라 명명했다.

한편 유기 화합물에서 산으로 작용하는 부분은 흔히 −COOH로 나타내는 카복실기(carboxyl group)이다. 아세트산(CH_3COOH)에서 볼 수 있듯이 카복실기에서 하나의 산소는 탄소와 이중 결합을 이루고, 다른 하나의 산소는 한쪽으로는 탄소와, 반대쪽으로는 수소와 단일 결합을 이룬다(4장 1절 〈그림 16〉 참조). 전기음성도가 낮은 탄소와 수소 사이

그림 2 산과 염기를 정의한 화학자 스반테 아레니우스

에 낀 산소는 양쪽에서 모두 전자를 끌어당길 듯하다. 그러나 탄소는 이중 결합을 이룬 산소에 전자를 내주어 수소와 결합한 산소에는 전자를 내줄 수 없다. 수소와 결합한 산소는 어쩔 수 없이 수소로부터 전자를 끌어당겨서 수소가 H^+ 이온으로 해리하게 된다. HCl은 100% 해리해서 강산인 데 반해 카복실기는 수소 중에서 일부만 해리하기 때문에 약산이다.

반대로 H^+ 이온을 받아들여서 중화할 수 있는 물질을 염기라고 한다. 물에서 H^+ 이온이 떨어지고 남은 OH^- 이온은 대표적인 염기다. OH^- 이온을 내놓는 NaOH, KOH 등은 모두 염기성 물질이다. 1884년 스웨덴의 스반테 아레니우스(Svante Arrhenius)는 H^+ 이온을 내놓는 물질을 산, OH^- 이온을 내놓는 물질을 염기라고 정의했다. 암모니아도 중요한 염기이다. 전자가 없는 H^+ 이온이 암모니아를 만나면 암모니아의 비공유 전자쌍을 일방적으로 받아들여 공유 결합을 만들고 암모늄 이온(NH_4^+)으로 바뀐다. 이처럼 H^+ 이온을 받아들이는 물질도 염기이다. 암모니아에서 수소 하나가 빠져나간 아미노기($-NH_2$)의 질소도 비공유 전자쌍을 갖기 때문에 염기로 작용한다.

2) 아미노산과 단백질

생체에서 중요한 역할을 하는 아미노산은 한 분자 내에 산성 부분과

과학 산책, 자연과학의 변주곡

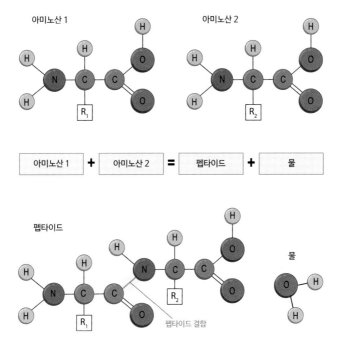

아미노산 1   아미노산 2

아미노산 1 + 아미노산 2 = 펩타이드 + 물

펩타이드

물

펩타이드 결합

그림 3 펩타이드 결합

염기성 부분이 공존하는 양쪽성 화합물이다. 정사면체 구조를 가진 메테인의 중심 탄소에서 하나의 수소 대신 아미노기가 결합하고 다른 수소 대신 카복실기가 결합하면 가장 간단한 아미노산인 글라이신(glycine)이 된다. 글라이신에서 중심 탄소에 결합한 나머지 두 개의 수소 중 하나가 탄소를 포함하는 곁가지로 치환되면 다른 아미노산이 된다. 곁가지들은 극성, 무극성, 산성, 염기성 면에서 서로 차이가 있는데, 약 40억 년에 걸친 생명의 역사에서 스무 가지의 아미노산이 채택돼 오늘날까지 사용되고 있다. 곁가지에 기다란 $-CH_2$의 팔과 추가적으로 아미노기를 가진 라이신(lysine)은 필수 아미노산의 하나다.

그림 4 인슐린의 화학 구조

한 아미노산의 카복실기와 다른 아미노산의 아미노기가 만나서 반응하면 카복실기의 OH와 아미노기의 H가 합쳐져서 물로 빠져나가고 C, O, N, H가 하나씩 들어 있는 결합이 생겨 두 아미노산이 공유 결합으로 연결된다. 이렇게 만들어진 아미노산 결합체를 펩타이드(peptide)라 부르고, 이 결합을 펩타이드 결합(peptide bond)이라 한다. 펩타이드는 양쪽 끝에 아미노기와 카복실기를 갖고 있어 또 다른 아미노산과 결합할 수 있다. 펩타이드 결합으로 스무 가지 아미노산이 다양한 방식으로 결합하면 수천, 수만 가지의 단백질이라 불리는 생체고분자(biopolymer) 화합물이 만들어진다. 인슐린은 21개의 아미노산으로 이뤄진 A 체인과 30개의 아미노산으로 이뤄진 B 체인이 −S−S− 식의 이

과학 산책, 자연과학의 변주곡

황화 결합(disulfide bond)으로 연결된 비교적 작은 단백질로, 혈액의 포도당을 글리코겐(glycogen)으로 바꾸는 과정에서 호르몬 역할을 한다.

단백질은 분자량이 수만 내지 수십만에 달하고, 수백 내지 수천 개의 원자로 이뤄진 거대한 분자다. 인체에서 단백질은 근육처럼 구조를 만들거나 혈액의 헤모글로빈처럼 어떤 물질을 운반하기도 한다. 또 세포막에서는 물질을 받아들이거나 내보내는 통로 역할을 한다. 단백질의 가장 중요한 역할은 세포 내에서 일어나는 다양한 화학 반응이 체온 정도의 온도에서 적절한 속도로 일어날 수 있도록 해 주는 촉매 작용에 있다. 모든 생명 활동은 단백질의 효소 작용의 결과라고 해도 과언이 아니다. 우리 몸의 세포에도 수백, 수천 가지의 효소가 있어서 매 순간 필요한 반응의 촉매 작용을 수행하고 있다.

다른 단백질도 그렇지만 특히 효소 단백질(enzyme protein)은 촉매 작용을 하기 위해 특별한 3차원적 구조가 필요하다. ATP(adenosine triphosphate, 아데노신3인산) 합성 효소에는 ADP(adenosine diphosphate, 아데노신2인산)와 결합하는 부위와 인산과 결합하는 부위가 가깝게 붙어 있다. 그래서 이 효소에 ADP와 인산이 각각 결합한 후 효소 구조가 바뀌어 ADP와 인산을 끌어다 공유 결합으로 연결하면 ATP가 얻어

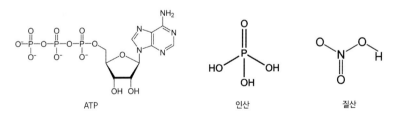

ATP   인산   질산

그림 5 ATP, 인산, 질산의 분자 구조

진다. ATP는 세포의 에너지 화폐라 불릴 정도로 에너지가 높고, ATP가 ADP와 인산으로 분해하는 역반응을 통해 에너지를 쉽게 내줘 세포 활동에 사용하는 생명의 핵심 물질 중 하나다.

ATP가 많은 에너지를 저장하는 이유는 질산과 달리 인산은 3개의 -OH기를 가진 3가산이기 때문이다. ATP의 중간 인산에서 볼 수 있듯이 인산은 두 개의 -OH기를 아데노신에 사용해서 양쪽의 인산과 결합하고 결과적으로 ATP는 도합 3개의 인산을 갖는다. 그런데 인산에서 결합에 참여하지 않는 -OH는 산 해리를 하여 음전하를 띠는데 ATP에서는 도합 4개의 -1 전하가 좁은 공간에 몰려서 반발하기 때문에 ATP는 불안정하고 에너지가 높은 화합물인 것이다. -OH가 하나뿐인 질산은 이러한 화합물을 만들지 못한다. 질소와 인은 주기율표에서 같은 족에 속하지만, 자연은 인을 사용해서 ATP도 만들고 DNA도 만드는 것이다.

3) 뉴클레오타이드와 DNA

인슐린이든, ATP 합성 효소든, 다른 무슨 단백질이든 특정한 기능을 나타내려면 특정한 구조가 필요하다. 단백질의 구조는 일차적으로 그 단백질을 구성하는 아미노산들의 1차원적 서열에 달려 있다. 그다음 아미노산들로 이뤄진 가닥이 접히면서 3차원적 구조가 만들어진다.

어떤 단백질을 순수하게 정제하고 결정을 만들어 엑스선을 쪼이면 회절 사진을 촬영할 수 있다. 이러한 엑스선 회절 사진을 분석해 단백질의 3차원적 구조, 즉 원자들의 위치를 조사하는 방법을 엑스선결정

학(X-ray crystallography)이라고 한
다. 엑스선결정학을 통해 초기에
구조가 밝혀진 단백질 중 하나인
라이소자임(lysozyme)의 구조를 보
면, 1차원적 서열에서는 멀리 떨
어진 아미노산들의 가닥이 접히
면서 가까이 위치한 것을 볼 수
있다. 이처럼 가까이 위치해 서로
마주 보는 아미노산 사이에 공유
결합보다는 약하지만 상당히 강
한 끄는 힘이 작용해 전체적인 구
조를 유지한다. 이런 힘에는 수소

그림 6 라이소자임의 3차원 구조

결합이 있고 또 한 아미노산의 산성 곁가지와 다른 아미노산의 염기성
곁가지 사이의 전기적 힘이 있다.

산성 곁가지의 카복실기가 산 해리하면 $-COO^-$ 상태가 되어 음전
하를 띠고, 염기성 곁가지의 아미노기가 염기로 작용하면 $-NH_3^+$ 상
태가 되어 양전하를 띠는데, 이들 반대 전하 사이의 전기적으로 끄는
힘이 단백질의 구조를 유지하는 데 중요한 역할을 한다. 이러한 전기적
상호작용은 효소가 촉매 작용을 하는 부위에 효소 작용의 대상인 기
질(基質, substrate)이 결합하는 데도 핵심 역할을 한다.

단백질이 다양한 기능을 하려면 각 단백질이 고유한 3차원 구조를
가져야 하고, 이 구조가 단백질을 구성하는 아미노산의 서열에 의해
결정된다면 여러 종류의 단백질에 대한 아미노산의 서열 정보가 세포

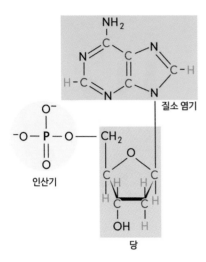

그림 7 뉴클레오타이드의 기본 구조

내 어디엔가 저장돼 있고, 다음 세대로 대물림돼야 할 것이다. 그런 역할을 위해 자연이 고안한 물질이 데옥시리보핵산(deoxyribonucleic acid)이라는 긴 이름을 가진 또 하나의 생체고분자다. 줄여서 DNA라고 부르는 이 물질이 단백질에 대응한다면 아미노산에 대응하는 화합물은 뉴클레오타이드(nucleotide)라고 한다. 여러 개의 아미노산이 길게 연결돼 단백질이 되듯이, 여러 개의 뉴클레오타이드가 길게 연결되면 DNA가 만들어진다. 그래서 DNA에서 뉴클레오타이드의 순서는 단백질에서 아미노산의 순서와 같은 의미를 지닌다.

아미노산은 메테인을 기반으로 하는 비교적 간단한 구조다. 아미노산에 중심 탄소가 있듯이 뉴클레오타이드의 중심에는 탄수화물의 일종인 데옥시리보스(deoxyribose)가 자리 잡고 있다. 데옥시리보스는 포도당과 비슷한 구조를 가졌는데, 6탄당인 포도당과는 달리 탄소가 5개인 5탄당으로 아미노산의 중심 탄소 원자에 비하면 상당히 크고 복잡한 분자다. 뉴클레오타이드에서 아미노산의 카복실기에 해당하는 산성 역할은 인산이 맡고 있다.

아미노산의 아미노기에 해당하는 염기성 물질은 뉴클레오타이드 염기라고 부르는 네 가지의 질소를 포함하는 화합물이다. 네 가지 뉴클레오타이드 염기의 이름은 아데닌(adenine), 티민(thymine), 구아닌(guanine), 사이토신(cytosine)인데, 모두 물에 녹으면 질소의 비공유 전자쌍 때문에 염기성을 나타낸다. 그래서 이들을 뉴클레오타이드 염기 또는 DNA 염기라고 부르는 것이다. 단백질 세계의 언어에는 스무 가지 자음과 모음이 있는 데 비해, DNA 세계에서는 불과 네 가지 자음과 모음이 사용되는 셈이다. 다양한 단백질 기능에 맞게 다양한 구조를 만들기 위해서는 스무 가지 아미노산이 필요하지만, DNA의 기능은 유전 정보의 저장과 대물림으로 비교적 단순하므로 네 가지 염기로 충분하다.

이들 염기의 구조적 특성 때문에 A(아데닌)와 T(티민), G(구아닌)와 C(사이토신) 사이에는 수소 결합이 이뤄진다. A의 일부인 −N-H, T의 일부인 O=C− 사이에는 −N-H⋯O=C− 식의 수소 결합이 이뤄진다. 질소가 수소로부터 전자를 끌어당겨 수소는 양전하를 띠고, 산소가 탄소로부터 전자를 끌어당겨 산소는 음전하를 띠는데, A와 T가 만나서 양전하를 띤 수소와 음전하를 띤 산소가 마주 보게 되면 수소 결합이 생긴다. 또 T에서 −N-H의 수소가 양전하를 띠고 A에서 탄소와 결합한 N이 음전하를 띠는데 A와 T의 구조상 양전하를 띤 수소와 음전하를 띤 산소 또는 질소가 마주 보게 되면 전체적으로 두 개의 수소 결합이 생겨 안정한

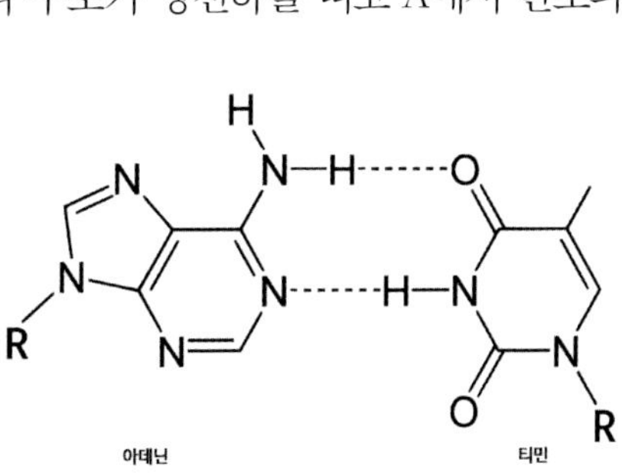

그림 8 아데닌과 티민의 결합

A-T쌍이 만들어진다. G-C 사이에도 마찬가지 원리에 따라 수소 결합이 이뤄져 G-C쌍이 만들어진다. A-T쌍과 G-C쌍은 크기와 모양이 거의 같고 납작한 2차원 구조에 가깝기 때문에 기다란 사다리에서 발판과 같은 역할을 한다.

데옥시리보스와 인산이 교대로 결합하면 나선 모양의 당-인산 골격이 만들어진다. 이 골격이 나선형인 것은 당에 들어 있는 모든 탄소와 인산의 인 원자 주위가 정사면체 구조를 갖기 때문이다. 그런데 뉴클레오타이드에서 당에는 A, T, G, C 중 하나의 염기가 결합하기 때문에 당-인산 골격이 만들어지면 나선에는 자동으로 염기의 서열이 이뤄진다. 그리고 하나의 나선 반대쪽에 A에는 T, G에는 C 식으로 수소 결합을 이룰 수 있는 염기 서열을 가진 다른 나선이 자리 잡으면, 전체적으로 두 개의 나선이 바깥에 자리 잡고 염기들이 안쪽에 자리 잡는 이중나선 구조가 만들어진다.

그런데 바깥에서 볼 때 염기는 안쪽에 숨어 있고 인산은 노출돼 있기에 DNA는 전체적으로 산성을 나타낸다. 그래서 DNA는 산과 염기를 1:1로 갖고 있는데도 핵산(nucleic acid)이라고 불리는 것이다. DNA의 두 나선 사이에는 A-T, G-C 식으로 상호 보완의 원리가 들어 있어, 두 나선은 ATGC 염기의 서열이 같지 않고 서로 상보적(complementary)이다. 단백질을 만드는 데 필요한 유전 정보는 염기 서열에 의해 DNA에 저장되는데, 인접한 3개의 염기 서열이 하나의 아미노산을 지정하게 된다. 그래서 불과 네 가지 염기의 조합으로부터 스무가지 아미노산이 지정되는 것이다.

4) 인지질

탄수화물, 단백질, DNA 그리고 그 밖의 다양한 물질들이 세포 활동에 참여하려면 세포의 내부를 외부 환경으로부터 구분해 주는 세포막이 필요하다. 세포의 내부와 외부 모두 물과 잘 섞이는 친수성(hydrophilic)이기 때문에 강물을 상류와 하류로 나누는 댐처럼 세포막은 물에 녹지 않아야 한다. 생체에서 극성이 낮아서 물에 녹지 않는 소수성(hydrophobic) 물질에는 지방질(lipid)이 있다. 지방질은 $-CH_2-CH_2-CH_2-CH_2-$ … 식으로 약 20개의 탄소 원자들이 일렬로 결합하고, 각 탄소는 2개의 수소와 결합해 옥텟을 만족시키는 물질이다. 탄수화물이나 단백질보다 수소의 함량이 높은 지방은 단위 무게당 발열량이 두 배 정도 높은 고에너지 물질이다. 탄소와 수소는 전기음성도의 차이가 적기 때문에 전자가 어느 쪽으로 끌리지 않아서, 지방질은 무극성이고 물과 섞이지 않는다. 그래서 동물의 몸에서 지방은 별도의 두꺼운 층을 이뤄 에너지를 저장한다.

지방질을 세포막으로 사

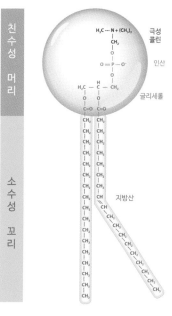

그림 9 인지질의 구조

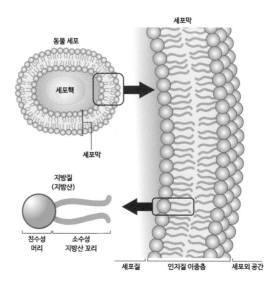

그림 10 세포막의 인지질 이중층 구조

용한다면 물과 기름이 갈라지듯이 지방질은 모두 뭉쳐서 막의 역할을 할 수 없다. 자연이 세포막에 사용하기 위해 선택한 물질은 인지질(phospholipid)이라 불리는 지방질의 유도체다. 인지질은 한편으로는 긴 지방질 꼬리를 갖고, 다른 한편으로는 극성이 높은 인산 부분을 가진다. 인지질 분자들이 많이 모이면 무극성 꼬리 부분은 소수성 상호작용에 의해 막의 안쪽을 향하고, 극성 머리 부분은 막의 양쪽 표면에 위치해서 안정한 인지질 이중층(phospholipid bilayer)을 만들어 세포막 역할을 한다. 탄수화물, 단백질, DNA, 세포막 등 모든 생체 화합물에서 극성, 무극성, 산성, 염기성 등의 대립적 성질이 적절히 발휘돼 각각의 기능에 적합한 구조를 이루는 것을 알 수 있다.

1절. 원자, 분자, 물질

[문제 1] 난이도 하 ★
다음 서술이 참인지 거짓인지 구분해 보자.

1) 중성자는 원자핵에 존재하고 전하가 없어서 양성자나 전자보다는 늦게 발견되었다.
2) 보어는 수소 원자에서 전자의 에너지가 양자화되어 있다고 가정했다.
3) 메테인(CH_4)에서 탄소 원자는 비활성 기체와 같은 전자 배치를 하기 위해 수소 원자 4개와 전자를 공유하면서 결합한다.

풀이 1) 참, 2) 참, 3) 참

[문제 2] 난이도 중 ★★
원소란 더 이상 간단한 물질로 분해될 수 없는 순수한 물질이라고 정의한다. 다음의 예시에서 같은 원소인 경우와 서로 다른 원소인 경우를 구분해 보자. 그렇게 생각하는 이유는 무엇인가?

1) 수소 원자가 공유 결합을 하여 수소 분자를 만든다.
   $H + H \longrightarrow H_2$
2) 태양의 중심에서 수소는 핵융합을 통해 헬륨을 만든다.
   $4H \longrightarrow He$
3) 태양의 상층 대기는 온도가 약 1백만K나 되는데, 이런 높은 온도에서 수소는 전자를 완전히 잃어버리고 플라스마 상태로 존재한다.
4) 물은 수소와 산소로 이루어진 화합물이다. 양성자와 전자로 이루어진 가벼운 수소 대신 중성자 하나를 더 가진 무거운 중수소를 포함하고 있는 물을 중수라고 한다. 바닷물에는 대략 160ppm 정도의 중수가 있다. 이처럼 중수

를 포함하고 있는 바닷물을 전기 분해하면 수소와 중수소 둘 다 얻을 수 있다.

풀이 1), 3), 4)는 모두 수소 한 종류의 원소로 이루어진 물질이다. 수소 원자나 수소 분자 모두 같은 원소이다. 전자를 잃어버려도 원소는 변하지 않는다. 중성자 수에 상관없이 양성자 수가 같으면 같은 원소이다. 2)는 수소와 헬륨 두 종류의 원소를 포함하고 있다.

[문제 3] 난이도 중 ★★

다음의 원자와 분자들 사이에 작용하는 힘은 쌍극자-쌍극자 상호작용, 분산력, 수소 결합 중 무엇인가?

1) 질소, $N_2(g)$
2) 메테인 $CH_4(g)$
3) 염산 $HCl(g)$
4) 에탄올 $C_2H_5OH(l)$

풀이 1)과 2)는 무극성 분자이므로 분산력만 작용한다. 3) 염산은 극성 분자이므로 쌍극자-쌍극자 상호작용이 작용하고, 약간의 분산력이 작용하나 그 힘은 쌍극자 힘에 비해 작아서 무시할 만하다. 4)는 -O-H 결합을 가지고 있으므로 수소 결합이 가장 크게 작용한다.

[문제 4] 난이도 상 ★★★

돌턴의 원자 모형, 톰슨의 플럼 푸딩 모형, 러더퍼드의 행성 모형의 공통점과 차이점을 설명해 보자.

풀이 세 원자 모형 모두 원자는 속이 꽉 찬 단단한 구조이며 더 이상 잘게 쪼갤 수 없다는 점에서 같다. 톰슨과 러더퍼드의 원자 모형은 돌턴의 원자 모형과는 달리 내부 구조를 가진다. 러더퍼드의 원자 모형은 톰슨의 모형에서 양전하가 원자 전체에 퍼져 있다고 생각한 것과는 달리, 양전하는 원자 중심의 매우 작은 공간(원자 지름의 1/100,000)인 핵에 몰려 있다.

 ## 2절. 원자 결합이 만드는 생명의 기본 물질

[문제 1] 난이도 하 ★
다음 물질 중 산과 염기는 무엇인가?
HNO_3 KOH NaCl CH_3NH_2 H_2CO_3

풀이 산: HNO_3, H_2CO_3
　　　염기: KOH, CH_3NH_2

[문제 2] 난이도 중 ★★
다음 반응에서 산화되는 화학종은 무엇이고 환원되는 화학종은 무엇인가?

　1) 수소가 염소와 반응하여 염산을 생성하였다.
　　　$H_2 + Cl_2 \rightarrow 2HCl$
　2) 용광로 내에서 철광석으로부터 철을 뽑아 내는 반응 중 하나는 산화철이 일산화탄소와 반응하여 철과 이산화탄소를 생성하는 것이다.
　　　$3Fe_2O_3(s) + 6CO(g) \rightarrow 6Fe(s) + 6CO_2(g)$

풀이 산화되는 화학종: H_2와 $3Fe_2O_3$에서 Fe
　　　환원되는 화학종: Cl_2와 CO에서 C

[문제 3] 난이도 상 ★★★

암모니아(NH₃)처럼 비공유 전자쌍을 가진 물질이 H+ 이온을 만나면 비공유 전자쌍을 일방적으로 내주면서 공유 결합을 형성한다. 이처럼 공유 결합 형성에 필요한 비공유 전자쌍을 내주는 물질을 염기, 수소 이온처럼 비공유 전자쌍을 받아들이는 물질을 산이라 한다. 다음은 생체 고분자인 펩타이드와 셀룰로오스를 형성하는 과정에서 일어나는 산-염기 중화 반응의 예이다. 각각의 반응에서 산과 염기는 무엇인가?

1) 펩타이드를 형성하는 과정은 아미노산의 카복실산과 아미노기가 반응하여 물이 떨어지면서 아마이드(Amide)를 형성하는 반응을 포함한다.

2) 셀룰로오스를 만드는 과정은 알코올과 카복실산이 반응하여 물이 떨어지면서 에스터를 형성하는 반응을 포함한다.

풀이 산: ①, ④

염기: ②, ③

[문제 4] 난이도 상 ★★★

DNA의 두 나선 사이에는 A-T, G-C 식으로 상호 보완의 원리가 들어 있어서 단백질을 만드는 데 필요한 유전 정보가 저장된다. 단백질을 만들 때 DNA에 저장된 인접한 3개의 염기 서열이 하나의 아미노산을 지정하게 된다. 본문에서 아데닌과 티민이 두 개의 수소 결합을 통해 서로 연결될 수 있음을 보였다. 구아닌과 사이토신의 구조를 찾아서 이 둘이 수소 결합에 의해 서로 어떻게 연결될 수 있는지 설명해보자.

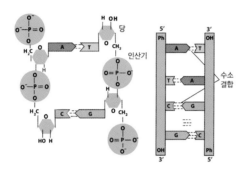

풀이 구아닌과 사이토신은 아래 그림과 같이 각각 산소와 질소의 비공유 전자쌍과 수소 사이에 3개의 수소 결합을 형성할 수 있다.

사이토신-구아닌

Strolling with Science,
a canon of Natural Sciences

5장

우리가 발을 딛고 사는
지구에 대한 설명

45억 년 전 탄생한 지구의 구조

　바다가 만드는 파란색, 구름이 만드는 흰색, 땅이 만드는 초록색과 황토색이 어우러진 지구는 태양계에서 가장 아기자기하고 아름다운 행성이다. 우리 은하의 가장자리에 있는 태양계가 지닌 조그만 지구는 멀리서 보면 창백한 푸른 점이다. 지구는 언제 어떻게 탄생했을까? 지구는 항상 푸른색이었을까? 지구에는 언제부터 생명이 살았을까? 지구를 잘 들여다보면 많은 비밀을 풀 수 있다.

1. 푸른 행성 지구의 탄생

지구에는 수많은 생명체가 산다. 생명체가 살기 좋은 조건을 갖춘 곳은 물론이고, 물도 없는 뜨거운 사막 한가운데, 햇빛이 전혀 들어오지 않는 깊은 바다 밑, 공기마저도 닿을 것 같지 않은 땅속 깊은 곳에서도 다양한 생명체가 살아가고 있다. 지구는 말 그대로 생명체의 행성이다. 생명체의 행성 지구는 언제 어떻게 만들어졌을까?

1) 지구는 약 50억 년 전에 탄생했다

이를 알아내기 위해 과학자들은 지구 곳곳에서 발견된 오래된 암석의 연대를 측정하고, 지상에 떨어진 운석들의 연대를 측정했다. 1970년대에는 달에서 가져온 월석의 연대도 측정했다. 현재 지구에는 지구 탄생기의 물질이 남아 있지 않지만, 태양계를 떠도는 운석[1] 중에는 지구가 태어날 당시의 것도 있다. 이런 측정 결과들을 종합하여 지구를 포함한 태양계가 지금으로부터 약 45억 7천만 년 전에 만들어졌다는 것을 알게 됐다.

우주의 나이가 92억 살쯤 됐을 때 우리 은하 가장자리에 먼지와 가스로 이뤄진 원시성운(protonebula)이 있었다. 주위의 초신성이 폭발하면서 성운을 이루던 물질들이 요동을 일으켰고, 밀도가 높은 지점으로 모이면서 태양계의 탄생이 시작됐다. 중심을 향해 달려가면서 속력이 빨라진 입자들이 충돌하면서 중심부에 있는 가스 온도가 높아지고, 수소 원자핵의 핵융합 반응을 일으킬 수 있는 온도가 되자 핵융합이 일어나 태양이 빛나기 시작했다. 중심에서 태양이 형성되는 동안, 태양 주변에는 행성들이 형성됐다. 새로 탄생하는 별을 둘러싸고 있는

---

1 지구에 떨어지는 운석은 대부분 소행성대(asteroid belt)에서 유래한다. 소행성대는 화성과 목성 사이에 있으며, 행성이 되지 못한 1만 개 이상의 작은 파편으로 구성되어 있다.

물질은 주로 수소와 헬륨 기체, 탄소 원자들로 이뤄진 먼지나 얼음으로 둘러싸인 미세한 암석들이었다. 이들이 모여 지름이 10km 정도 되는 미행성들이 먼저 만들어졌고, 수많은 미행성이 형성된 다음 미행성들이 충돌하며 합쳐져 점점 더 큰 미행성으로 성장했다.

원시별은 태양이 됐고, 미행성들은 충돌하며 합쳐져 행성으로 성장했다. 미행성을 이루던 물질은 태양과 가까운 곳에서는 주로 암석과 금속이었고, 태양과 먼 곳에서는 온도가 낮아 수증기가 응결한 얼음이 대부분을 차지했다. 이런 차이 때문에 태양계 안쪽에는 지구형 행성(terrestrial planet)[2]이, 바깥쪽에는 목성형 행성(Jovian planet)[3]이 발달하게 됐다.

반지름이 현재의 절반 정도였던 원시 지구에는 1년에 1천 개 이상의 미행성이 충돌했을 것이다. 격렬한 충돌로 지구의 지표가 뜨거워졌다. 미행성과 원시 지구 속에 있던 가스 성분들이 바깥으로 빠져나와 두껍고 진한 가스가 원시 지구의 표면을 덮었다. 대기는 열의 방출을 막기 때문에 지표 온도는 암석이 녹을 정도로 높아졌고, 지표는 마그마(암석이 녹은 물질)로 덮였다. 우주에서 바라보았다면 지구는 시뻘건 지옥의 불구덩이와도 같았을 것이다.

지구 주위를 돌고 있는 달은 태양계 위성 중 다섯 번째로 크다. 지구는 작은 크기에 어울리지 않게 큰 위성을 거느리고 있는 셈이다. 달의 지름(3,476km)은 지구 지름의 약 4분의 1이며 지구에서 달까지의 평균

2　주로 암석으로 이루어진 크기가 작고 밀도가 높은 행성. 지구를 비롯해 수성, 금성, 화성 등이 있다.

3　기체로 이루어진 크기가 크고 밀도가 작은 행성. 목성에서 해왕성까지가 이에 속한다.

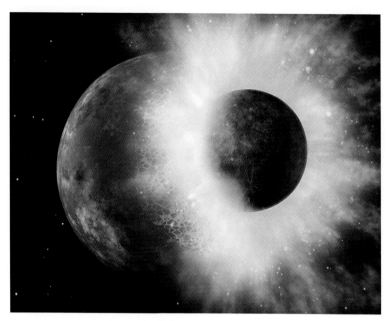

그림 1 약 45억 년 전에 있었던 달을 형성시킨 테이아와 지구의 충돌

거리는 약 38만 4천km이다. 달은 타원 궤도를 따라 지구를 돌고 있어서 달까지의 거리는 일정하지 않다.

달은 언제 어떻게 만들어졌을까? 여섯 차례에 걸쳐 아폴로 우주인들이 가져온 달 암석의 성분을 분석한 결과, 월석의 화학 성분은 지구 암석의 성분과 매우 비슷했다. 여러 가설이 있지만, 현재는 거대충돌(giant impact)설이 가장 유력하다. 화성 크기의 테이아(Theia)[4]가 지구와 충돌하면서 지구의 물질과 이 천체의 물질이 섞여 지구에서 떨어져 나갔고, 그 일부가 지구 주변에 남아 달을 형성했다는 것이다. 이 충돌은

---

4   테이아는 그리스 신화에 나오는 12명의 티탄 가운데 하나이다. 그리스어로 '신성한'이라는 뜻이다.

지구가 형성된 후 1억 년 이내에 일어난 것으로 추정한다. 지구의 자전축이 지금처럼 23.5도 기울어지게 된 것도 이 충돌의 결과로 보인다. 자전축이 기울어 있지 않으면 계절 변화도 없고, 적도 지방에서 증발한 물이 극지방에 계속 쌓이므로 지구는 생명체가 풍부한 행성이 되지 못했을 것이다.

달이 처음 형성됐을 때는 지금보다 훨씬 가까이에서 더 빨리 돌았다. 초기 지구의 자전주기는 5시간 정도였고, 지구에서 달까지의 거리는 2만 4천km 정도였다. 조석 마찰(tidal friction)[5]로 인해 지구의 자전 속도는 느려지고, 달은 지구에서 멀어졌다. 현재 지구의 자전주기는 100년에 2.3ms(1ms는 1,000분의 1초이다)씩 길어지고, 달까지의 거리는 매년 3.8cm씩 멀어진다.

2) 지구의 껍질과 속은 매우 다르다

원시 지구의 반지름이 현재의 20%에 이르렀을 때, 미행성의 가스 성분들이 대기(atmosphere)를 형성하기 시작했다. 반지름이 현재의 45% 정도가 되었을 때는 지표 온도가 올라 암석이 녹아 마그마 오션(magma ocean)을 형성하고, 대기량의 증가는 절정에 올라 대기압이 100기압에 달했다. 철과 니켈 같이 무거운 금속은 가라앉으며 점차 중심 쪽으로 낙하하여 금속 핵(core)을 만들었다. 원시 대기, 마그마 오션, 핵으로 분리된 것이다. 지표가 매우 뜨거워서 원시 대기층에서는 격렬한 대류(對

---

5   달이 지구에 미치는 기조력(조석력)이 지구에 주는 영향 중 하나로, 해수와의 마찰로 지구의 자전을 미세하게 느려지게 한다.

流, convection) 운동이 일어났다. 원시 지구를 덮은 수백 킬로미터의 수증기 구름 상층부에서는 태양의 강한 자외선에 노출된 수증기가 수소와 산소로 분리되고, 가벼운 수소는 우주 공간으로 날아가기도 했다. 상층부는 저온의 우주 공간에 연결되므로 수증기와 이산화탄소 성분의 대기는 급랭하고 비가 내렸다. 그러나 비가 지표에 도달하기도 전에 고온의 마그마 오션 때문에 다시 기화(氣化, vaporization)돼 버렸다. 지표가 더 식으면서 300℃에 가까운 고온의 비가 드디어 지표에 폭포처럼 쏟아졌다. 이 비는 지표 온도를 급속히 낮췄고, 더 많은 비가 내리면서 굳어진 마그마 오션 위로 150℃ 정도의 원시 해양이 모든 지표를 덮었다.[6]

바다가 만들어지고 대기 온도가 100℃ 이하가 되면서 수증기가 줄어들었다. 그리하여 대기의 주성분은 이산화탄소가 되었는데, 이마저도 바다에 녹아 들어가면서 대기량이 크게 줄었다. 바다에 녹은 이산화탄소가 석회암 형태로 퇴적되면서 대기 중 이산화탄소의 압력이 60기압에서 10기압으로 뚝 떨어졌다. 이제 지구 대기의 주성분은 질소로 바뀌었고, 드디어 지구가 푸르게 보이기 시작했다.

지표에는 딱딱한 암석질의 현무암 지각(earth crust)이 생겼다. 이 현무암은 지하 깊은 곳에서는 다시 녹으며 화강암을 만드는 마그마가 되었다. 다른 행성에는 화강암의 지각이 없다. 화강암은 지구만의 특징이다. 지각의 암석들은 더 단단해지며 지표를 여러 조각으로 나누는 판

---

6   원시 해양이 생기면서 1천 년 이내에 지구 표면 온도가 거의 1,000℃에서 130℃까지 갑자기 내려갔다. 그린란드 이수아 지방의 암석으로부터, 적어도 40억 년 이전에 바다가 존재했음을 유추할 수 있다.

(plate)을 이뤘다. 원시 지구가 탄생하고 5~6억 년 안에 대기와 해양, 지각, 맨틀, 핵의 지구 시스템이 만들어졌다. 아직은 무르지만, 지구의 껍질과 속살이 완성된 것이다.

어떻게 지구 내부 구조를 알았을까?

1909년 안드리야 모호로비치치(Andrija Mohorovičić)는 지하 약 54km에서 지진파(seismic wave)의 속도가 6km/s에서 8km/s로 변한다는 것을 알아냈다.[+] 지진파의 속도가 빨라지는 것은 밀도가 커진다는 것을 의미한다. 밀도가 작은 지각 아래에 밀도가 큰 맨틀(mantle)[++]이 있음을 발견한 것이다. 맨틀은 지진파의 속도 변화와 조성에 차이가 있어 상부 맨틀과 하부 맨틀로 나뉜다. 1906년 리처드 올덤(Richard D. Oldham)은 지진파 자료로부터 액체 상태인 핵[+++]의 존재를 처음으로 제안했다. 외핵에서는 온도에 따라 달라지는 밀도 때문에 대류가 생기고, 이 대류 운동이 지구의 자기장을 만든다. 이 자기장은 우주에서 지구로 쏟아지는 위험한 복사선을 막아 준다. 이 자기장이 없었다면 지구에는 생명체가 존재하지 못했을 것이다. 1936년 잉게 레만(Inge Lehmann)은 지구 가장 안쪽에 고체 상태의 내핵[++++]이 존재한다는 것을 발견했다.

+   모호로비치치 모호로비치치 불연속면(Moho-discontinuity)의 깊이는 일정하지 않다. 대륙 아래에서는 불연속면이 지하 약 35km에 있지만, 해양 아래에서는 불연속면이 해저로부터 평균 5~7km 아래에 있다. 전체적으로는 지하 20~90km 사이에 위치한다.

++ 맨틀의 평균 두께는 2,900km 정도로 지구 전체 질량의 68%를 차지한다.

+++ 액체 상태의 외핵은 지표면 아래 2,885km에서 5,155km 사이에 있으며 지구 전체 질량의 29.3%를 차지한다.

++++ 내핵과 외핵의 경계면을 '레만 불연속면'이라 한다. 내핵의 반지름은 1,216km이고, 온도는 태양 표면의 온도와 비슷하다. 주로 철과 니켈의 합금으로 이루어졌으며 고체 상태인 내핵은 지구 전체 질량의 1.7%이다.

3) 약 27억 년 전에 생명체가 출현했다

생명체가 탄생한 시기에 대한 정확한 증거는 아직 없다.[7] 과거의 암석과 화석의 기록은 불완전하다. 초기 지구는 너무 뜨거워서 생명체가 출현한 것은 지표가 안정된 약 40억 년 전 무렵이었을 것이다. 현재 가장 오래된 화석은 서호주 필바라 지역에서 발견된 35억 년 전의 박테리아 화석이다.[8] 이 지역에서는 약 27억 년 전의 퇴적층에서 스트로마톨라이트(stromatolite)[9] 화석도 발견됐다. 이를 만든 시아노박테리아(cyanobacteria)[10]는 원핵생물(procaryote) 가운데 유일하게 광합성으로 산소를 발생시키는 생물로, 스트로마톨라이트가 번성했다는 것은 대기 중에 산소가 방출되기 시작했음을 뜻한다.

산소가 없는 환경에서 살아가던 생명체가 얕은 바다로 올라오면서 태양 에너지를 이용해 영양물질을 만드는 광합성 작용을 습득했다. 광합성은 태양 에너지와 물 분자, 이산화탄소를 이용해 탄수화물과 같은 영양물질을 만들고, 부산물로 산소를 방출한다. 시아노박테리아가 번

---

7 지구 생물에 관한 가장 오래된 정보는 그린란드에서 약 38억 년 전 변성암 중에 포함된 화학화석이다. 생물의 화학 성분에서 확인되었기에 바이오 시그니처(bio signature)라 불리기도 한다.

8 이 화석을 포함한 퇴적암 처트는 약 35억 년 전의 연대라 추정하는데, 근처 암석에 대한 방사성 연대 측정(radioactive dating)의 결과이다. 이 화석이 가장 오래된 원핵생물의 화석이라 할 수 있다.

9 스트로마톨라이트란 광합성을 하는 시아노박테리아가 얕은 바다에 만들어 놓은 콜로니(colony) 형태의 구조물이다. 지름 1cm, 높이 5cm가량의 작은 기둥 모양이다.

10 현재는 1,500종 이상이 알려져 있다.

그림 2 지금도 스트로마톨라이트가 형성되고 있는 오스트레일리아의 샤크만

성하자 산소량이 증가했다. 혐기성(嫌氣性, anaerobic)[11] 생명체만 있던 당시의 지구에 산소는 모든 것을 태워 버리는 유독 기체였다. 시아노박테리아 때문에 지구는 조금씩 산소로 오염됐고, 산소를 싫어하는 혐기성 미생물은 대부분 멸종됐다. 산소가 간단한 분자들을 산화시켜 에너지원을 없앴기 때문이다. 이는 지구 최초의 대규모 멸종 사건이었다.

약 25억 년 전 바닷속 산소의 양이 급증했고, 산소는 바닷물 속에 녹아 있는 금속 원소를 산화시키는 데 사용됐다. 바닷물에는 여러 가

---

11 생물이 산소가 없는 조건에서 생육하는 성질로, 공기 중의 산소가 필요하지 않다는 의미이다. '혐기성'은 널리 자리 잡은 용어지만, 공기(산소)가 없다는 'anaerobic'의 일본식 한자 번역으로 용어 자체의 과학적 오류를 불러올 수 있다. 대부분의 혐기성 생명체는 산소가 있으면 산소 호흡을 수행할 수 있으며, 추가로 무산소 호흡을 할 수 있는 능력을 지니고 있다. 따라서 '산소 비요구성'이 더 정확한 표현일 것이다.

지 금속 원소가 녹아 있었는데 철이 가장 많았고, 산소와 결합한 철은 바다 밑으로 가라앉아 층층이 쌓여 호상철광층(縞状鉄鉱層, Banded Iron Formation)[12]이 됐다. 이 철광층은 현대 인류에게 철을 제공하는 주요 자원인데, 그 형성에 생물의 진화가 관여한 것이다.

미국 미시간주에 있는 21억 년 전의 호상철광층에서 생소한 진핵세포(eukaryotic cell) 생물이 발견됐다. 그리파니아(Grypania)[13]라는 이 화석은 진핵세포 생물로는 가장 오래된 화석이다. 캐나다에서도 진핵생물

---

12 철이 많은 층과 실리카 물질이 많은 층이 교대로 나타나는 철광층. 세계 곳곳에서 발견되는 철광석의 약 60%를 차지한다.

13 길이 9cm, 폭 1mm에 달하는 크기이다.

그림 3 최초의 진핵세포 생물 화석 그리파니아

로 추정되는 화석들이 계속 발견됐다. 원생누대(Proterozoic Eon) 중기[14]에 접어들면서 생물의 크기가 커지고 화석도 많아졌다. 캐나다에서 발견된 현재의 홍조류와 비슷한 화석이 가장 오래된 다세포 생물의 기록이다. 원생누대 마지막 시기[15]에 속하는 호주의 에디아카라 언덕에서 발견된 화석은 해파리처럼 얇고 부드러운 생물 화석이다. 어떤 것은 크기가 1m를 넘는데도 순환기관은 없다. 비슷한 시기에 단단한 껍질을 가진 생물이 처음 등장했다. 클라우디니데(Cloudinidae)라고 불리는 수 센티미터 크기의 석회질 껍질로 된 화석이 세계 각지에서 발견됐다.

현생누대(Phanerozoic Eon)[16]가 시작되는 고생대(Paleozoic Era) 캄브리

---

14   약 16억~10억 년 전.

15   약 6억~5억 5천만 년 전.

16   지질 시대는 명왕누대(지구 탄생~40억 년 전), 시생누대(40억 년~25억 년 전), 원생누대(25억 년~

오존층

오존층은 대기 중에 산소가 증가하기 시작한 20억 년 전부터 만들어졌지만, 아주 천천히 두꺼워졌다. 자외선으로부터 생명체를 보호하기에 충분할 정도로 오존층이 두꺼워진 것은 약 6억 년 전 정도다. 지구 생명체는 고생대가 시작되던 약 5억 4,200만 년 전에 폭발적으로 늘어났다. 캄브리아기의 폭발은 오존층이 두꺼워져서 가능했을 것이다. 대기 상층부의 오존층이 충분히 두꺼워지기 전까지는 생명체들이 물속에서만 살 수 있었으나, 약 4억 년 전에 오존층 덕에 바다에서 살던 생명체들이 육지로 진출하기 시작했다.

아기(Cambrian Period)의 전기 혹은 중기[17]에 다양한 형태의 새로운 동물들이 등장했다. 그 이전의 진화와 비교하면, 새로운 생물이 단기간에 급격히 나타나서 종종 캄브리아기의 폭발[18]이라고 부른다. 육상 생물은 캄브리아기 다음인 오르도비스기(Ordovician Period)[19]에 나타난다. 육상은 자외선을 차단하는 오존층이 형성되기 전에는 생물이 살기 힘든 땅이었고, 그 당시 육지의 모습은 마치 지금의 화성처럼 암석만 있는 황량한 땅이었을 것이다.

5억 4천만 년 전), 현생누대(5억 4천만 년~현재)로 구분되는데, 현생누대를 제외한 나머지를 묶어 선캄브리아대라고 부르기도 한다. 현생누대는 다시 고생대(5억 4천만 년~2억 5천만 년 전), 중생대(2억 5천만 년~6천6백만 년 전), 신생대(6천6백만 년~현재)로 나뉜다.

17 5억 4,500만 년~5억 년 전.

18 대표적으로 캐나다 로키산맥의 캄브리아기 버제스 셰일이란 지층에서 발견된 화석을 통해 기묘한 형태의 동물이 단기간에 출현했다는 것을 알 수 있다.

19 약 5억~4억 4천만 년 전.

바닷물에서 호상철광석을 만들던 산소는 대기 중으로도 퍼졌다. 대기 상층부에서는 자외선이 산소 분자를 두 개의 원자로 분해하고, 각 원자가 다른 산소 분자와 결합해 세 개의 산소 원자로 이루어진 오존을 만든다. 지상에서 약 20~30km 상공의 오존층은 생명체에게 해로운 자외선을 막아 주는[20] 지구 생명체의 보호막이 됐다.

2. 지구 내부의 순환

딱딱한 지각 아래에는 고체이긴 하지만 오랜 세월 조금씩 움직이는 맨틀이 있다. 내부의 핵에서 전달하는 열에너지는 맨틀을 움직이며 살아 있는 지구를 만든다. 짧은 시간 동안 사는 우리가 그 변화를 직접 볼 수 있는 현상은 화산과 지진 정도이지만, 지구는 대륙이 모였다가 흩어지는 역동적인 삶을 살고 있다.

1) 살아 움직이는 지구를 만드는 핵

지구 내부는 화학적 조성과 물리적 상태에 따라 지각, 상부 맨틀, 하부 맨틀, 외핵, 내핵으로 나눈다. 지각은 지구의 가장 바깥층으로, 우리가 발을 딛고 살아가는 부분이다. 육지와 해양 아래에는 두께와 화학적

---

20   오존은 쉽게 자외선을 흡수하고 산소 원자를 방출하는데, 방출된 산소 원자는 다른 산소 분자와 결합하면서 열을 방출한다.

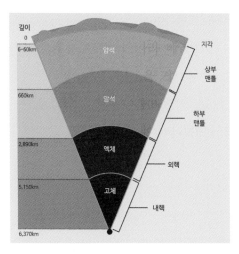

그림 4 지구의 층상 구조

조성이 다른 대륙지각과 해양지각이 있다.[21] 하부 맨틀은 핵에서 나오는 방사성 에너지의 열 때문에 상부 맨틀보다 뜨겁고 압력도 더 높다. 맨틀은 대부분 상하 두 층으로 나뉘어 대류 현상이 일어나며 물질의 교류도 별로 없다.

지각의 판은 중앙해령(中央海嶺, midoceanic ridge)에서 태어나 수평 방향으로 서서히 이동하고 해구(海溝, trench)에서 상부 맨틀 속으로 섭입(攝入, subduction)[22]하는데, 이를 슬랩(slab)이라 한다. 하부 맨틀로 들어가지 못하는 슬랩은 계속 모여 커다란 덩어리를 만들고, 덩어리가 충분히 커지면 하부 맨틀로 진입한다. 하부 맨틀로 이동한 저온의 상부 맨틀은 계속 아래로 내려가 외핵까지 도달하고, 이를 차가운 플룸(cold plume)이라 한다. 상부 맨틀로 이동한 고온의 하부 맨틀 물질은 압력이 낮아져서 녹는점(melting point)도 내려가고, 부분적으로 녹아 마그마로 변한다. 녹아서 가벼워진 마그마는 계속 올라가는데, 이를 뜨거운 플룸(hot plume)이

---

21   해양지각의 두께는 5km에서 10km 사이로 평균 두께는 7km이며, 대륙지각의 두께는 25km에서 100km 사이로 평균 두께는 30km이다.

22   지구의 표층을 이루는 판이 서로 충돌하여 한쪽이 다른 쪽의 밑으로 들어가는 현상.

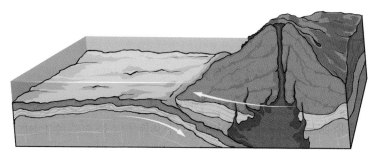

그림 5 섭입 현상이 발생하는 지역인 섭입대에서는 화산활동과 지진이 발생하고 조산 운동이 일어나기도 한다.

라 한다. 약 27억 년 전 이런 일이 시작되면서 상부와 하부 맨틀 각각에서 일어나던 대류가 맨틀 전체에서 일어나는 모습으로 바뀐 것이다. 플룸은 독립적으로 발생하지만 서로 근접하는 여러 개의 플룸이 합쳐져 19억 년 전부터는 거대한 슈퍼 플룸(super plume)을 만들기 시작했다. 이 거대한 플룸은 주로 맨틀에서 활동하지만, 지구 표층의 판구조론(plate tectonics)과 핵 운동에 강한 영향을 미친다.

1980년대에 인체 단층촬영의 원리와 비슷한 지진파 토모그래피

맨틀과 핵을 구분하는 이유

하부 맨틀의 주성분은 페로브스카이트(perovskite)라는 광물이고, 핵의 주성분은 철과 니켈이다. 맨틀과 외핵의 경계는 맨틀의 페로브스카이트의 녹는점보다 낮고, 액체 상태인 철과 니켈의 녹는점보다는 높아야 한다. 따라서 외핵의 표층 온도는 약 4,000℃일 것으로 추산한다. 액체인 외핵에서는 대류도 생기지만 장소에 따른 내부 온도 차이는 크지 않을 것이다.

(tomography)가 실용화되어 초거대 플룸과 해구에서 가라앉은 슬랩 덩어리가 촬영되면서 플룸의 존재가 밝혀졌다. 판구조론 이후 살아 있는 지구를 이해하는 플룸구조론(plume tectonics)이 탄생한 것이다.

지구는 거대한 공간으로 뻗어 나가는 자기장을 가진다. 이 자기장은 지구를 향해 날아와 생명의 안정성을 위협하는 우주선(cosmic rays)[23]을 밴앨런대(Van Allen Belt, 방사능대)에 가두어 막아 준다. 이 고마운 자기장이 생긴 원인에 대해서는 다양한 주장이 존재하지만, 유력한 이론은 플룸구조론이 설명하는 외핵의 다이너모 이론(Dynamo theory)이다.

지구 자기장은 가끔 남북이 바뀌었으니 지구 중심에 고정된 거대한 영구 자석이 있을 가능성은 없다. 지구 반지름의 절반을 차지하는 핵은 외핵과 내핵으로 구성된다. 지진파 연구에 따르면 외핵은 횡파(橫波)가 전달되지 않지만, 내핵에서는 전달된다. 횡파는 고체에서만 전달되므로 외핵은 액체고 내핵은 고체다. 외핵과 내핵의 주성분은 철과 니켈이다. 무거운 철과 니켈로 이루어진 핵은 맨틀보다 밀도가 커서 핵과 맨틀 사이에는 물질의 교환이 없다고 생각했으나, 플룸을 발견하면서 상황이 바뀌었다. 외핵의 경계에 도달한 낮은 온도(약 2,000℃)의 슬랩이 높은 온도(약 4,000℃)의 외핵에 도달하면 외핵 일부가 냉각된다. 차가워진 곳은 밀도가 높아져서 더 아래로 내려가고, 이에 밀려난 내부의 뜨거운 곳은 위로 올라간다.

다이너모 이론은 이 대류 운동이 플룸 때문에 일어난다고 설명한다. 액체 상태인 외핵에서 이러한 교란이 일어나면 외핵에는 격렬한 흐름

---

23 우주선 또는 우주방사선은 우주에서 지구로 쏟아지는 높은 에너지의 입자를 뜻한다.

과학 산책, 자연과학의 변주곡

지구자기역전

'지구자기역전(地球磁氣逆轉, reversion of terrestrial magnetism)'은 지구 자기장이 거꾸로 뒤집히는 현상이다. 현재 나침반의 N극은 북쪽을 향하지만, 오래된 암석에 남아 있는 흔적을 보면 과거에는 반대로 남쪽을 가리켰던 시기가 여러 차례 있었다는 사실을 확인할 수 있다. 자기 역전의 주기는 일정하지 않다. 4천만 년 동안 역전이 일어나지 않았던 시기도 있었고, 수십만 년 만에 바뀌기도 했다. 최근 200년의 기록에 따르면 지구 자기장이 계속 감소하는 추세라고 한다. 지구 자기장이 매우 약해지면 태양풍 및 기타 우주선이 지구에 도달하고 지구 생태계에 악영향을 끼칠 수 있다.

이 생길 것이다. 이 흐름에 이온화된 원자들이 있다면 커다란 전류를 일으킬 것이고, 그 전류가 지구의 자기장을 만든다는 이론이다. 실제로 지구 자기장 기록을 조사한 결과에 따르면, 약 35억 년 전에 생긴 자기장은 강도가 매우 낮았지만, 약 27억 년 전 플룸이 생긴 이후 급속도로 강해져 현재의 값과 가까워졌다.

2) 맨틀이 대륙을 움직이다

지구가 식어 가면서 고체 상태의 지각이 만들어졌지만, 초기에는 육지가 없었다. 지구 내부의 용암이 약한 지각을 뚫고 위로 올라와 다른 곳보다 높은 곳을 만들면서 육지와 대륙이 나타났다. 대륙이 천천히 이동한다는 대륙이동설(continental drift theory)을 처음 주장한 사람은 독일의 알프레트 베게너(Alfred Wegener)였다. 그는 여러 대륙에 분포하는 양치식물의 화석, 남극 대륙에서 발견된 석탄, 인도와 아프리카와 오스트레일리아에서 발견된 빙하에 의한 침식 지형, 아프리카와 남아메리카 해안의 일치와 같은 관측 결과를 바탕으로 1915년에 출간한 《대륙과 해양의 기원(Die Entstehung der Kontinente und Ozeane)》이라는 책에서 대륙이 이동하고 있다고 주장했다. 한때 지구는 판게아[24]라는 하나의 거대한 대륙을 둘러싼 판탈라사[25]라는 바다였는데, 대륙이 2억 년 전에 분리되기 시작했다는 것이다. 밀도가 낮은 화강암으로 이뤄진 대륙지각은 밀도가 높은 현무암으로 이뤄진 해양지각 위를 떠다니기 때문이라고 했다. 기상학자인 베게너가 주장한 이 지질학 이론은 과학적 근거가 부족하고 대륙을 움직이는 큰 힘의 원인을 설명하지 못했기에 많은 반론에 부딪혔다.

1960년대에 들어서 측정 장비와 기술의 발전으로 대륙이 이동한다는 새로운 증거가 다수 발견됐다. 1960년대에 발생한 지진의 위치를 지도 위에 표시해 보면, 지진은 대부분 길고 좁은 지역에서 일어났다. 이후 화산도 좁은 지역에 집중돼 있다는 것을 알게 되었고, 지진과 화산이 자주 발생하는 지역이 지각판의 경계라고 추측하게 됐다. 1968년 프랑스의 그자비에 르 피숑(Xavier Le Pichon)은 지각을 이루는 여섯 개의 판(태평양판, 아메리카판, 아프리카판, 유라시아판, 인도-호주판, 남극판)의 움직임을 설명하는 모델을 제시했다. 지금은 판들의 크기와 모양, 움직

---

24 그리스어로 '모든'을 뜻하는 Pan과 '대지'를 뜻하는 gaia의 합성어.
25 그리스어로 '모든'을 뜻하는 Pan과 '바다'를 thalassa의 합성어.

대륙이 움직인다는 증거

가장 중요한 증거는 대륙의 해안 모습이 잘 들어맞는다는 것이다. 제2차 세계대전 중 작성된 세계 바다 밑의 정밀한 지도에 따르면, 해안선보다는 대륙의 실제 가장자리라고 할 수 있는 깊이 2km의 대륙 사면이 훨씬 더 잘 들어맞았다. 멀리 떨어진 대륙의 지질학적 유사점과 화석도 대륙이 이동하고 있다는 강력한 증거가 된다. 산맥에서 발견되는 지형들로부터 초대륙이 분리되기 전에는 스칸디나비아산맥, 스코틀랜드와 아이슬란드의 산맥, 북아메리카의 애팔래치아산맥이 하나의 산맥이었다는 것이 밝혀졌다. 중생대(Mesozoic Era)에 번성했던 유사한 파충류의 화석이 북아메리카와 유럽에서 모두 발견된 것도 이 대륙들이 중생대에는 하나의 대륙이었다는 증거다. 남아메리카, 아프리카, 오스트레일리아, 인도 그리고 남극에서 고생대 석탄기(Carboniferous Period)와 페름기(Permian Period)의 유사한 식물과 동물의 화석들이 발견된 것은 고생대에 이 대륙들이 하나의 대륙을 이루고 있었다는 증거다. 이 대륙들의 신생대(Cenozoic Era) 화석이 다른 것은 이 대륙들이 신생대에는 멀리 떨어져 있었기 때문이다.

임에 대해 훨씬 더 자세히 알려져 있다. 대륙의 이동을 포함한 지각의 지질학적 현상을 10여 개의 판으로 설명하는 이론이 판구조론이다. 판구조론은 지질학 연구에 큰 변화를 가져왔다. 이 이론은 화산, 대양 중심의 중앙해령, 심해 해구와 같은 지형의 형성 과정을 이해하는 데 큰 실마리를 제공했다.

거대한 대륙을 움직이는 힘은 무엇일까? 대륙의 이동은 현재도 진행 중이라 지진과 화산, 대양 해저 지반의 변화, 암석에 기록된 지자기의 방향 분포, 대륙 간 거리의 미세한 변화 등을 관측하면 답을 알 수 있다.

맨틀의 주성분은 암석인데, 상부 맨틀 맨 위쪽의 얇은 층은 지각과 온도도 비슷하고 매우 단단하다. 이 얇은 층과 지각을 합쳐 암석권(岩石圈, lithosphere)이라 하고, 그 아래 하부 맨틀까지는 부드러운 연약권(軟弱圈, asthenosphere)이라 한다. 맨틀은 기본적으로 지진파에 민감하게 반응하는 고체지만, 연약권은 긴 시간에 걸쳐 대류가 일어나는 유체의 성질도 있다. 연약권에서는 높은 온도의 물질은 위로 올라오고, 낮은 온도의 물질은 아래로 내려가는 대류가 서서히 일어난다. 상하로 움직이는 대류는 수평의 움직임도 수반하고, 이 수평 운동이 암석권을 옆으로 밀어 지각의 판을 움직인다. 판이 각기 다른 방향으로 이동하면, 판이 멀어지는 곳도 있고 가까워지는 곳도 있고 옆으로 밀리는 곳[26]도 생긴다. 이러한 판의 경계에서는 다양한 지질 현상이 일어난다.

암석권의 아래에 있는 연약권의 수평 방향 움직임이 암석권을 움직이는 것은 확실하지만, 큰 규모에서 어떤 작용이 있는지는 완전히 밝혀지지 않았다. 최근에는 플룸구조론이 설득력을 얻고 있다. 해구로 섭입한 슬랩이 하부 맨틀로 하강하는 차가운 플룸은 주변의 다른 플룸과 결합하면서 하부 맨틀 전체에 몇 개의 커다란 하강류를 만들어 낸다. 이런 거대한 하강류에는 주변의 모든 것을 빨아들이는 힘이 생기고, 그 상부에 있던 맨틀은 한 장소로 모이게 된다. 현재 지구에는 세 개의 슈퍼 플룸이 알려져 있다. 뜨거운 슈퍼 플룸은 남태평양과 아프리카 아래에 있고, 차가운 슈퍼 플룸은 아시아 아래에 있다.

---

26   이를 각각 발산 경계, 수렴 경계, 변환 경계라 한다.

지각판의 경계에서 일어나는 지질 현상

두 대륙을 밀어내는 해저 지반 확장은 연약권 중 온도가 높은 곳을 용암이 뚫고 올라오면서 옆으로 밀려나는 현상이고, 그 지역을 대양중앙해령이라 한다. 새 암석은 멀어지며 식고 밀도가 높아져 아래에 있는 연약권으로 다가간다. 중앙해령에서 멀어지면 수심이 깊어지고 중앙해령 가까이에서는 비교적 얕다. 유라시아판과 북아메리카판을 밀어내는 대서양중앙해령은 매년 1.54cm씩, 태평양중앙해령은 매년 15cm씩 확장되고 있다.

반대로 두 대륙이 가까워지면 무거운 해양지각이 가벼운 대륙지각의 아래로 내려간다. 이런 지역의 육지에는 안데스산맥처럼 높은 산맥이 만들어지고, 바다에는 필리핀 동쪽에 있는 마리아나 해구처럼 깊은 해구가 만들어진다. 이 때문에 오스트레일리아판은 북쪽으로 매년 17cm씩 이동하고 있

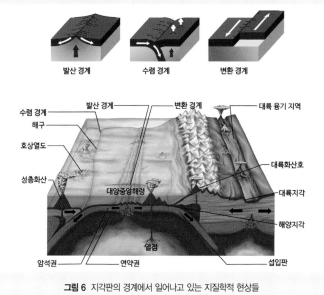

그림 6 지각판의 경계에서 일어나고 있는 지질학적 현상들

고, 두 판이 서로 옆으로 이동하는 경우도 있다. 북아메리카판과 태평양판은 옆으로 미끄러지면서 캘리포니아의 샌앤드레이어스 단층을 만든다.

뜨거운 슈퍼 플룸은 주변 일대에 마그마를 공급한다. 남태평양 아래의 뜨거운 슈퍼 플룸은 거대한 태평양판을 서쪽으로 밀고, 화산섬으로 연결된 하와이 열도 생성에도 관계한다. 아프리카 아래의 뜨거운 슈퍼 플룸은 동아프리카 열곡대[27]라는 거대한 계곡을 만들며, 장래에 아프리카의 동쪽을 대륙에서 떼어 낼 것이다. 아시아 아래에 있는 차가운 슈퍼 플룸은 주변 대륙을 끌어당기며 4~5억 년 이내에 지구의 모든 대륙을 끌어와 하나의 거대한 초대륙을 만들 것으로 예상된다. 지구 내부의 슈퍼 플룸은 오랜 시간에 걸쳐 지구 표면을 바꾸는 원동력이라고 해석된다.

3) 초대륙이 알려 주는 미래의 지도

지구에 차가운 슈퍼 플룸이 하나만 있는 시기에는 지각에 있는 모든 판이 한 점에 모이고, 최후에는 하나의 거대한 초대륙[28]이 탄생한다. 과거 긴 역사 동안 지구는 초대륙을 형성했다가 여러 대륙으로 나누어

---

27 홍해의 아덴만에서 케냐, 탄자니아, 모잠비크에 이르는 5천km의 계곡 띠. 2천만 년 동안 100km 이상 벌어지고 있다.

28 초대륙(supercontinent)이란 그 당시 지구에 존재하던 대륙의 75% 이상이 한데 모여 만들어진 거대한 대륙을 말한다.

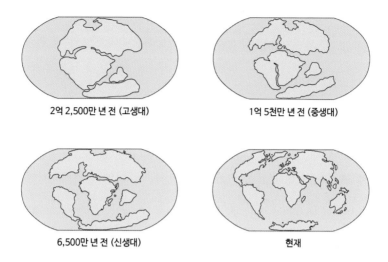

2억 2,500만 년 전 (고생대)

1억 5천만 년 전 (중생대)

6,500만 년 전 (신생대)

현재

그림 7 판게아의 형성과 분리

지는 일을 반복했다. 화석이 없는 시생대와 원생대 기간에 대해서는 암석에 남아 있는 지자기의 방향과 지질학적 특징을 이용하여 추측한다. 자석의 성질을 가진 금속은 암석이 형성될 때 자극(磁極, magnetic pole)이 남북으로 정렬되지만, 대륙을 따라 이동하면서 이 방향이 달라진다. 암석의 자석 방향을 조사하면 어느 위도에서 굳어졌는지 알 수 있다. 이를 근거로 과학자들은 지구상에 초대륙이 10번 이상 있었다고 하지만,[29] 과학적 근거는 미미하다.

생명체의 화석이 풍부해지면 대륙 이동을 추측할 수 있는 과학적 자료도 많아진다. 약 11억 년 전의 초대륙은 로디니아(Rodinia)다. 육지

---

[29] 약 11억 년 전의 로디니아, 18억 년 전의 콜롬비아를 위시해 아틀란티카, 아티카, 케놀랜드 등으로 명명되었다.

생명체가 없었던 시기여서 로디니아 초대륙은 황폐한 암석의 땅이었을 것이다.[30] 로디니아는 약 8억 년 전에 분리됐다가, 약 6억 년 전 판노티아(Pannotia) 초대륙으로 합쳐졌다. 분리됐던 판노티아 초대륙은 3억 년 전 다시 하나의 초대륙 판게아로 합쳐졌다. 과학자들은 고생대 페름기 말의 생명 대멸종(mass extinction)은 이 초대륙 형성과 관계가 있다고 추측한다. 판게아는 공룡이 지구를 누비고 있던 중생대에 테티스 해를 사이에 두고 북쪽의 로라시아(Laurasia) 대륙과 남쪽의 곤드와나(Gondwana) 대륙으로 분리됐다. 로라시아는 유라시아 대륙과 북아메리카로, 곤드와나는 아프리카, 남아메리카, 인도, 오스트레일리아, 남극으로 분리되어 신생대가 시작되는 6,500만 년 전에는 현재 우리가 보는 대륙의 기본 틀이 만들어졌다.

고생대와 중생대의 경계에 해당하는 2억 5천만 년 전, 지구 역사상 최대의 '페름기 말 대량 멸종 사건'이 일어났다. 해양에 서식하는 무척추동물의 최대 96%가 멸종했다고 추정되며, 단단한 골격을 가진 생물이 지구상에 나타난 이래 가장 참혹한 대멸종이었다. 오랫동안 그 원인을 알지 못했는데, 먼바다에서 원인을 알게 됐다. 원양 심해퇴적물을 조사하면서 2억 5천만 년 전 지구의 바다에는 '슈퍼아녹시아(superanoxia, 초(超)무산소화)'라 불리는 장기간(약 2천만 년)의 산소 결핍 상태가 있었음이 밝혀졌다. 이 시기는 지구의 모든 대륙이 모여 초대륙 판게아를 만들었을 때였다.

산소 결핍의 원인은 무엇일까? 여러 가지 원인이 있을 수 있지만, 현

---

30 로디니아 초대륙의 형성과 분리는 원생누대 말에 있었던 두 번의 빙하기 그리고 에디아카라 동물군(Ediacara fauna)의 번성과 멸종에 영향을 주었을 것이다.

재 가장 설득력 있는 설명은 다음과 같다. 2억 5천만 년 전 아프리카 아래에 뜨거운 슈퍼 플룸이 탄생하고 판게아가 분리되기 시작했다. 뜨거운 슈퍼 플룸의 활동으로 맨틀 깊은 곳에 있던 물질들이 상승하여 다량의 마그마를 만들었다. 엄청난 양의 폭발적인 화산활동으로 대기 중에는 화산재와 가스로 이뤄진 분진의 장막이 생겨 생물의 광합성이 쇠퇴하고 대기 중의 유황이 산성비로 내려와 해양이 산성화됐다. 먹이사슬의 바닥에 있는 생물이 치명적인 타격을 입으면서 광합성이 줄고 산소 생산이 저하돼 사상 최대의 생물 대량 멸종이 일어난 것이다.

3억 년 전 아시아 대륙 아래에는 차가운 슈퍼 플룸이 만들어지기 시작했고, 세계의 모든 대륙은 이 차가운 슈퍼 플룸에 빨려들기 시작했다. 판게아에서 분리된 대륙들이 아시아 대륙을 중심으로 모이고 있고, 이런 움직임이 앞으로 4~5억 년간 계속된다면 새로운 초대륙이 출현하게 된다.

새로운 초대륙 출현을 시간순으로 예측해 보면, 5천만 년 후 호주 대륙이 한반도 근처 유라시아 대륙 동쪽과 충돌하여 아시아와 호주 양 대륙 사이에는 거대한 습곡산맥이 만들어질 것이다. 하와이 역시 유라시아 대륙 근처로 접근해 올 것이다. 2억 년 후에는 북아메리카와 남아메리카 두 대륙이 아시아 대륙과 합쳐지고, 이미 아시아 대륙과 연결된 아프리카, 아라비아반도와 함께 초대륙을 완성한다. 남극 대륙의 움직임은 예측하기 어렵지만 남아메리카 대륙과 충돌하고 결합하여 초대륙의 일부가 될 것이다. 이 시나리오는 예측에 불과하지만, 현재 대륙의 움직임 그리고 맨틀에서 일어나는 플룸의 운동을 고려할 때 가능한 일이다. 더욱 정밀한 과학적 관측이 이루어지면 좀 더 가능성이 큰 시나리오가 만들어질 것이다. 과학자들은 이미 이 새로운 초대륙에 '판게아 울티마(Pangaea Ultima)'라는 이름까지 지어 놓았다.

3. 지구의 운동과 생태계

스코틀랜드의 제임스 허턴(James Hutton)은 "현재는 과거를 푸는 열쇠다."라는 명언을 남겼다. 현재의 지질학적 변화로부터 과거의 변화를 추론할 수 있다는 의미지만, 반대로 지구 변화의 역사로부터 미래의 지구 모습을 그려 볼 수 있다. 현재는 과거뿐만 아니라 미래에 대한 열쇠이기도 하다.

1) 지구 환경 변화는 생태계를 바꾼다

지구 탄생 후 5~6억 년 정도의 기간인 명왕누대(Hadean Eon)에는 환경이 열악해서 생명체가 없었다. 40억 년 전 시생누대(Archean Eon)로 접어들면서 표층 기온이 일정하게 유지됐고, 대기는 이산화탄소로 이뤄졌다. 이 시기에 지구 최초의 생명체(원핵생물)가 탄생했다. 시생누대 말인 29억 년 전에 처음으로 지구에 빙하기가 찾아왔다. 대기 중의 이산화탄소 농도가 급속도로 낮아져 0.1기압 정도였고, 지표 환경이 다양해지기 시작했다. 27억 년 전 광합성을 하는 생명체가 나타나 대기에 산소가 증가하기 시작했다. 산소는 천해에서 심해로 서서히 스며들었다. 21억 년 전 산소에 적응하기 위해 생물은 이중의 세포막을 가진 세포 구조(진핵생물)로 진화하고, 10억 년 전부터는 고농도 산소를 에너지로 사용하면서 대형화됐다.

6~5억 년 전 현재에 가까운 산소 농도가 만들어지고, 1억 년 후에는 지구 대기에 오존층이 생겼다. 자외선을 차단해 주는 오존층 덕분에 생물의 육상 진출이 시작되었다. 식물이 먼저 상륙하고 이어서 동물이 상륙했다. 지구 탄생 후 지구 환경의 변화와 함께 생물도 다양하게 진화하며 환경에 적응했다.

지구의 운동은 점진적인 경우도 있고, 매우 급격하게 일어나기도 한다. 불연속적이고 단속적인 지각의 변동으로 인해 지구 환경이 크게 요동치면 많은 생물이 멸종했다. 특별한 사건이 없이도 생물의 멸종이 일어나지만, 여러 종의 생물이 갑자기 사라지는 현상은 대량 멸종이라 부른다. 현생누대라 명명된 최근 약 5억 5천만 년 동안은 과거 생물의 흔적이 많이 남아 있어서 이전의 지질 시대에 비해 자세한 생물 진화사가 밝혀져 있다. 이 기간에 다섯 차례의 대량 멸종이 일어났다고 알려졌는데, 고생대 오르도비스기 말(약 4억 4천만 년 전), 데본기 말(약 3억 7천만 년 전), 페름기 말(약 2억 5천만 년 전), 중생대 삼첩기 말(약 2억 년 전) 그리고 백악기 말(약 6,600만 년 전)의 사건들이며, 고생대와 중생대의 경계인 페름기 말에 일어난 멸종이 최대 규모였다. 대량 멸종 사건은 다양한 생물이 순차적으로 다른 종류로 치환되는 것이 아니라, 많은 종류의 생물 종이 한꺼번에 지구상에서 사라지고, 지질 시대의 경계가 되기도 한다.

대량 멸종 사건이 일어나는 지질학적 이유는 지구 한랭화와 온난화를 포함한 주요 기후 변동, 큰 빙하 작용, 해수면 변동, 전 지구적 산소 결핍, 화산 폭발, 소행성 충돌, 우주선의 영향 등이다. 앞의 다섯 가지 는 지구에서의 대륙과 초대륙의 변동과 관계가 깊다. 나머지 두 가지 는 지구 밖에서 기인하며, 백악기 말의 공룡 멸종 사건은 운석의 충돌 이 원인이라고 알려져 있다. 멸종의 원인이 지구 내부에 있든 바깥에 있든 지구 환경에 급격한 변화를 초래한다. 격변의 시기에는 많은 생 물이 멸종하고, 상당한 시간이 지난 다음 새로운 생명체가 지구에 번 성하게 된다. 생물 종 변화의 속도가 아주 빠른 시기와 거의 변화가 없 는 오랜 기간이 교대로 나타나는 듯 보이며, 이런 양상을 단속 평형 (punctuated equilibrium)이라 한다.

생명체가 살 수 있는 물리화학적 환경의 폭은 아주 좁다.[31] 생명체가 사는 환경은 크게 육상과 해양으로 구분된다. 육상은 해양에 비해 산 소 농도가 압도적으로 높고, 온도 변화의 범위도 해양보다 크다. 산소 농도는 거의 포화 상태이며, 농도가 현재보다도 상승하면 화재가 빈번 해져 다시 농도가 낮아지는 음의 되먹임이 작용한다. 산소가 많은 육 상에서는 산화 반응을 통해 큰 에너지를 생산할 수 있어서 생물이 대 형화될 수 있다. 육상 기후의 한랭화는 불리한 조건이라, 육상 생물의 역사는 항상 한랭화와의 싸움이었다고 해도 과언이 아니다. 해양 환경 은 육상에 비해 다양한 물리화학적 환경이 안정돼 있지만, 산소 농도 에는 큰 차이가 있다. 공기와 접해 있는 천해는 산소가 많고, 온도 환경 의 폭도 크다. 심해일수록 산소 농도가 낮고, 혐기성 박테리아가 서식

---

31 생명체는 90% 이상이 물로 구성되어 있다. 물은 단순한 무기물질부터 고분자의 단백질까 지 다양한 물질을 녹일 수 있다. 생물은 기본적으로는 물이 액체 상태인 조건에서만 살 수 있다.

할 수 있다.[32]

지구 환경이 돌발적으로 변하면 해양보다 육상의 변화가 훨씬 커서 육상 생물이 받는 피해가 더 크다. 육상 생물은 지구의 환경 변화에 약하고, 특히 먹이사슬의 정점에 있는 대형동물일수록 환경 변화를 이기기가 힘들다. 해양 생물의 경우 천해의 생물은 환경 변화에 강한 영향을 받지만, 심해로 갈수록 영향력이 작아진다.

초대륙 형성과 분리는 지구의 기후와 생태계에 큰 영향을 준다. 초대륙이 분리되는 시기에는 하부 맨틀에서 올라오는 고온의 물질이 마그마를 지표로 분출하면서 많은 이산화탄소를 함께 내보낸다. 지구 아래에서 올라오는 열 때문에 온도가 올라가고, 액체는 열팽창 때문에 부피가 커져서 해수면도 올라간다. 이산화탄소에 의한 온실 효과가 가세하면서 대기 온도는 더욱 올라간다. 반대로 거대한 초대륙이 만들어지면 온도가 내려가면서 해수면이 낮아지고 대륙붕(continental shelf)[33]이 육지로 노출된다. 해수면이 내려가 육지 표면적이 커지면 침식과 풍화 작용이 커지고, 육지에 풍부한 질소와 인이 해양으로 이동하여 생물이 자라기 좋은 환경을 만든다. 이로 인해 해양에서 광합성을 하는 미생물이 늘어나면 대기 중의 이산화탄소가 줄어든다. 온실가스(greenhouse gas)인 이산화탄소가 줄면 온실 효과는 감소하고 빙실 효과(icebox effect)가 생긴다. 생명체의 진화는 초대륙에서는 느리게 진행되

---

32 중앙해령에는 다양한 영양염(營養鹽, nutrient)을 분출하는 열수분출공(熱水噴出孔, hydrothermalvent)이 있으며, 고온에서 살 수 있는 혐기성 세균이 자란다.

33 수심이 약 200m 미만인 해저 육지의 연장 부분으로, 육지의 침식 작용이 만든 퇴적물이 쌓이는 지형을 말한다.

지만, 대륙이 분리되면 환경이 다양해지고 이에 적응하기 위해 진화 속도가 빨라진다.

2) 지구는 심각한 기후 변화를 겪고 있다

긴 지구의 역사에서 보면 지구의 기후는 극단적으로 변해 왔다. 지구 전체가 얼음으로 뒤덮인 적도 여러 번 있었고, 극지방까지 열대 정글을 이루던 시기도 있었다. 대규모의 빙하기가 언제 얼마나 계속되었는지 알게 해 준 것은 방사성 동위원소를 이용한 암석의 연대 측정 방법이다. 1907년 캐나다의 지질학자 아서 필레몬 콜먼(Arthur Philemon Coleman)은 미국과 캐나다 국경에 있는 휴런호(Lake Huron) 주변에서 퇴적층을 찾아내 이 지층이 25~22억 년 전 사이에 형성되었다는 것을 밝혀냈다. 그 후 세계 곳곳에서 발견된 퇴적층들의 결과를 종합하여 지구 전체가 얼음으로 뒤덮인 빙하기가 24~21억 년 전까지 3억 년 동안 계속되었다는 것을 알게 되었고, 이를 휴로니안 빙하기(Huronian Glaciation)라고 부른다. 3억 년이나 계속되던 휴로니안 빙하기가 끝난 이유는 아직 모르지만, 화산활동으로 인해 온실가스가 방출돼 지구 온도가 올라갔을 것으로 추정하고 있다.

지구 전체가 얼음으로 뒤덮이는 빙하기는 두 번이나 더 있었다. 7억 5천만 년 전에 5천만 년 동안 지속된 스타티안 빙하기(Sturtian Glaciation)와 6억 6천만 년 전에 2,500만 년 동안 지속된 마리노안 빙기(Marinoan Glaciation)다. 두 빙하기는 원생누대 후반의 크라이오제니아기(Cryogenian Period)에 있었기 때문에 두 시기를 합쳐 '크라이오제니아 빙하기'라고

지구 전체가 얼음으로 뒤덮여?

지구 전체가 얼음으로 뒤덮였다는 빙
하기를 처음 주장한 사람은 스코틀랜
드의 제임스 허턴이다. 그는 스위스 제
네바 부근에서 주위의 암석과는 다른
커다란 암석들을 발견하고, 이 암석들
은 과거에 빙하가 옮겨 놓은 암석이라
고 주장했다. 이것이 과거 빙하기에 관
한 최초의 증거였다. 허턴의 발견을 계
기로 1800년대에는 많은 학자들이 지

그림 8 　주위의 암석과는 전혀 다른 이런 표
석들은 빙하가 멀리서부터 운반해
온 것이다.

층 조사를 통해 빙하기의 흔적을 찾아내기 시작했다. 빙하가 옮겨 놓은 주
변과 다른 커다란 암석인 표석(漂石, erratic boulder)과 빙하가 옮겨다 쌓아 놓
은 돌무더기인 빙퇴석(氷堆石, moraine)도 세계 곳곳에서 발견되었다. 흘러내
리는 거대한 빙하가 깎은 U자형 계곡도 발견하였다.

부르기도 한다. 5억 4,200만 년 전에 시작된 고생대 이후에 지구의 기
온은 크게 변했다. 2억 9천만 년 동안 계속된 고생대에는 비교적 온도
가 높았지만 빙하기도 두 번이나 있었다. 이 당시의 빙하기는 지구 전
체가 얼음으로 뒤덮이지는 않고, 극지방의 얼음이 저위도까지 진출했
다가 후퇴하는 식이었다. 1억 9천만 년간 지속된 중생대에는 빙하기라
고 할 만큼 온도가 내려간 시기가 없이 대체로 온난했다.

6,500만 년 전 시작된 신생대에는 기후 변화가 상당히 컸다. 신생대
초기에는 기온이 계속 올라가 지구 전체 기온이 30℃에 이르렀으며 극

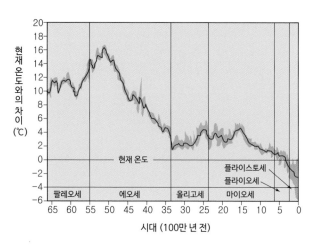

그림 9 신생대의 기온 변화

지방까지 열대 정글로 뒤덮였다. 1,200만 년이 지난 후 온도가 내려가기 시작했고, 신생대 중반에는 기온이 한동안 안정적으로 유지됐다. 500만 년 전 플라이오세(Pliocene Epoch)에서 기온 하강이 시작돼 플라이스토세(Pleistocene Epoch)에는 본격적인 빙하기를 일으켰다. 플라이스토세에는 빙하가 북위 40도까지 진출하는 빙기와 후퇴하는 간빙기(間氷期)가 있었다. 지구의 장기적인 기후 변화와 달리 이 시기에는 빙기와 간빙기가 반복적으로 나타나는 주기성을 찾아볼 수 있다.

마지막 빙기는 12만 5천 년 전부터 1만 5천 년 전까지 10만 년 이상 계속되었다. 마지막 빙기가 절정을 이룬 약 3만 년 전에는 육지에 얼음이 쌓이면서 해수면이 내려가 유라시아 대륙과 북아메리카 대륙이 육지로 연결되었다. 빙하는 1만 6천 년 전에 물러가기 시작했으며, 현재 우리는 간빙기에 해당하는 홀로세(Holocene Epoch)에 산다. 과거의 짧

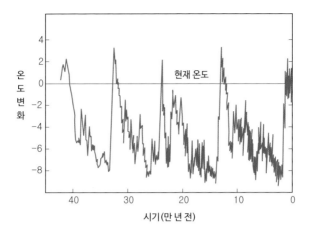

온도변화

현재 온도

4
2
0
-2
-4
-6
-8

40   30   20   10   0

시기(만 년 전)

그림 10 40만 년 전부터 현재까지의 지구 기온 변화

은 간빙기에 비해 현재의 간빙기는 무척 길어서 1만 년 이상 지속되고 있지만, 빙기는 언제든 다시 올 수 있다. 요즘은 지구 온난화 문제로 전 지구가 요란하지만, 지난 40만 년 동안의 뚜렷한 주기성을 보면 빙기가 다시 오지 않을 이유는 없다.

장기적인 지구의 기후 변화는 주로 돌발적인 변수에 의해 큰 영향을 받아 왔다. 온실가스는 지구 기후 변화에 큰 영향을 주는데, 그 양은 생명체의 활동에 의해서도 달라진다. 초기 지구 대기에는 많은 양의 온실가스가 있어서, 태양이 현재보다 30%나 적은 에너지만 방출하고 있었지만 따뜻한 기온을 유지할 수 있었다. 시아노박테리아가 탄소동화작용(炭素同化作用, carbon dioxide assimilation)으로 산소를 늘리자 이산화탄소보다 50배 강력한 온실가스인 메테인이 산화돼 사라졌다. 24억 년 전 시작된 휴로니안 빙하기의 원인은 시아노박테리아였을 가능성이 가장 크다.

2억 5천만 년 전 고생대 말 페름기 대멸종 때는 다량의 마그마에 의한 화산활동이 출발점이었다. 그 당시 화산활동은 오늘날의 화산활동과는 비교할 수 없을 정도로 큰 규모였다. 지구 역사상 최대 규모의 화산 분출이 100만 년 동안 계속되어 시베리아에 유럽과 비슷한 면적에 높이가 1천 미터나 되는 용암대지(lava plateau)를 만들었다. 화산활동으로 이산화탄소가 방출돼 지구 기온이 올라가자 바다 밑에 쌓여 있던 메테인이 공기 중으로 방출됐고, 강과 호수가 말라 버릴 정도로 온도가 올라갔다. 이 시기의 화석에는 높은 온도와 물 부족의 증거가 많이 포함돼 있다. 메테인 기체는 공기 중의 산소와 만나 산화되면서 산소 농도를 급격하게 떨어뜨렸다. 과학자들은 페름기 말 대기 중 산소 농도를 지구 역사상 가장 높은 30%로 추측한다.[34] 페름기 대멸종 이후에는 대기 중 산소 농도가 10%로 떨어졌고, 이 상태는 약 1억 년 동안이나 계속됐다.[35] 30%의 산소 농도에 익숙해 있던 생명체들에게 치명적인 환경은 진화의 압력으로 작용했고, 새로운 환경에 가장 성공적으로 적응한 동물이 공룡이었다. 신생대 초기에는 지구의 기온이 올라가서 지구 전체가 숲으로 뒤덮였다. 북극 지방에 있는 그린란드와 남아메리카 남단에 있는 파타고니아에서도 야자나무가 자랐으며, 유럽 지역에도 열대 늪지대가 만들어졌다. 오래 지나지 않아 지구의 기온은 다시 내려갔다. 과학자들은 그 원인 중 하나로 아졸라(azolla)라는 부유성

---

34 석탄기 이후 형성된 우거진 숲으로 인해 산소 농도가 이 정도로 높았을 것이다.
35 대멸종으로 숲이 사라져 산소 농도가 쉽게 올라갈 수 없었기 때문이다.

양치식물이 과다하게 증식해 공기 중 이산화탄소의 양을 줄여서 온실 효과가 줄었기 때문이라고 생각한다. 아졸라 사건 역시 생명체의 활동이 지구 기후를 변화시킨 예다.

운석도 지구 기온 변화에 영향을 줄 수 있다. 6,500만 년 전 멕시코에 있는 유카탄반도의 칙술루브 지역에 충돌한 운석은 백악기 말 공룡을 멸종시킨 원인으로 여겨진다. 운석의 충돌로 많은 양의 먼지가 공기 중으로 날아가 태양 빛을 가려서 지구 기온이 급격히 내려갔다는 것이다. 운석의 충돌은 아무런 예고 없이 순간적으로 일어나는 사건이라 단기간에 기후를 크게 변화시키기 때문에 생명체에게는 치명적이다.

현재 우리는 인류의 활동이 지구 온도를 크게 높인다고 걱정한다. 지구의 거대한 기후 변화 패턴 안에서 인류의 활동이 만든 지구 온난화가 작은 소동으로 끝나고 빙기가 올지, 아니면 인류의 활동이 온도 상승을 걷잡을 수 없는 길로 몰고 갈지 속단할 수는 없다. 지구 환경을 크게 바꾸면서도 자신들이 무엇을 하는지 몰랐던 시아노박테리아나 아졸라와는 달리, 인류는 우리가 지구 환경과 생태계에 어떤 영향을 주는지 과학을 통해 알아냈다. 과학은 어떻게 해야 지구 환경을 회복할 수 있는지도 알려 준다. 아직은 회복을 위한 활동이 부족하지만, 지구가 안전한 생명의 보금자리가 됐으면 좋겠다는 것이 모든 인류의 바람이라면 그렇게 될 것이다.

지질 시대 연표

누대	대	기	세	주요 사건	끝, 백만 년 단위
현생누대	신생대	제4기	홀로세	빙하기가 끝나고 인류의 문명이 시작되다.	0
			플라이스토세	거대 포유류가 번성하고 멸종하다. 현생 인류가 진화하다.	0.011430
		신제3기	플리오세	빙하기가 강화되다. 오스트랄로피테쿠스가 나타나다.	1.806
			마이오세	온화한 기후; 북반구의 조산 운동; 말과 코끼리의 조상, 유인원이 나타나다.	5.332
		고제3기	올리고세	따뜻한 기후; 현생 절지동물과 포유류, 속씨식물의 진화와 확산이 일어나다.	23.03
			에오세	고대 포유류가 번성하다. 원시 고래가 생기다. 빙하 시대가 시작되다.	33.9
			팔레오세	열대 기후; 현생 식물, 새와 포유류의 분화; 꽃의 등장으로 곤충이 등장하다.	55.8
	중생대	백악기	후기	속씨식물, 꿀벌, 말벌 등이 출현하다. 이매패류, 성게 등이 번성하다. 새로운 공룡(티라노사우루스, 트리케라톱스)과 현대의 악어와 상어가 출현하다. 곤드와나 대륙이 분열되다. 약 6천5백만 년 전에 공룡이 멸종하다.	66.0
			전기		99.6
		쥐라기	후기	겉씨식물과 양치식물이 번성하고 모기, 흰개미가 등장하다. 알로사우루스, 스테고사우루스 등 다양한 공룡과 작은 포유류, 새가 나타나다. 판게아 대륙이 곤드와나와 로라시아로 분열되다.	145.5
			중기		161.2
			전기		175.6
		트라이아스기	후기	파충류가 번성하다. 대벌레목, 노린재목등 곤충이 등장하다. 공룡, 익룡, 악어가 나타나다. 현생 산호류가 나타나다.	199.6
			중기		228.0
			전기		245.0

누대	대	기	세	주요 사건	끝, 백만 년 단위
현생누대	고생대	페름기	후기	판게아 초대륙이 생겨나다. 완전탈바꿈 곤충들이 번성하다. 어류, 완족동물, 암모나이트가 풍부하다. 마지막에 페름기 대멸종이 일어나다.	251.0
			중기		260.4
			전기		270.6
		석탄기	후기	날개가 있는 곤충, 양서류, 파충류, 석탄이 될 숲이 나타나며, 대기 중 산소 농도가 고도로 높아지다. 양서류가 육상에 진출하다. 최초의 원시 곤충이 등장하다.	299.0
			중기		311.7
			초기		326.4
		데본기	후기	육지에서는 나무가 나타나다. 바다에서는 완족동물, 산호, 경골어류, 원시 상어가 풍부하다. 유라메리카(Euramerica, 지금의 북미와 유럽이 합쳐진 대륙)가 출현하다.	359.2
			중기		385.3
			전기		397.5
		실루리아기	프리돌리세	최초로 관다발 조직이 있는 육상 생물, 최초의 육상 동물(노래기), 최초의 턱 있는 어류, 절지동물이 동물 역사상 최초로 육상에 진출하다. 완족동물, 삼엽충과 연체동물이 번성하다.	416.0
			루드로세		418.7
			웬록세		422.9
			슬란도버리세		428.2
		오르도비스기	후기	새로운 종류의 무척추동물(완족동물, 이매패류, 앵무조개, 삼엽충), 원시 산호, 불가사리 등이 살다. 균류가 육상에 처음 출현하다.	443.7
			중기		460.9
			전기		471.8
		캄브리아기	후기	캄브리아기 대폭발로 생물의 다양성이 늘다. 삼엽충(절지동물), 완족동물, 최초의 척추동물이 나타나다.	488.3
			중기		501.0
			초기		513.0

누대	대	기	세	주요 사건	끝, 백만 년 단위
원생누대	신원생대	에디아카라기		다세포 동물의 출현. 에디아카라 생물군이 생기다. 말기에는 에디아카라 멸종 사건이 일어나서 에디아카라 생물군이 멸종되다.	542.0
		크라이오제니아기		로디니아 대륙의 분열이 시작되다. 지구 전체가 얼어붙었다고 여겨지다(눈덩이 지구).	630
		토니아기		생물의 대기 조성이 시작되다.	850
	중원생대	스테니아기		로디니아 대륙이 형성되다.	1000
		엑타시아기			1200
		칼리미아기			1400
	고원생대	스타테리아기		진핵생물이 출현하다.	1600
		오로시리아기		대기권에 산소가 늘다.	1800
		리아시아기			2050
		시데리아기			2300
시생누대	신시생대			대륙지각이 생겨나다. 맨틀 대류가 일어나다.	2500
	중시생대			스트로마톨라이트가 생성되다.	2800
	고시생대			광합성을 하는 세균이 출현하다.	3200
	초시생대			고원핵생물이 출현하다.	3600
명왕누대				43억 년 전 -가장 오래된 암석. 44억 년 전 -가장 오래된 광물.	

인류가 바꾸는 지구의 위험한 환경

1. 기후 변화의 원인

1) 기후는 변함이 없고 날씨는 변한다

기후와 날씨는 비슷한 것 같지만 다른 개념이다. 세계기상기구(World Meteorological Organization, WMO)는 기후를 '통계적 특성을 확실히 알 수 있을 만큼 긴 일정 시기에 나타나는 날씨의 통계'라고 정의했다. 날씨는 시시각각으로 변하는 기압, 기온, 습도, 강수량, 흐림, 바람 등 우리가 겪는 구체적 경험의 대상이다. 기후는 대개 30년에 걸친 날씨의 통계로부터 우리가 알아낸 개념이다. 기후는 이런 통계의 결과[1]이니 단

---

1   평균과 편차, 최고치와 최저치, 누적량과 빈도 등 많은 자료가 포함된다.

시간에 변하지 않는다. '개념'인 기후는 날마다 다른 확률로 '현실'인 날씨가 된다. 기상학자는 "날씨는 기분이고, 기후는 성품이다."라고 표현하기도 한다. 기분은 상황에 따라 바뀌지만, 성품은 정체성이기에 좀처럼 바뀌지 않는다.

변함없는 기후는 우리 삶에 질서와 안정감을 준다. 인류는 기후에 맞춰 다른 생활양식과 문화를 누려 왔다. 그러나 기후가 바뀌면 인류의 삶과 문명도 달라진다. 지구의 오랜 역사에서 기후는 여러 자연적인 이유로 줄곧 변해 왔고 지금도 변하고 있다. 최근 불거진 지구 온난화는 인위적인 이유로 생겼고, 이 변화는 인류의 미래를 위협하고 있다. 날씨는 변해야 우리 삶에 재미를 더해 주지만, 기후가 변하면 우리는 위험에 빠질 가능성이 크다.

2) 기후를 좌우하는 지구의 순환

(1) 대기 순환

날씨는 대기의 가장 낮은 층인 대류권(對流圈, troposphere)[2]에서 일어나는 현상이다. 지표면의 복사열로 온도가 올라가서 가벼워진 공기가 위로 올라가며 일어나는 대류 때문에 변화무쌍한 날씨가 나타난다. 그 위를 성층권(成層圈, stratosphere)[3]이라 한다. 성층권에서는 오존이 생성되거나 분해될 때 자외선을 흡수하며 가열되기에 위로 올라갈수록 온

---

2   지표면에서 약 10km 높이까지의 공기층. 적도에서는 두껍고 극지방으로 갈수록 얇아진다.

3   지표면에서 약 10~50km 높이에 있는 공기층. 그 위에는 중간권(50~80km), 열권(80~1,000km), 외기권(1,000~10,000km)이 있다.

도가 높아진다. 따라서 성층권의 공기는 안정하고, 에어로졸(煙霧質, aerosol)[4]이나 화산재가 성층권 위쪽 영역에 도달하면 그곳에 갇힌다.

햇빛은 극지방보다 적도 지방에 많이 쪼이므로 위도에 따라 흡수하는 태양 에너지의 차가 크다. 지표면의 열로 데워진 공기가 상층으로 움직이는 현상인 대류는 적도 지방에서 가장 강력하다. 위로 상승한 공기가 대류권 상층에 도달하면 남북으로 나뉘어 움직이다가, 위도 30도 근처에서 아래로 가라앉아 다시 적도로 돌아온다. 북반구에서 북쪽으로 움직이는 공기는 코리올리 힘(Coriolis force)[5]을 받아 방향이 점점 오른쪽으로 휘어 동쪽을 향하게 된다. 열을 잃어 점점 무거워진 공기는 가라앉아 지표에서 남북 방향으로 갈라진다. 남쪽의 적도를 향한 공기는 코리올리 효과 때문에 오른쪽으로 휘어 서쪽을 향한 무역풍(trade wind)[6]이 된다. 열대와 아열대 지방에서는 생기는 이런 남북 방향의 순환을 해들리 순환(Hadley Circulation)이라 한다. 북쪽으로 향한 공기는 역시 오른쪽으로 휘어 동쪽으로 바뀐다. 우리나라가 속한 중위도의 날씨는 이 편서풍(偏西風, westerlies)[7]의 영향을 많이 받는다.

4 　대기 중에 부유하는 고체 또는 액체의 미립자를 말한다.

5 　지구와 같이 회전하는 좌표계에서 수평으로 움직이는 물체가 느끼는 겉보기 힘의 하나로 전향력이라고도 한다. 수평 방향으로 이동하는 물체는 북반구에서는 진행 방향의 오른쪽으로, 남반구에서는 왼쪽으로 겉보기 힘을 받는다.

6 　적도 부근의 바람으로, 과거에 무역을 하는 범선들이 이 바람을 타고 이동해서 이런 이름이 붙었다.

7 　위도 30~60도의 중위도 지방에서 일 년 내내 서쪽에서 불어오는 바람. 육지가 많은 북반구는 남반구보다 효과가 약하다.

(2) 물 순환

대기 순환을 따라 물도 이동한다. 적도에서 강한 태양열에 증발한 물은 위로 올라가며 응결돼 구름과 비로 변한다.[8] 열대 지방에 습기와 강우량이 많은 이유다. 위도 30도 근처에 도달할 때쯤이면 수분을 잃고 건조한 공기가 지면으로 내려와 땅 위의 모든 것을 말린다. 이곳에 사막이 많은 이유다. 이러한 물 순환은 증발과 강수를 통해 기후에 큰 영향을 미친다.

바닷가에 앉아 있으면, 계속 다른 모습으로 해변에 다가오는 파도에 매료되기도 한다. 파도는 매우 국지적인 현상이고, 해류는 전 지구적 규모에서 일어난다. 해류의 일차적인 원인은 바람이다. 바람이 한 방향으로 계속 불면 수면에 생기는 마찰력 때문에 바다도 바람과 함께 움직이는데, 이를 표층 해류라 한다. 해류의 세기는 수심이 깊어질수록 줄어든다.[9] 해수의 염도는 온도, 강수, 결빙 때문에 변한다. 열대와 아열대 바다의 상층은 따뜻해서 아래쪽에 있는 차가운 물 위에 안정적으로 떠 있고, 상층의 따뜻한 물이 하층으로 내려가는 경우는 거의 없다. 극지방에서는 상층 바닷물이 찬 기온에 냉각돼 부피가 줄고, 바닷물이 결빙할 때는 물만 얼고 소금은 남기 때문에 염분도 높다. 밀도가 높은 상층은 열염대류(thermohaline convection)에 따라 깊이 가라앉는다.

가장 강력한 해류인 멕시코만류는 열대의 따뜻한 바닷물을 북대서

---

8   바닷물이 증발했다가 비로 내려서 다시 바다로 돌아오는 데까지는 대략 10일이 걸리는 것으로 추산된다.

9   표층 해류의 깊이는 약 400m까지다.

양으로 옮긴다. 겨
울철에 북위 서울
보다 훨씬 북쪽에
있는 런던이 더 따
뜻한 이유다.[10] 멕시
코만류는 열대 바
다여서 따뜻할 뿐
만 아니라 왕성한
증발 때문에 염분

열염순환

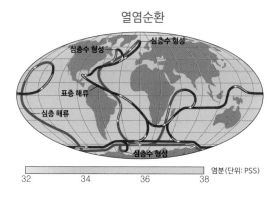

그림 1 컨베이어 벨트처럼 생긴 해양 열염순환. 파란색 경로는 심층 해류, 빨간색 경로는 표층 해류를 나타낸다.

도 높다. 북대서양에서 차가워지면 열염대류가 일어나기 가장 좋은 조건이 되고, 이곳에서 심층으로 가라앉아 밀도가 상대적으로 낮은 남쪽을 밀어낸다. 심층 해류는 대서양을 가로질러 남극 바다까지 흘러가 남극해에서 만들어지는 심층수와 합쳐지며, 동쪽을 향한다. 이 심층 해류는 인도양과 북태평양에 도달하면서 다시 위로 올라와서 표층 해류를 만들고, 두 해류는 전 지구를 돌다가 다시 멕시코만에서 합쳐진다. 열염대류가 전 세계의 바닷물을 뒤엎고 섞으면서 수천 년에 걸친 순환을 만든다. 이 거대한 순환을 '전 지구 컨베이어 벨트' 또는 '전 지구 역전 순환'이라 한다.

　바다는 지구 표면의 70%를 차지하며 대기보다 많은 열을 가진다. 물은 고체와 액체 물질 중 가장 큰 열용량[11]을 갖고, 바다 전체 열용량

10　서울은 북위 37도, 런던은 북위 52도다.

11　어떤 물질의 온도를 1°c 또는 1k 높이는 데 필요한 열량.

이 대기의 1천 배가량이므로 지구 전체 규모에서 열을 이동시키는 것은 바다다. 해류는 일 년에 기껏 수백 미터만 이동하므로 기후도 크게 변하지 않는 안정성을 가진다.

대기는 수십 일 안에도 바뀌지만, 해양은 일 년 동안 서서히 변한다. 대기는 수백~수천 킬로미터에 이르는 기단(氣團, air mass)을 가지지만, 해류는 수십~수백 킬로미터마다 방향이 바뀐다. 대기의 빠른 과정은 바다의 느린 과정에 비해 더 큰 영역에서 나타난다. 공기는 가볍고 물은 무겁기 때문이다. 바다에도 큰 움직임이 있다. 수직의 움직임은 수천 미터 깊이까지 이르고, 장기 기후 변화를 만든다.

3) 지구의 급소인 온실가스

(1) 온실 효과와 온실가스의 구분

표면이 6천℃인 태양이 내보내는 가시광선은 공기를 직접 데우지 못하므로 대기권을 통과하여 지표면에 흡수된다. 어두운 해양은 에너지를 많이 흡수하고, 상대적으로 밝은 대륙은 일부를 반사하여 우주로 되돌려 보낸다. 얼음으로 덮인 빙하는 대부분을 반사한다. 지구 전체 표면의 평균 흡수율은 약 70%이다. 지구 표면이 다시 방출하는 에너지는 파장이 긴 적외선이다. 일부는 우주로 나가지만, 일부는 대기에 흡수된다. 공기의 약 99%를 차지하는 질소와 산소는 적외선을 흡수하지 않는다. 이산화탄소, 메테인, 아산화질소 등 온실가스는 양은 매우 적지만, 지표에서 방출되는 적외선 에너지의 대부분을 흡수한다. 에너지를 흡수한 온실가스는 주변에 있는 질소나 산소와 격렬하게 충돌하면

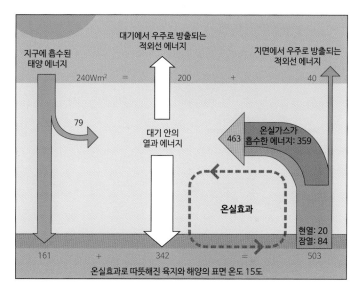

그림 2 지구로 들어오는 에너지와 나가는 에너지는 평형을 이룬다.

서 에너지를 계속 공급하고, 결국에는 전체 공기가 더워진다.

온도가 올라간 대기는 온 사방으로 파장이 더 긴 적외선을 내쏜다. 일부는 우주로 날아가지만, 지면을 향한 복사는 다시 지면에 흡수된다. 과거에 온실가스는 지구의 온기를 만들어 주는 소중한 존재였다. 온실가스가 없었다면 태양이 지구에 전해 준 에너지는 모두 우주 공간으로 빠져나가고, 지구 전체의 평균 기온은 -18℃로 지구 전체가 얼음으로 뒤덮였을 것이다. 온실가스 덕분에 그나마 평균 기온 15℃를 유지해 생명이 잉태될 수 있었다. 이 현상은 유리로 만든 온실이 가시광선은 통과시키지만 내부 열은 가두는 것과 같아서, 온실 효과라 부른다. 지구의 기후를 좌우하는 가장 큰 요인은 '지면의 햇빛 흡수율'과 '대기 중 온실가스 함유량'이다.

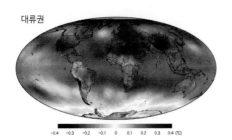

대류권

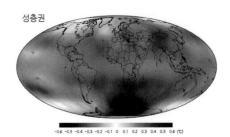

성층권

그림 3 극궤도 기상 위성으로 측정한 1979~2016년 대류권과 성층권의 기온 변화. 빨간색은 기온 상승, 파란색은 기온 하강을 나타낸다.

만일 태양으로부터 받는 에너지의 양과 지구에서 우주로 방출되는 에너지의 양이 같아서 지구가 평형 상태에 있다면, 온실가스는 대류권에서 열을 더 가두어 기온을 높이고, 그 위쪽에서는 기온을 떨어뜨릴 것이다. 추운 겨울 따뜻한 방바닥에 이불을 얹어 놓았다고 하자. 온실가스는 이불이고, 대류권은 이불 아래, 성층권은 이불 위쪽이다. 이불이 얇으면 이불 위의 공기도 따뜻해지지만, 이불이 두꺼우면 이불 안쪽은 더 더워지고 이불 밖은 더 차가워지는 것과 마찬가지다. 만일 태양의 활동이 커져서 지구로 들어오는 에너지가 많아졌다면, 대류권과 함께 그 위쪽의 온도도 올라갈 것이다. 1979년 이후 위성 관측 자료를 보면, 10년마다 성층권 온도는 0.3~0.4℃, 중간권 온도는 2~3℃ 정도씩 떨어지고 있는 것으로 나타났다. 온실가스가 대류권 온도 상승의 원인이라는 증거다.

사실, 가장 큰 온실 효과를 만드는 것은 수증기(H_2O)다. 수증기는 춥고 건조한 공기에는 거의 없지만 덥고 습한 공기에는 약 4% 정도 있어서, 지구 전체 평균은 2~3% 정도이고, 대류권에서 수증기는 이산화

과학 산책, 자연과학의 변주곡

탄소보다 60배 이상 많다. 수증기는 양의 되먹임과 음의 되먹임 효과가 모두 있다. 온도가 올라가고 해양에서 증발이 늘어나면 대기의 수증기도 늘어난다.[12] 온도가 올라가면 수증기가 많아지고, 많아진 수증기는 더 큰 온실 효과를 촉발하는 양의 되먹임 효과를 일으킨다. 대기중 수증기가 포화 상태에 이르면, 수증기는 응결되어 차가운 비로 내리면서 대지를 식힌다. 온도가 올라 수증기가 늘어나면, 오히려 대지를 식히는 음의 되먹임이 있어서 기온이 약간 오른다고 해도 안정된 평형 상태로 돌아갈 수 있다. 이 때문에 가장 큰 온난화 효과를 만드는 수증기는 온실가스로 분류하지 않는다.

(2) 온실가스의 위협

이산화탄소는 공기 중에 약 0.04%밖에 없는데 지구 온난화를 일으킨다고 한다. 이렇게 적은 양으로 어떻게 전 지구의 기온을 올릴 수 있을까? 양은 적지만 이산화탄소는 수증기보다 강력한 온실 효과를 가진다. 온실가스는 자연적인 변화가 아니라 인위적인 이유로 증가하는 가스만을 일컫는다.

온실가스 중 가장 많다는 이산화탄소(CO_2)도 공기 분자 1만 개 중에 고작 4개밖에 없지만, 100개 공기 분자 중에 CO_2 분자가 한 개만 있어도 지구의 평균 기온을 100℃로 만들 수 있는 강력한 온실 효과를 가진다. CO_2는 지구 온난화 원인의 74%를 차지한다. 더 무서운 온실가스는 CO_2보다 온실 효과가 23배 더 강력한 메테인(CH_4)이다. 메테인은

12　지구 평균 기온이 1℃ 상승하면 수증기가 7% 증가한다.

가축 사육, 논농사, 쓰레기 처리 등으로 대기 중에 배출된다. 메테인은 대기 중에 12년 동안 머무르며 온난화 원인의 19%를 차지한다. 아산화질소(N_2O)는 114년 정도 머무르며 온난화 원인의 8%를 차지한다. 불화탄소를 함유한 혼합물들[13]은 1년에서 수천 년까지 대기 중에 머무르며 양이 매우 적어 온난화에 미치는 영향력은 1% 미만이다.

산업혁명 당시 CO_2 농도는 285ppm[14]이었고, 이 수치도 지구가 빙하기와 간빙기를 반복하는 동안 자연적으로 변한 농도 중 가장 높다. 1958년[15] 하와이에서 처음으로 직접 CO_2 농도를 측정했을 때는 315ppm, 2018년에는 405ppm이었고, 최근 매년 2ppm씩 상승하고 있다. 농도가 커지는 속도도 지난 80만 년 사이 그 어느 때보다 빠르다. 현재의 CO_2 농도는 지금보다 1~2℃ 더 따뜻했고 해수면은 지금보다 10~20m 더 높았던 300만~500만 년 전 수준이다. 기껏해야 20만 년 전에 태어난 현생인류는 이러한 조건에서 생존해 본 경험이 없다.

자연이 만든 온실 효과는 모든 생물이 지구에서 살아갈 수 있는 따뜻한 환경을 만들어 줬다. 소금 없이 살 수 없는 우리에게 소금과도 같이 소중한 존재다. 반면 인간이 만든 온실 효과는 여러 재난을 일으킬 것이다. 소금도 너무 많이 먹으면 몸에 해가 되는 것처럼, 과도한 온난화는 인류의 생존을 위협한다. 산업혁명 이후 대기 중의 CO_2 농도는

13　프레온가스(CFCs), 수소염화플루오린화탄소(HCFCs), 수소불화탄소(HFCs), 과불화탄소(PFCs). 이 중 CFCs는 대기 하층에서 지구 온난화에 기여하는 동시에 대기 상층에서 오존층을 파괴한다.

14　백만불율(part per million). 280ppm은 1백만 개 공기 분자 중 285개에 해당한다.

15　1958년 이전의 이산화탄소 농도는 극지방 빙하 코어에 갇힌 공기 방울을 분석해 측정할 수 있다.

46%, CH_4는 157%, N_2O는 약 22% 증가했다. 고삐 풀린 말처럼 지구의 온도를 치솟게 할 양의 되먹임 효과를 고려하지 않아도, 인류가 애써 이룩한 문명의 기반인 대도시 중 90% 이상을 100년 안에 바닷속으로 밀어 넣기에 충분한 양이다.

2. 기후 위기

1) 기후 변화는 아직 모두 드러나지 않았다

기후 평균값을 크게 벗어나지 않는 자연적인 움직임을 '기후 변동'이라 한다. 엘니뇨와 라니냐, 북극 진동(北極振動, arctic oscillation)[16] 같이 주기적 또는 간헐적으로 나타나지만, 평균값인 기후 자체를 바꾸지는 않는다. 기후 변동은 주로 국지적인 온도 변화로 발생하는데, 열을 가장 많이 간직하는 바다의 영향을 받는다. 대표적인 것이 엘니뇨와 라니냐[17]다. 약 5년 주기로 따뜻해지는 엘니뇨와 차가워지는 라니냐가 반복되면, 세계 평균 기온이 전반적으로 영향을 받는다. 유난히 더웠던 2016년 엘니뇨가 발생했다.

　기후 변동의 범위를 벗어나는 상태를 '기후 변화'라 한다. 기후는 자

16　북극 지역의 압력이 평균보다 높거나 낮아지는 현상으로, 비주기적으로 일어나며 제트기류의 위치를 남북으로 움직인다.

17　스페인어로 엘니뇨는 남자아이, 라니냐는 여자아이를 뜻한다. 해저에서 찬물이 유입되는 정도에 따라 생기며, 무역풍을 타고 서쪽으로 흐르면서 전 세계에 영향을 미친다.

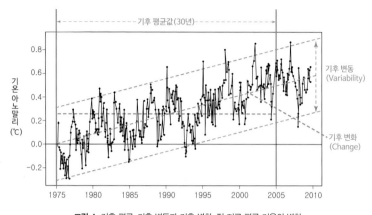

그림 4 기후 평균, 기후 변동과 기후 변화. 전 지구 평균 기온의 변화

연적인 원인으로도 계속 변화해 왔지만, 오늘날 기후 변화는 특별한 설명이 없는 한 인간이 일으킨 기후 변화를 의미한다. 현재 일어나고 있는 온난화는 인간의 활동이 화석 연료를 연소시켜 온실가스를 증가시킨 결과다. 현재 지구 평균 기온이 올라가는 속도는 그 유례를 찾아볼 수 없을 정도로 빠르다.

온실가스, 태양 활동의 변화, 화산 폭발 같이 기후 변화를 일으키는 외부 요인을 기후 강제력(climate forcing)이라 한다. 기후 강제력이 생겨도 음의 되먹임이 있다면 기후는 원래 상태로 돌아가지만, 양의 되먹임은 변화를 증폭시킨다. CO_2와 CH_4는 강력한 양의 되먹임 효과를 가진다. 온도가 올라 영구동토층이 녹으면, 그 안에 갇혀 있던 엄청난 양의 CO_2와 CH_4가 대기에 더 유입되기 때문이다.

산업혁명 이후 지구의 평균 기온이 약 1℃ 올라갔지만, 세계 모든 곳이 1℃ 더 더워진 것은 아니다. 북극 지방은 4℃ 더 따뜻해졌고, 남극은 1℃ 더 추워진 곳도 있다. 어떤 여름은 유난히 덥지만, 어떤 여름은

그림 5 지구 시스템은 서로 상호작용을 한다.

선선하기도 하다. 온실가스로 인해 장기적으로는 기온이 상승하지만, 자연적인 기후 변동 때문에 평균 기온의 변화는 지역에 따라 다르고, 여름이 매년 조금씩 더 더워지는 것도 아니다.

대기는 기권(氣圈, atmosphere)이라고도 하는데, 수권(水圈, hydrosphere)[18], 지권(岩石圈, lithosphere),[19] 생물권(生物圈, biosphere),[20] 외기권(外氣圈, exosphere)[21] 등 지구 시스템의 다른 요소와 상호작용을 한다. 각기 다른 요소는 품고 있는 열의 양과 열을 전달하는 정도가 모두 달라서 변화하는 속도도 매우 다르다. 기후를 결정하는 대기가 다른 요소와

---

18 해수, 빙하, 지하수, 호수, 하천수를 모두 포함하며, 크게 염수와 담수로 나뉜다. 빙권(얼음과 눈)을 따로 나누기도 한다.
19 지각 아래 모든 부분을 말한다.
20 지구상의 모든 생물과 환경을 총칭하는 말이다.
21 대기권의 바깥 영역, 즉 우주를 총칭하는 말이다.

상호작용을 하는 방식도 달라서 원인과 결과 사이에 시간 차이가 생기기도 한다. 햇빛은 정오에 가장 세지만, 하루의 최고 기온은 두세 시간 뒤에 나타난다. 태양은 하지(6월 21일)에 가장 강한 에너지를 전달하지만, 날씨는 7월 말 이후가 가장 덥다. 이러한 지연이 생기는 이유는 햇빛이 지표면을 가열하는 데 시간이 걸리기 때문이다. 온실가스에 의한 온난화에서도 이런 지연이 발생한다. 기후계는 대기, 해양, 빙하와 육지로 이뤄져 있고, 온난화에 반응하는 시간이 각기 다르기 때문이다.

산업혁명 이후 증가한 CO_2는 매초 히로시마 원자폭탄 다섯 개, 매일 50만 개 정도의 원폭에 해당하는 에너지를 흡수한다. 그 양에 비해서는 지구 온난화가 크지 않은 이유는 이 에너지가 바다에 90% 이상, 육지에 5% 정도 흡수되고, 대기에는 2% 미만만 남기 때문이다. 바람이 바닷물을 휘저으면 열대와 아열대의 따뜻한 바다에서는 표층의 열이 깊은 바닷속으로 전달된다. 세찬 폭풍이 불면 표층의 열이 50~100m 깊이까지 전달되기도 하지만, 자주 있는 일은 아니다. 이 반응이 일어나는 데 걸리는 시간은 약 20~30년으로 추정된다. 전 지구 역전 순환은 1천 년 정도 걸리므로 열 순환 효과는 매우 작다. 빙하는 수천 년에 걸쳐 녹아서 기후계에서 반응이 가장 느리다. 지상 기온에 큰 영향을 주는 육지는 비교적 빠르게 반응한다. 열이 토양이나 암석의 표층을 데우지만 깊이 들어가지는 못하기 때문이다. 육지는 반응 지연 시간이 몇 주나 한 달 정도다. 모든 영향을 고려하면, 기후계의 반응 시간은 열대와 아열대 해양에서 표층 열이 가라앉는 시간이 좌우한다. 바다는 온실가스가 생성한 열을 서서히 흡수하기 때문에 수십 년이 지나서야 비로소 현재 온실가스의 영향을 온전히 감지할 수 있다. 지금 겪는 온난화는 수십 년 전 온실가스의 결과일 뿐, 현재 온실가스의 영향은 아직 기온 상승으로 모두 드러나지 않았다.

이를 '이미 저질러진 온난화'라고 하며, 현재의 온실가스에 의한 영향은 20~30년 동안 80% 정도 기온을 올리다가 70~80년까지도 장기적인 영향을 미친다. 이 현상은 2018년 인천 송도에서 열린 IPCC[22]의 중요한 주제였다. 이 회의 이전에 IPCC의 목표는 산업혁명 이전보다 2℃ 높은 온도에서 온난화를 멈추려는 것이었는데, 이 회의에서 이 온도를 1.5℃로 낮추었다. 2℃ 높은 온도에서 나타나는 기후 재앙을 인류가 견딜 수 없을 것으로 판단했기 때문이다. IPCC는 '이미 저질러진 온난화' 현상은 현재 온실가스 농도만으로도 장기적으로 기온을 0.5℃ 더 높일 것으로 전망했다. 현재 기온이 이미 산업혁명 이전보다 1℃ 높아졌으니, 지금 당장 온 세계가 온실가스 배출을 모두 중단해야 한다는 결론이다. 가능성이 있을까? 최근 온실가스 배출량은 그 어느 때보다 가파르게 증가하고 있다. 민간인 대부분은 이 심각성으로 모르고, 세계의 모든 정부는 경제적 이유를 내세우며 아무도 실질적인 노력을 기울이지 않는다.

2) 이제 극한 날씨가 정상이다

우리는 어느 한 지점, 어느 한 순간의 날씨를 경험할 뿐이다. 평균 기후

---

22 Intergovernmental Panel on Climate Change, 기후 변화에 관한 정부 간 협의체.
    IPCC는 1988년 세계기상기구(WMO)와 국제연합환경계획(UNEP)이 기후 변화에 관한 객관적인 과학 정보를 제공하려는 목적으로 국제연합(UN) 산하에 설립한 회의다.

의 변화는 매우 느려서[23] 느끼기 어렵지만, 극한 날씨의 변화를 통해서 징후를 알 수 있다. 2012년에 발표된 IPCC의 〈기후 변화 적응을 위한 극한 날씨의 위험 관리〉라는 보고서는 "기후 변화는 전례 없는 극한 날씨를 일으킬 수 있고 이는 빈도, 강도, 공간적 범위, 기간과 시기의 변화로 나타난다."라고 말한다. 자연 변동만으로도 날씨 이변이 일어나 극한 날씨의 기록이 경신될 수 있으므로 극한 날씨에 미치는 인간의 영향을 따로 분리하기가 쉽지는 않다. 기후 변화로 평균 기온이 상승하면 폭염을 발생시키는 임계온도(臨界溫度, critical temperature)를 넘는 경우가 예상외로 많이 발생한다. 평균 기온이 올라가면 기온이 오르내리는 정도인 분산도 커지기 마련이다. 이 두 가지가 겹쳐서 폭염의 발생 빈도가 더욱 높아진다. 폭염뿐만 아니라 최근 수십 년간 '100년 빈도 날씨 현상', 즉 통계적으로 100년에 한 번꼴로 일어날 수 있는 또는 특정한 연도에 발생할 확률이 1%인 날씨 현상이 발생하는 빈도도 급격히 증가하고 있다. 1980년 이전과 비교하여 2005년 이후에 평균 기온은 0.5℃만 상승했지만, 기온 분산이 증가하여 3℃ 이상의 기온 아노말리[24] 발생 빈도는 145배나 증가했다(〈그림 6〉 참조). 폭염 발생 빈도가 일상생활을 위협할 정도로 높아진 것이다.

열대 지역에서 수증기를 머금은 공기가 상승하면 구름이 생긴다. 구름은 비를 내리고 건조한 공기가 되어 그 주변 지역으로 하강한다. 해들리 순환을 만드는 메커니즘이다. 온난화로 평균 기온이 올라가면 증

---

23 10년에 0.1℃ 정도 변화한다.
24 아노말리(anomaly)는 기온이나 강수량과 같은 고유 요소가 장기간의 평균값으로부터 변화한 차이값을 말한다. 곧, 기온 아노말리는 관측 기온에서 평균 기온을 뺀 값이다.

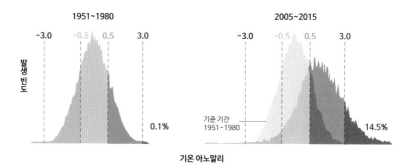

그림 6 북반구 기상 관측소의 여름 기온 아노말리 발생 빈도(출처: Columbia University Earth Institute)

발하는 물의 양도 많아진다. 더 많아진 수증기는 구름이 열대 지역을 벗어나기 전에 비로 내릴 확률을 높인다. 열대 지역에는 비가 더욱 많이 내리고, 건조한 중위도 아열대 지방은 더욱 건조해진다. 지구 온난화는 비가 많았던 지역에는 호우가, 건조했던 지역에는 가뭄이 늘어나는 기상 현상을 동시에 강화한다. 아열대의 건조한 하강 기류 지역은 북쪽으로 범위를 넓혀 가고 있어서, 유럽 남부와 미국 서부 지역에는 건조한 사막 같은 날씨가 이어지고 산불과 가뭄이 빈발하고 있다.

파동을 이루며 서에서 동으로 진행하는 제트기류(Jet stream)는 지상에서 수 킬로미터 상공의 바람이지만 중·고위도 지방의 지상 날씨를 제어한다. 지구 온난화는 저위도 지역보다 북극 지역에서 더 크게 일어나므로 고위도와 저위도 간의 기온 차가 줄어든다. 이로 인해 제트기류가 비정상적으로 느려지는 현상을 '블로킹'이라 한다. 말 그대로 공기 흐름에 브레이크가 걸려서 상층의 흐름이 느려지면 지상 날씨는 정체되고, 뱀처럼 구불구불한 제트기류 파동의 진폭이 커진다. 이 흐름과 연관되어 지상에서 고기압과 저기압이 더 강해진다. 극한 날씨가 오래 계속되면 문제가 된다. 고기압에서는 화창한 날로 시작했지만 계속되면 폭염으로 변한다. 폭염은 가뭄과 산불의 발생 원인이기도 하다. 저기압에서는 단비로 시작했지만 계속되면 홍수로 탈바꿈한다.

2000년 이후 2017년까지 우리나라 연평균 기온이 평년보다 낮은 경우는 세 번, 높은 경우는 다섯 번이었다. 지구 전체와 마찬가지로 연평균 기온이 가장 높았던 해는 2016년이었다. 지구 온난화로 변화된 지구 대기 흐름은 지역에 따라 다른 영향을 미치므로, 모든 지역에서 같은 온난화가 발생하지는 않기 때문에 그해에 평년보다 기온이 낮았던 지역도 있다. 국립기상과학원의 연구에 따르면, 앞으로 우리나라에서 온난화는 여름철에 뚜렷이 나타나고 겨울철에 좀 더 서서히 나타날 것으로 보인다. 여름철에는 자연적인 기온 변동이 작아 온난화 신호가 뚜렷하게 드러나지만, 겨울철에는 자연적인 기온 변동이 커서 온난화 신호가 뚜렷하지 않기 때문이다. 이는 앞으로 여름철 폭염은 뚜렷하게 증가하고, 한파도 계속 발생한다는 뜻이다.

3. 기후 변화 대응

1) 미래는 '주어지는 것'이 아니라 '이루어 가는 것'이다

UN 산하 기구인 IPCC는 기후 변화에 관한 최근의 연구 성과들을 취합해 평가한 뒤 논의를 통해 결과를 보고서로 제출한다. 2013년 IPCC 5차 평가 보고서에는 259명의 주 저자가 참여했으며 5만여 명의 논평

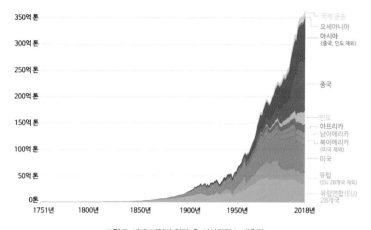

그림 7 세계 지역별 연간 총 이산화탄소 배출량
(출처: Carbon Dioxide Information Analysis Center; Global Carbon Project, OurWorldInData.org)

이 더해졌다. 과거 어떤 주제의 과학적 평가에도 이처럼 많은 국가, 과학계, 과학자들이 폭넓게 참여한 적이 없었다. IPCC 보고서는 세계 과학계의 관점을 종합적으로 반영한 가장 권위 있는 진술이다.

IPCC 보고서 중 〈과학 근거〉는 지난 과거 관측 자료에서 기후 변화의 원인과 특징을 분석하고 지구 시스템 모형으로 미래를 전망한다. 관측 분석과 미래 전망은 그것을 뒷받침하는 증거가 얼마나 강력한지, 과학자들 사이에서 어느 수준의 합의에 이르렀는지에 관한 불확실성을 정량화해서 서술한다. 이 외에도 기후 변화 대응을 기술한 〈영향, 적응과 취약성(Impacts, Adaptation, and Vulnerability)〉과 〈기후 변화의 저감(Mitigation of Climate change)〉도 함께 발간한다. IPCC 보고서의 새로운 판이 발간될 때마다 인간이 기후 변화를 일으켰다는 증거가 분명하다는 견해에 힘이 실리고 있다. 1차 보고서(1990년)는 인간 활동을 기후 변화의 원인으로 확신하지 않았으나, 2차 보고서(1995년)는 여러 원인 가운데 하나로 언급했으며, 3차 보고서(2001년)는 인간의 책임이 66% 이상이라고 밝혔다. 4차 보고서(2007년)는 인간 활동이 기후 변화를 일으켰을 가능성이 90% 이상이라 했고, 5차 보고서(2013년)는 인위적인 영향이 20세기 중반 이후 관측된 온난화의 주된 원인일 가능성이 95% 이상이라고 확신의 수위를 높였다.

우리가 실질적으로 통제력을 행사할 수 있는 기후 방정식의 유일한 변수는 온실가스 배출량뿐이다. 인류는 화석 연료를 태우고 숲을 베어 냄으로써 온실가스를 배출하는데, 줄어들 기미는 보이지 않는다. IPCC는 일련의 복잡한 '온실가스 배출 시나리오'를 작성했다. 경제 성장과 인구 성장, 세계화 대 지역화, 그 밖의 핵심 변수들을 다양하게 고려한 것이지만, 무엇이 실현 가능성이 클지 알지 못해서 '예측'이 아니라 '시나리오'라고 부른다.

기후 변화 대응과 관련된 의사 결정에 도움을 주기 위해 IPCC는 각 시나리오에 따른 기후 전망을 함께 제시한다. 전망은 기후 변화를 예측하는 지구 시스템 모형의 전산 모사를 이용하는데, 이 또한 어려운 과정을 수반한다. 기후계는 워낙 복잡해서 어떠한 모형도 모든 세부 과정을 완벽히 반영할 수는 없기 때문이다. 모형과 현실에는 어느 정도 차이가 존재하는데, 장기 예측 모형은 그 차이를 알 수 없다. 차이를 알기 위해서는 20~30년 후의 실제 관측 결과가 필요하기 때문이다. 참값을 알 수 없는 경우 과학은 여러 데이터를 산출하여 불확실성을 계산한다. IPCC는 세계 여러 기관[25]에 시나리오를 보내고 돌려받은

---

25 우리나라 국립기상과학원의 모형도 IPCC 보고서에 기여했다.

결과를 비교하고 종합하면서 발생 가능한 미래 기후 변화를 전망한다. 이 전망은 예상값과 불확실성의 범위도 함께 제시한다. 현재로서는 가장 많은 사람이 합의하여 과학이 내놓을 수 있는 최선의 예측이다.

IPCC 회의에는 과학자뿐 아니라 정부 측 대표자들도 참여한다. 이들은 보고서의 과학적 내용이 정책 입안자의 시각에서 적절하고 명확한지를 확인한다. 과학자뿐만 아니라 각국 정부도 평가 결과를 공동으로 활용하는 셈이다. IPCC 보고서는 유엔기후변화협약[26] 협상의 근거 자료로도 활용된다. IPCC 조정 아래 세계 과학자가 내놓은 확실한 결과가 없었다면 세계 각국이 교토와 파리의 유엔기후변화협약에 참여하지 않았을 것이다. 이 보고서가 제시하는 과학적 의견의 일치 정도가 정치가와 정책 입안자들이 기후 변화의 영향이 심각한 수준이라고 인식하는 데 중요한 역할을 한 결과다.[27]

미래에 인간이 얼마나 더 온실가스를 배출할지 불확실하기에 온도 상승에 대한 장기적인 예측은 불가능하다. 앞으로 온실가스를 기후가 안정되도록 줄이는 경우, 중간 정도 줄이는 경우, 전혀 줄이지 않는 경우 등 어떤 미래에서 살아갈 것인지는 우리가 선택해야 한다. IPCC의 기후 변화 전망은 지금 우리의 대응에 따라 앞으로 일어날 수 있는 미래의 위험을 미리 보여 준다. 미래 전망은 결정된 미래를 알려 주는 것이 아니라, 우리가 바람직한 미래를 만드는 것을 목적으로 한다. 기후

---

26 UN Framework Convention on Climate Change, UNFCCC. 지구 온난화에 따른 이상 기후 현상을 예방하기 위한 목적으로 UN이 주재하는 회의. 각 정부가 대표단을 파견한다.

27 IPCC는 1990년부터 5~7년 간격으로 평가 보고서와 특정 논점을 다루는 특별 보고서를 발행해 왔다. 이 공로로 IPCC는 2007년 노벨 평화상을 받았다.

변화 전망은 지도를 펼쳐 놓고 가야 할 길을 그리는 작업과도 같다. 지도상에서 빠르고 안전한 길을 찾아냈다 한들 실제로 가지 않으면 무용지물이다. 미래는 '주어지는 것'이 아니라 '이뤄 가는 것'이다. 지금 반응하고 행동한다면 우리는 미래를 바꿀 수 있다.

2) 기후 위기는 우리 삶을 성찰하게 한다

기후 변화의 인과관계가 단선적으로 비례하지 않아서 예측된 위험은 일어난 다음에야 분명해진다. 경고 신호를 늦게서야 알아차리기 십상이고, 적시에 대응하기도 쉽지 않다. 과학적 측정이 없었다면 너무 늦을 때까지 눈치조차 채지 못했을 수도 있다. 화석 연료에서 배출되는 온실가스는 문명을 지탱해 왔던 안정된 기후를 붕괴시킬 정도로 큰 위협이다. 우리는 자연을 지배하려 했지만, 기후 위기는 그 영향을 고스란히 우리에게 되돌리고 있다. 지구의 위기는 사회경제의 발전이 환경을 변화시킨 것에서 출발했다. 지구의 환경을 바꾸려면 지구 전체의 사회경제적인 구조가 변해야만 가능하다.

  기후 변화 대응은 '적응(Adaptation)'과 '저감(Mitigation)'을 통해 수행된다. '적응'은 이미 배출한 온실가스로 인해 피할 수 없는 기후 변화의 부정적인 '결과'를 인위적으로 완화하는 것이다. '저감'은 기후 변화의 '원인'인 온실가스 배출량을 줄이는 것이다. 적응의 예는 잦은 범람 방지를 위한 둑 강화,[28] 녹지 조성을 통한 도시 열섬(heat island) 현상 완

---

28 영국 템스강 하구는 1953년 300명이 목숨을 잃을 정도로 위협적이고 상습적인 홍수 지대였다. 1974년 런던시는 홍수가 만조와 겹칠 때 바닷물의 침입을 막도록 강 하구를 닫아

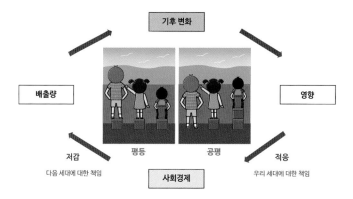

그림 8 기후 변화 대응의 통합 구조

화,[29] 고효율 단열재를 사용한 건축 등이 있다. 저감을 위해서는 에너지를 절약하면서 신재생 에너지 사용을 늘리는 것이 가장 중요하지만, 분리수거나 재활용도 도움이 된다.

기후 변화 적응과 저감 모두에는 '공평성(Equity)'의 가치를 적용해야 한다. 적응은 같은 시대를 사는 사람 사이의 공평성을 구현하도록 설계해야 한다. 부유한 나라와 부유한 사람은 잘살기 위해 온실가스를 많이 배출해 왔지만, 가난한 나라와 가난한 사람은 배출에 대한 책임이 없다. 그런데 기후 위험에 노출되었을 때 큰 피해를 받을 가능성은 오히려 가난한 사람이 더 높다. 이처럼 정의롭지 못한 현실을 해결하면서 기후 변화에 적응해야 한다. 공평성은 지역 간, 계층 간 격차가 없이

버리는 이동식 둑을 10년에 걸쳐 건설했다. 이 둑은 장기간의 해수면 상승도 대비하여 설계했다.

29 대구시는 10년에 걸쳐 1천만 그루의 나무를 심고 '가장 더운 도시'라는 오명을 벗었다. 서울시는 옥상 10만 곳에 나무를 심어 도시 열섬 효과를 줄이겠다는 계획을 발표했다.

모두가 건강하고 쾌적한 환경에서 살 권리를 확보해 주는 일이다. 빈곤 국가와 취약 계층에 경제적 지원을 해야 하고, 사회 기반 시설 구축과 각종 예방적 조치 등도 이들을 위해 수행돼야 한다.

저감은 우리 세대와 다음 세대 사이의 공평성을 구현하기 위해 필수적이다. 우리와 이전 세대는 잘살기 위해 자연 자원을 남용하며 자연환경을 파괴해 왔다. 우리가 배출한 온실가스는 계속 공기 중에 남아 70년 넘게 기후 변화를 더욱 악화시킨다. 기후 현상에서는 위험의 원인 제공자와 그 위험의 피해자가 동시대인이 아니다. 우리 세대는 화석 연료 에너지의 혜택을 입고, 다음 세대는 온실가스의 피해만을 감당해야 한다. 산업혁명 이전보다 $1.5℃$ 상승한 온도에서 온난화를 멈추기 위해 IPCC가 제안한 대기 중 CO_2 농도인 350ppm은 이미 훌쩍 넘었고 400ppm도 넘어섰는데, 연간 CO_2 방출량은 급격히 증가하고 있다. 근본적으로 화석 에너지 수요를 줄이고 신재생 에너지로 전환하고 에너지 효율도 높여야 한다. 지금 세대가 자신이 물려받은 것보다 더 나쁘지 않은 상태로 다음 세대에게 자원과 환경을 물려주려면 지금부터 적절한 행동을 시작해야 한다. 이를 위해 가장 중요한 것은 깨어 있는 시민 의식이다. 깨어 있는 시민 의식을 위해 갖추어야 하는 것이 과학적 소양이다.

과거 인류는 아무것도 모른 채 홍수, 가뭄, 지진, 화산, 전염병의 위험을 감당하며 궁핍하게 생존해 왔다. 근대 문명은 위험의 원인을 알아내는 과학 지식을 축적했고, 현대 문명은 예측, 방재 기술, 보건 위생 등으로 그 위험을 감소시켰다. 소박한 기술 덕에 궁핍에서 벗어나자 더 잘살고자 하는 과잉 욕구는 거대 산업을 일으키며 기후 변화, 환경오염, 오존층 파괴, 생태계 파괴를 몰고 왔다. 자원은 유한하기에 인류가 계속해서 지구에 생존하려면 지속 가능한 발전을 도모할 수밖에 없다. 자연 자원을 수탈하고 자연환경을 파괴하는 일은 그치고, 장기적인 생존에 필요한 일이 무엇인지 찾아야 한다. 현존하는 위험은 우리가 어떻게 살아야 하는지를 '성찰'하게 한다.

[문제 1] 난이도 하 ★
달을 만든 테이아와 지구의 충돌 사건은 얼마나 인정을 받은 이론일까? 단순한 가설인가? 그 증거는 무엇이 있는지 알아보자.

[문제 2] 난이도 중 ★★
연대 측정에 가장 많이 사용되는 탄소 동위원소(14C)의 반감기는 약 5,700년이다. 이 탄소 동위원소 연대 측정법은 10번의 반감기가 지나는 약 6만 년이 지나면 동위원소가 너무 조금만 남아서 분석하기가 어렵다. 암석의 나이를 측정하고자 방사성 동위원소 분석을 한다면, 암석 나이를 추정하기 위해서는 어떤 동위원소를 사용할까? 그 동위원소의 반감기는 얼마 정도여야 하는가?

[문제 3] 난이도 상 ★★★
플룸구조론(plume tectonics)과 판구조론(plate tectonics)이 각각 설명하는 판의 이동 원리를 비교해 보고, 플룸구조론이 받아들여지는 결정적인 증거를 찾아보자.

[문제 4] 난이도 상 ★★★
우리는 지난 40만 년 중 가장 긴 간빙기에 살고 있다. 현생 인류는 약 7만~5만 년 전에 아프리카에서 출현하여 전 세계로 퍼졌다고 추측하고 있다. 약 1만 년 전에 따뜻해진 최근의 간빙기와 인류가 약 1만 년 전에 농사를 짓기 시작한 것은 관련이 있을까? 마지막 빙하기에는 현재보다 온도가 6~8도 정도 낮았다는 사실은 농업과 어떤 관련이 있을까?

2절. 인류가 바꾸는 지구의 위험한 환경

[문제 1] 난이도 하 ★
온실가스 증가에 따른 온난화는 해양보다 육지에서 그리고 남반구보다 북반구에서 더 크다. 그 이유는 무엇인가?

[문제 2] 난이도 하 ★
지구 온난화가 일어나면 비가 많이 오는 지역은 더욱 많은 비가 오고 건조한 지역은 더욱 건조해진다. 그 이유는 무엇인가?

[문제 3] 난이도 중 ★★
지난 세기 동안 태양 에너지의 변화 때문에 전 지구의 평균 기온이 변했다는 주장이 있다. 그렇기에 지구 온난화를 온실가스 증가의 탓으로 돌릴 수 없다고 한다. 무엇을 고려하지 못했기 때문에 이런 잘못된 결론에 도달한 것인가?

[문제 4] 난이도 중 ★★
지난 100년 동안 지구 평균 기온이 약 1℃ 상승했다. 이는 기온의 계절 또는 일 변동에 비해 작은 변화인데도 재난성 날씨 발생 빈도에 큰 영향을 준다. 그 이유는 무엇인가?

[문제 5] 난이도 상 ★★★
과거부터 인류는 기후 변화에 적응하며 살아왔다. 이러한 인류의 적응 능력을 완전히 살피지 않기에 미래 기후 변화에 따르는 피해 규모를 과대평가한다는 주장이 있다. 이에 동의하는가?

[문제 6] 난이도 상 ★★★

기후 재난으로 인한 피해액을 산정할 때는 한 사람의 경제 생산력을 사용한다. 이 방식은 부유한 사람과 가난한 사람 간의 서로 다른 금전적 가치를 반영한다. 이를 옹호할 수 있다고 생각하는가?

[문제 7] 난이도 상 ★★★

지속적인 경제 성장으로 세계는 더욱 부유해져서 기후 변화가 미치는 영향을 줄일 수 있는 훨씬 더 나은 여건이 될 것이라는 주장이 있다. 이에 동의하는가?

Strolling with Science,
a canon of Natural Sciences

6장

우리와 닮은
생명에 대한 설명

1절

환경의 변화에
적응하며 진화하는 생명

1. 다양성과 통일성

1) 생물 종은 매우 다양하다

생물은 크게 세포의 종류와 rRNA
를 비롯한 유전자의 구조에 따라 세
균(Bacteria), 고세균(Archaea), 진핵
생물(Eukarya) 영역(domain)으로 나
뉜다. 영역은 여러 계(kingdom, 界)로
나뉘고, 진핵생물 영역은 식물계, 동
물계, 균계 등으로 구성된다. 계는
다시 문(phylum, 門)으로 구성되고,

종
속
과
목
강
문
계
영역

그림 1 생물 분류

동물계의 경우 34개의 문으로 구성된다. 문은 강(class, 綱)으로, 강은 목(order, 目)으로, 목은 과(family, 科)로, 과는 속(genus, 屬)으로, 속은 종(species, 種)으로 구성되어 계, 문, 강, 목, 과, 속, 종의 순서로 포괄 범위가 감소한다. 종은 학술적으로 분류하기 위해 속명과 종명을 특정 생물 집단에 부여한다. 이런 방식의 이명법으로 학명이 부여되는 것이다.

종을 정의하기란 쉽지 않다. 일반적으로 가장 많이 이용되는 종개념은 생물학적 종개념이다. 생물학적 종은 구성원들 사이에서는 교배가 일어나 생식 능력이 있는 자손을 낳을 수 있지만, 다른 종의 구성원과는 그렇지 못한 개체들의 최대 집단이다. 그래서 생물학적 종개념에서는 다른 집단들의 유전자 급원들을 분리하는 접합 전과 접합 후의 장벽에 의해 생식적으로 격리된다.

생물학적 종 분화 과정을 생각할 때 몇 가지 한계가 있다. 화석으로만 알려졌거나 무성생식(無性生殖, asexual reproduction)으로만 번식하는 생물에게는 적용하기 어려워 부가적인 종개념이 필요하다. 구조의 특징을 근거로 한 형태학적 종개념, 특정 생물 집단이 차지하는 생태적 지위를 기준으로 한 생태학적 종개념, 공통 조상으로부터의 유래 여부가 기준인 계통발생학적 종개념 등이 여기에 해당한다. 또한 하나의 종개념으로만 특정 생물을 정의하기가 어려울 때는 두세 가지의 종개념을 적용하여 종을 정의하기도 한다. 그리고 정확히 상이한 종으로 분화되었다고 보기는 어려우나 일정 정도 차이를 나타내는 집단들을 아종(亞種, subspecies) 또는 변종(變種, variety)이라고 한다.

과학 산책, 자연과학의 변주곡

2) 생물 종은 계속 바뀌지만 공통점도 있다

종 분화는 한 조상 집단으로부터 새로운 종이 출현하는 것으로, 크게 이소적 종 분화(異所的種分化, allopatric speciation)와 동소적 종 분화(同所的種分化, sympatric speciation)로 나눌 수 있다. 이소적 종 분화는 한 집단이 그 종의 다른 집단과 지리적으로 고립된 뒤 연이어 분화하여 나타나는 것으로 종 분화의 대부분을 차지한다. 반면, 동소적 종 분화는 지리적인 고립이 없다. 식물학자들은 현존하는 식물 종의 80% 이상이 다배수성(多倍數性, polyploidy) 종 분화로 출현한 조상에서 유래한 것으로 추정한다. 이 외에도 지리적으로 같은 곳에서 서식지가 분화되면서 새로운 종이 출현할 수 있고, 번식을 위해 특정 형질을 지닌 대상만을 선택하는 성선택(性選擇, sexual selection)에 의해서도 새로운 종이 출현할 수 있다. 이런 식의 종 분화는 일상적으로 어디에서든 일어날 수 있다. 그러나 유전자 하나만 바뀌어도 새로운 종이 출현할 수 있음은 종 분화에 대해 많은 것을 시사한다.

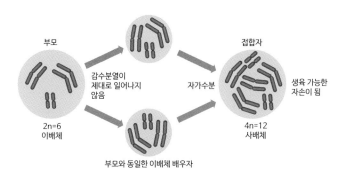

그림 2 배수체 형성으로 생긴 동소적 종 분화

멸종이란 종의 죽음을 말한다. 멸종은 새로운 종의 분화처럼 항상 일어나는데, 이러한 일상적인 멸종을 '배경 멸종(background extinction)' 이라 한다. 배경 멸종은 지속적이면서 낮은 수준으로 일어나며, 지금도 어디에선가 일어나고 있다. '대멸종'은 특정한 환경적 변화로 인해 비교적 짧은 기간 동안 일어나는 것으로, 수많은 종과 상위 분류군들의 멸종을 일컫는다. 대표적으로 해양 종의 90%가 사라진 페름기 대멸종과 공룡의 멸종과 포유류 확산을 유발한 백악기 대멸종이 있다. 멸종이 일어나면 멸종된 종들이 차지했던 적응 지역들이 빈자리로 남게 되어, 다른 종들이 진화해 해당 지역을 차지한다.

모든 생물은 세포로 이뤄져 있고 유전 물질로 DNA를 갖는다. 이 DNA로부터 중심원리(中心原理, central dogma)라는 과정이 벌어지는 것 또한 공통점이다. 또한 DNA 암호를 해독하는 방식이 동일하다. 세균을 통해 인간에게 유용한 인슐린이나 성장호르몬을 얻을 수 있는 이유이기도 하다. 이러한 특징들은 현존하는 모든 생물의 공통 조상이 존재했다는 증거다. 현존하는 모든 생물은 루카(LUCA; Last Universal Common Ancestor)로부터 유래해 끊임없이 종 분화를 포함한 변화를 거쳐 현재의 다양성을 띠게 되었다. 환경 변화 속에서 새로운 생물 종은 기존의 생물 종으로부터 유전자를 넘겨받아 출현하고 기존의 종은 사라진다. 이 과정은 계속 다양성을 만들면서 조상으로부터 넘겨받은 특징은 지켜지는 역동적인 과정이다.

2. 창발성과 복잡계

각각의 수준에서 나타나는 생명 현상은 고유한 특징을 나타내는데, 그 아래 수준이 나타내는 특징과는 질적으로 다르다. 이러한 성질을 '창발성(創發性, emergent properties)'이라고 한다. 창발성은 특정 수준에서의 다양한 구성 요소끼리 복잡한 관계를 형성해 더 높은 수준의 특징을 나타내는데, 이는 생물이 '복잡계(複雜系, complex systems)'라는 증거다. 생명의 기본 단위는 세포이므로 창발성과 복잡계에 대한 논의도 세포로부터 출발하는 것이 의미가 있다.

1) 세포는 생명의 기본 단위이다

세포는 구조적으로나 기능적으로나 생물의 가장 기본적인 단위이다. 세포가 파괴되면 번식이나 물질대사 등 생명의 특징이 나타나지 않는다. 모든 세포는 기존의 세포로부터 유래하고, 모든 세포의 화학적 조

진핵세포   원핵세포

그림 3 진핵세포와 원핵세포

성은 비슷하며, 생명과 관련된 화학 반응은 대부분 세포 내 수용액에서 일어난다. 유전 정보는 세포분열을 통해 전달된다.

세포는 크게 핵이 없고 상대적으로 작으며 세포 내 구조가 비교적 단순한 원핵세포(原核細胞, prokaryotic cell)와 핵에 유전 물질을 저장하고 상대적으로 크며 많은 세포소기관(organelle)으로 이뤄져 구조가 복잡한 진핵세포(眞核生物, eukaryotic cell)로 나눌 수 있다. 세포는 하나만으로도 개체로 기능할 수 있어 원핵세포와 진핵세포 모두 단세포 생물로 진화해 왔다. 이후 여러 세포가 모여 하나의 개체를 이루는 다세포 생물이 출현하였다. 다세포 생물의 경우 세포들이 모여 조직, 기관 등 새로운 기능을 나타내는데 모두 진핵세포로 구성된다.

2) 세포 위아래로 다양한 서열 구조가 있다

(1) 원자, 분자, 세포소기관 등 세포 아래 각 수준에는 생명 현상의 특징이 있다

화학 반응으로 더는 분해되지 않는 물질을 원소라 하는데, 원자는 원소의 특징을 유지하고 있는 물질의 가장 작은 단위이다. 생물체 역시 원자로 이뤄져 있다. 원자를 구성하는 전자는 핵과의 거리를 유지하는 위치 에너지를 갖는데, 이는 생물이 사용하는 에너지의 근원이다.

분자는 원자들 간 공유 결합의 결과로 출현한다. 물은 생물체의 대부분을 구성하는 매우 중요한 분자이다. 탄소 화합물인 탄수화물, 지질, 단백질, 핵산 등도 중요한 분자다. 이 중 탄수화물과 지질의 주 기능은 에너지 공급과 저장인데, 탄소와 수소의 공유 결합을 유지하는 전자 에너지가 근원이다. 단백질은 에너지 공급보다는 생물의 구조와

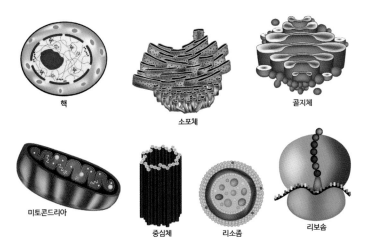

그림 4 세포소기관

다양한 기능을 담당한다. 핵산에는 유전 정보를 저장하고 자손에게 전달하는 DNA와 유전 정보의 발현에 중심적인 역할을 하는 RNA가 있다.

세포소기관은 단백질, 지질, 핵산 등 다양한 요소로 구성된다. 진핵생물을 예로 들면 핵, 소포체(小胞體, endoplasmic reticulum), 골지체(Golgi apparatus), 리보솜(ribosome), 리소좀(lysosome), 액포(液胞, vacuole), 미토콘드리아, 엽록체(葉綠體, chloroplast) 등이 세포소기관이다. 핵은 유전 정보를 담고 있는 DNA를 저장하고 소포체, 골지체, 리소좀, 액포 등은 주로 물질의 수송과 가공을 담당한다. 미토콘드리아와 엽록체는 에너지 대사를 수행하고 리보솜은 단백질을 합성한다.

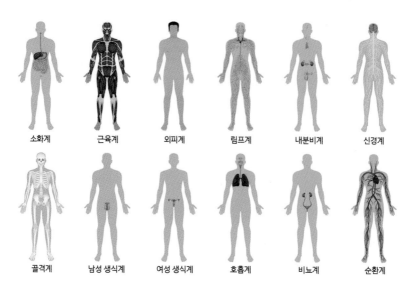

소화계 근육계 외피계 림프계 내분비계 신경계

골격계 남성 생식계 여성 생식계 호흡계 비뇨계 순환계

그림 5 인체의 기관계

(2) 조직, 기관, 기관계는 생물 개체를 구성한다

세포 중 일부는 특정 기능을 수행하려고 상호작용을 하면서 조직을 구성하는데 세포 이외의 물질들을 포함하기도 한다. 동물은 크게 결합 조직, 상피 조직, 신경 조직, 근육 조직으로 이뤄져 있다. 식물은 표피 조직, 관다발 조직, 기본 조직으로 구성되는데, 동물과 다르게 이 조직들이 모여 표피계, 관다발 조직계, 기본 조직계 등 조직계(組織系, tissue system)를 형성한다.

기관은 특정 기능을 수행하기 위해 상호작용을 하는 두 가지 이상의 조직으로 이뤄진 단위다. 기관들이 모여 연관된 기능을 수행하는 경우 기관계(器官系, organ system)라 한다. 입, 인두, 식도, 위장, 소장, 간, 이자, 대장, 항문 등의 기관이 모여 소화계라는 기관계를 형성하는데,

포유동물의 경우 소화계를 비롯하여 순환계, 호흡계, 면역계, 림프계, 배설계, 내분비계, 생식계, 신경계, 피부계, 골격계, 근육계 등의 기관계로 구성된다. 이에 반해 식물에서는 기관계가 뚜렷하지 않다.

생물 또는 개체는 개개의 살아 있는 것으로 정의한다. 서열적 구조 속에서 생물을 의미한다면 생물은 기관계 바로 위 수준에 위치하는 개체일 것이다. 인간에게 친숙한 동식물을 포함한 다세포 생물이 이에 해당한다. 이처럼 생물은 체계적으로 분화된 기능과 구조의 구성체이다.

(3) 개체군, 군집, 생태계에서도 독특한 생명의 특징이 나타난다

단세포 생물이든 다세포 생물이든 한 지역 내에 생존하는 같은 종에 속한 개체들의 모임을 개체군(個體群, population)이라 한다. 개체들 사이에서 생기는 여러 생물학적 현상을 살펴보는 데에는 밀도, 분산, 개체군 통계와 성장, 생활사의 특성 등이 유용하다. 특정 지역에 있는 개체군들을 포함한 모든 생물체의 집단을 군집(群集, community)이라 한다. 군집에서는 상리공생(相利共生, mutualism), 편리공생(片利共生, commensalism), 기생(寄生, parasitism), 초식 및 포식(捕食, predation)등 종간 상호작용, 종 다양성과 우점종(優占種, dominant species), 핵심종(核心種, keystone species) 또는 먹이사슬을 포함한 영양 구조 등 군집의 구조, 극상(極相, climax)과 교란(攪亂, disturbance) 등 군집의 역동성 등의 생물학적 내용을 살펴볼 수 있다. 생태계는 특정 지역에 있는 모든 생물은 물론 관련된 모든 무생물적 요소를 포함한다. 여기에서는 영양 단계, 생산 조절, 에너지 전달, 생물지구화학적 순환 등의 생물학 내용이 포함된다.

3) 생물의 복잡계는 창발성에서 시작한다

창발성이란 한 수준(level)씩 올라갈 때마다 바로 아래 수준에서는 볼 수 없었던 새로운 생물학적 특성이 나타나는 현상을 일컫는다. 리소좀, 세포골격, 식포(食胞, food vacuole), 미토콘드리아 등을 무작위로 섞어 놓아도 구성 성분 사이에 작용이 일어나지 않으면 면역 세포의 식세포 작용(phagocytosis)이 일어나지 않는다. 여러 세포소기관 하나하나가 모두 완벽하게 존재하더라도 세포 수준에서 나타날 수 있는 식세포 작용은 일어날 수 없는 것이다.

생물의 창발성은 분자 수준부터 여러 수준의 생명 현상을 시공간적으로 살펴봐야 한다. 생물의 진화 과정에서 점점 복잡성과 다양성이 증가하는 경향을 보이는 것은 창발성의 지속적 출현의 역사로 볼 수 있다. 분자, 원시세포, 원핵세포, 진핵세포, 다세포 등의 출현은 커다란 단계로서 창발성의 출현에 어느 정도 상응한다.

생물을 이해하는 접근 방법에는 환원주의와 전체주의가 있다. 전자는 복잡한 체계를 단순한 요소로 분해하여 분석한다. 후자는 복잡한 생물 체계의 모형을 만드는 시스템생물학을 예로 들 수 있다. 초기 암에 대한 의학계의 대책은 증상을 없애는 것이다. 이러한 대응은 암의 원인을 알아서 제거하는 것과는 거리가 멀었고, 과학자들은 이를 위해 암을 세포 수준, 더 나아가 분자 수준에서 연구하기 시작했다. 그 결과 암의 원인이 조절되지 않는 세포의 증식 때문임을 밝혀냈고, 세포의 무절제한 증식과 관련된 유전자와 이를 억제하는 유전자에 문제가 있음을 알게 됐다. 그런데 암은 종류에 따라 다양한 유전자가 관련돼 있고, 유전자의 발현 과정과 관련된 후생유전학(Epigenetics)적 변화도 관여하는 것이 알려지면서 더욱 효율적인 접근법이 필요해졌다. 또한 실제 생명 현상은 단백질이 담당하므로 이에 대한 대책도 필요하다. 이러한 문제들은 유전체(게놈)와 단백질체 등 전체 분자 각각에 대한 정보와 상호작용에 대한 전반적인 정보가 확보될 때 효과적으로 대처할 수 있다. 이와 관련된 전체주의적 접근이 시스템생물학적 접근으로, 유전자들이 구성하는 회로를 정의하고 단백질들 사이에서 일어나는 상호작용의 네트워크를 규명하는 것이 된다. 모든 생명 현상은 환원주의적 접근을 바탕으로 이를 보완하는 전체주의적 접근이 함께할 때만 제대로 파악할 수 있다. 실제 우리 몸이 시스템으로 존재하기 때문이다.

복잡계는 자연계를 포함하여 특정 세계를 구성하는 다양하고 많은 성분으로 구성된다. 또한 구성 성분 사이에서 일어나는 상호작용으로 생겨나는 복잡한 현상들의 집합체를 의미하기도 한다. 복잡계에 대한 파악은 다양한 구성원의 복잡한 상호작용의 역동성을 시스템으로 파악해야 하는 생명 현상의 특징 때문에 생물학에서도 필요하다. 생물 복잡계를 이해하기 위한 접근 방법이 시스템생물학이다. 특히 수많은 구성 요소들의 상호작용을 파악해야 하는 면역계, 생태계, 진화 등을 연구할 때 필수적이다.

3. 진화론과 돌연변이

찰스 다윈(Charles R. Darwin)은《종의 기원(The Origin of Species)》에서 '변

형 혈통(descent with modification)'이라는 개념으로 자신의 진화론(進化論, evolutionary theory)을 전개했다. 이는 찰스 라이엘(Charles Lyell)의 점진론(漸進論, gradualism)에 영향을 받은 것으로 보인다. 변형 혈통은 다음의 두 가지 명제를 내세운다. 첫째, 현존하는 많은 생물은 과거에 존재했던 특정 조상 생물의 후손들이다. 둘째, 조상 생물들은 시간이 흐름에 따라 변화를 축적하면서 자손 생물을 낳게 됐다.

1) 화석 기록에 따르면 생물은 공통 조상에서 시작했다

프랑스의 박물학자인 조르주 퀴비에(Georges Cuvier)는 화석 연구의 권위자였다. 그는 지질층별로 다른 화석의 구조를 발견하고 이를 기반으

그림 6 이집트 서부 사막에 있는 계곡 와디 알 히탄에서 앞발과 짧은 뒷다리가 있는 4천 년 전 고래의 화석이 발견되어 고래 진화 과정의 한 단계를 보여 준다.

로 생물이 멸종한다고 주장했다. 자신의 종교적 신념에 따라 지층별로 다른 생물들이 있는 이유는 커다란 천변지이(天變地異)에 따른 결과라는 격변설을 주장했다. 그러나 퇴적암층이 형성된다는 사실과 함께 방사성 동위원소의 사용으로 지층과 화석의 연대 측정이 가능해지면서 화석에 대한 다른 해석이 제기됐다. 최근 지층의 생물들이 이전 지층의 생물들보다 현존하는 생물들과 더 비슷한 점, 화석들의 변화 정도, 비슷한 종류의 생물들이 비교적 일정한 지역에서 발견되는 점 등을 포함한 많은 관찰 결과가 격변보다는 점진적인 변화가 있었다는 주장을 더 뒷받침한다. 긴 기간 동안의 변화로 본다면 퀴비에의 천변지이에 의한 변화도 생물의 변화를 의미한다고 볼 수 있다. 화석 기록이 풍부해지면서 과학자들은 현존하는 오래된 종과 그보다 젊은 종 사이의 중간 종을 발견할 수 있었다. 고래, 말, 사람 등도 진화 과정을 보여 주는 중간 단계의 화석이 비교적 많이 발견돼 어느 정도 변화 양상을 추적하는 것이 가능하다.

핀치새는 다윈이 생물에 관한 생각을 바꾸는 데 결정적인 역할을 했다. 갈라파고스 제도는 에콰도르에서 900km 이상 떨어져 있고 여러 섬이 모여 있는데, 다윈은 각 섬에서 핀치새들을 수집해 영국으로 보

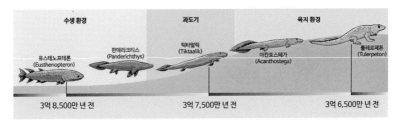

그림 7 어류에서 양서류로의 진화

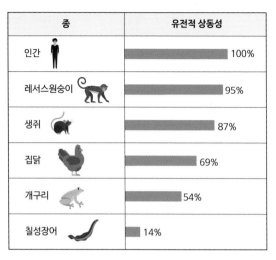

종	유전적 상동성
인간	100%
레서스원숭이	95%
생쥐	87%
집닭	69%
개구리	54%
칠성장어	14%

그림 8 인간과 다양한 생물의 근친도

냈다. 핀치새들이 변종일 뿐이라고 생각한 다윈은 이 새들이 서로 다른 종이라는 조류학자[1]의 견해를 듣고 충격을 받았다. 다윈은 에콰도르의 핀치새들이 갈라파고스의 여러 섬으로 이동한 후 환경에 맞게 다른 종으로 변화한 것이라고 결론 내렸다. 최근 DNA 분석에 따르면 핀치새 진화에 대한 다윈의 생각이 옳은 것으로 밝혀졌다. 이처럼 유사한 종들은 동일한 지역 내에서 발견되는 경향이 있는데, 다윈은 이러한 현상을 근거로 나무가 가지를 뻗어 나가는 양상[2]으로 종이 출현할 수 있다고 추론했다.

---

1   이 존 굴드(John Gould)라는 조류학자는 다윈이 보내 준 핀치새 표본을 보고 세 가지의 표본이 완전히 다른 종이라는 관찰 결과를 다윈에게 통보했다.

2   이를 계통발생(系統發生, phylogeny)이라 한다. 계통발생학은 분자생물학에 의해 크게 발전하였다. 새로운 종의 출현 양상을 나뭇가지가 뻗어 나가는 방식으로 표현할 때 염기 서열 또는 아미노산 서열의 비교는 중요한 근거 자료가 된다.

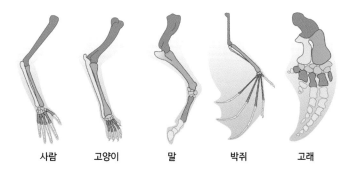

그림 9 사람, 고양이, 말, 박쥐, 고래 뼈의 구조적 상동성

　상동성(相同性, homology)은 후손 종들이 공통 조상에서 유래한 증거다. 상동적 특징은 공통 조상의 같은 구조로부터 유래하기 때문에 구조가 다른 방법으로 사용되더라도 기본적으로 유사하다는 데 있다. 상동성은 유전적, 발생학적, 구조적인 면에서 살펴볼 수 있다. 유전적 상동성은 분자 수준에서 유전자와 단백질 구조가 비슷한 정도에 따라 생물의 근친도(近親度)가 결정된다는 원리에 근거한다. 분자 수준의 비슷한 정도는 상이한 종들의 계통도를 작성하는 데 중요한 정보다. 레서스원숭이, 생쥐, 집닭, 개구리, 칠성장어 등을 사람과 가까운 순서대로 배열하는 것은 쉬운 일이다. 여기에 분자 구조의 비교 결과를 더하면 더욱 설득력 있는 설명이 가능하다.

　형태적으로 비교하기 쉽지 않은 두 종의 생물을 비교할 때 아미노산 서열과 DNA 염기 서열 등과 같은 분자 수준의 자료는 더 유용하다. 발생학적인 면에서 상동성의 예로 인간의 인두낭(咽頭囊, pharyngeal pouch)과 배꼬리를 들 수 있다. 이 두 구조는 발생 과정에서는 나타나지만 발생이 끝나 전체 몸의 구조가 갖춰질 때는 없어진다. 인두낭은 다른 포유류는 물론 조류, 파충류 등에서도 관찰되는데, 이는 어류인 공통 조상으로부터 양서류, 파충류, 조류, 포유류 등이 유래했다는 수 많은 증거 중 하나이다.

생김새(형태)를 비교하는 것은 구조적 상동성을 알 수 있는 가장 쉬운 방법이다. 사람의 팔, 고양이의 앞발, 말의 다리, 박쥐의 날개, 고래의 앞지느러미는 형태도 다르고 기능도 다르지만 뼈의 구성을 비교해 보면 하나의 공통 조상에서 유래했음을 알 수 있다.

2) 생물들은 끊임없이 변화하고 있다

퀴비에는 1812년 아일랜드 큰사슴이라는 종이 멸종했음을 밝혀냈다. 이를 시작으로 많은 과학자들이 화석으로만 존재하는 수많은 생물 종을 발견했다. 현재까지 출현했던 생물 종의 99%는 멸종한 것으로 본다. 지구가 생긴 이후 생물들은 끊임없이 탄생과 멸종을 반복했다는 게 밝혀진 것이다.

시간이 지남에 따라 끊임없이 변화해 온 생물들의 증거는 쉽게 관찰할 수 있다. 다윈은 남미를 여행하던 중 아르마딜로(Armadillo) 서식지를 답사했는데, 이곳에서만 아르마딜로보다 훨씬 크나 모습은 비슷한 멸종 종인 글립토돈(Glyptodon)의 화석을 발견했다. 이런 양상은 광범위하게 발견됐고, 멸종된 종들은 동일한 서식지의 비슷한 종들로 전환되는 것이 일반적이라고 판단된다. 따라서 새로운 종은 지금도 계속해서 출현하고 있다. 현재 진행 중인 진화의 예로, 항생제에 내성을 나타내는 세균들의 출현, 살충제에 내성을 가진 곤충들의 증가, 가뭄에 따른 핀치새 부리의 두께 증가, 포식자가 있을 때 거피(guppy)의 표면 무늬와 색이 변하는 것 등을 들 수 있다.

3) 돌연변이는 염색체의 수 또는 구조의 변화, 염기 서열의 변화이다

빅토리아 여왕은 다섯 딸 중 두 명에게 자신의 혈우병(血友病, hemophilia) 돌연변이 유전자를 전달해 스페인, 독일, 러시아 등의 왕족들에게 퍼지게 했다. BRCA1과 BRCA2 유전자에 돌연변이가 생기면 유방암이 생길 확률이 매우 높아진다. 초파리 발생의 가장 빠른 단계에 관여하는 비코이드(bicoid) 유전자에 돌연변이가 생기면 이 초파리 배아에는 두 개의 머리가 생겨 정상적인 개체가 될 수 없다. 이처럼 돌연변이란 실제 생명 현상, 즉 표현형(表現型, phenotype)의 변화가 유발될 수 있는 유전자의 변화를 말한다. 넓은 의미에서 염색체 수와 구조의 변화까지도 포함한다고 볼 수 있다.

돌연변이는 DNA 복제 과정에서 자연적으로 발생하기도 한다. 대개 10만 개당 1개 정도로 잘못된 염기가 복제되는데, 대부분 DNA 중합효소(重合酵素, polymerase)에 의해 제거되고 올바른 염기가 복제된다. 그러나 이 점검 과정[3]도 완전하지는 않아서 100억 개당 1개꼴로 잘못된

---

3 DNA는 이중나선 구조, 즉 두 가닥으로 이루어져 있다. DNA가 합성되는 과정에서 이중나선이 풀리면서 각각의 DNA 가닥은 주형으로 작용하여 사본 가닥이 합성된다. DNA의 교정(proofreading)은 이 사본의 염기를 주형의 염기와 대조하면서 상보적으로 결합했는지를 살피는 것이다. 이 과정에 관여하는 효소들이 잘못 결합된 염기를 발견하면 잘라내고 제대로 염기를 결합시킨다. RNA는 주형과 사본이 떨어져 있으므로 직접적인 대조가 어렵다. 그래서 RNA의 돌연변이율은 훨씬 높다. 그 결과 RNA 바이러스들은 변형이 쉽게 출현한다. 매해 독감 바이러스 예방주사를 맞아야 하는 이유가 여기에 있다.

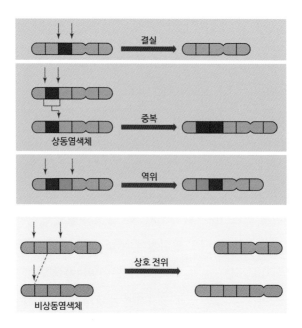

그림 10 염색체 구조 이상 돌연변이인 결실, 중복, 역위, 전위

염기가 복제된다. 이렇게 자연적으로 생긴 돌연변이는 생식세포를 통해 후손에게 전달돼 선택의 대상이 될 수 있다.

염기와 유사한 분자나 DNA 복제를 방해하는 물질 등 여러 화학 물질, 방사선, X선, 자외선 등은 돌연변이 유발원이다. 이러한 외부 요인으로 염기 서열에 이상이 생기면 생명체 내에서는 이를 잘라내고 제대로 된 염기로 교체한다. 이에 관여하는 효소는 사람의 경우 약 170여 종류가 알려져 있다. 돌연변이는 잘못된 염기를 제거, 수선하는 과정이 제대로 되지 않을 때 더욱 잘 발생한다. 점 돌연변이(point mutation)는 1개의 DNA 염기쌍이 변한 것이다. 이 염기쌍의 치환이 단백질을 만드는 암호화 부위에서 일어나면, 기능을 못 하는 단백질을 만들거나 단백질을 아예 만들지 못한다. 이를 각각 미스센스(missense) 돌연변이나 난센스(nonsense) 돌연변이라 한다.

그러나 이보다 더 심한 결과는 염기쌍이 삽입되거나 결실되는 것으로, 번역 틀이 바뀌어 완전히 다른 단백질을 만드는 돌연변이를 일으키게 된다. 염색체 구조가 바뀌면서 돌연변이가 생기는 경우, 염색체의 일부 부위가 바뀌더라도 그 부위에 많은 유전자가 있을 수 있으므로 상상외로 이 변화의 효과가 클 수 있다. 결실(缺失, deletion)은 염색체 일부분이 제거된 것이다. 염색체 일부가 제거된 후 제거된 조각이 동일 염색체에 방향을 바꾸어 다시 붙을 수 있는데, 이를 역위(逆位, inversion)라 한다. 염색체 일부가 복제돼 동일한 염색체에 결합하면 중복(重複, duplication)이라 하고, 특정 염색체의 일부가 다른 염색체에 붙으면 전좌(轉座, translocation)라고 한다.

감수분열(減數分裂, meiosis) 때 특정 염색체 쌍의 비분리로 인하여 특정 염색체가 2개이거나 하나도 없는 배우자가 형성될 수 있다. 이 배우자가 정상 배우자와 수정한 결과, 염색체 수가 정상과 달라지는 이수성(異數性, aneuploidy)이 생긴다. 이수성 개체들은 대부분 정상적인 발생을 할 수 없어 임신 초기에 유산되지만, 22번 염색체가 3개인 다운증후군 태아들은 출산이 되기도 한다. 그러나 성염색체(性染色體, sex chromosome)의 경우 이수성이라도 발생과 생존에는 크게 지장이 없는 것으로 알려져 있다. 다만 대부분이 불임이다. 다배수성은 두벌보다 많은 완전한 염색체 세트가 있는 경우를 의미하는데, 배우자 형성 때 감수분열이 작동하지 않는 완전한 비분리로 생길 수 있다. 식물의 경우 다배수성이 흔하지만, 동물은 어류 및 양서류 일부와 포유류 중 설치류에서 발견됐다.

표 1 대표적인 유전병과 그 원인 및 증상

유전병	염색체 수	원인 및 증상
다운 증후군 (Down syndrome)	$2n = 47$	− 21번 염색체가 3개(3염색체성) − 특이한 안면 표정, 작은 키, 지적 장애, 짧은 수명
에드워드 증후군 (Edwards syndrome)	$2n = 47$	− 18번 염색체가 3개 − 특이한 손발 모양, 작은 머리, 심장 기형, 지적 장애
클라인펠터 증후군 (Klinefelter syndrome)	$2n = 47$	− 성염색체가 XXY − 남성 생식기관이 있으나 정소가 작고 불임, 가슴 발달 등 여성의 신체적 특징이 흔하게 나타남
터너 증후군 (Turner syndrome)	$2n = 45$	− 성염색체가 X(1염색체성) − 체형은 여성이지만 생식기관이 성숙하지 않아 불임, 대부분 지능은 정상

4) 돌연변이는 진화에 기여한다

발생학자이자 유전학자인 토머스 헌트 모건(Thomas Hunt Morgan)은 초파리를 관찰하다가 눈 색깔 돌연변이를 발견했다. 그는 이후 30년 동안 날개 모양, 몸 색깔 이상 등 약 50마리의 초파리 돌연변이체를 찾았다. 그러나 모건의 제자 허먼 멀러(Hermann Muller)는 엑스선을 사용해 하룻밤 사이에 이의 절반에 해당하는 돌연변이를 만들어 냈다. 이 실험으로 돌연변이율이 쉽게 변하고 유전이 쉽게 조작될 수 있음이 드러난 것이다. 자연조건에서 이렇게 쉽게 돌연변이가 생긴다면 궁극적으로 진화에 변화를 유발할 수 있다고 추론할 수 있다.

진화의 척도는 특정 개체군 내에서 유전적 조성의 변화로 알 수 있다. 돌연변이가 더 많이 생긴다면 그만큼 유전적 조성이 다양해질 것이다. 유전적 다양성은 변화하는 환경에 생물들이 대응할 수 있는 가장 효과적이고도 유일한 방법이다. 세균의 경우 돌연변이율은 낮지만, 세대 기간이 짧아 집단 내에서 돌연변이가 빠르게 축적된다.

유성생식(有性生殖, sexual reproduction) 생물들은 돌연변이로 확보된 유전자 변이들을 감수분열 과정을 거쳐 더 다양한 유전적 조성을 지닌 자손들을 만들 수 있다. 이 방법은 자손의 생존이라는 측면에서 효과가 있어서인지 진핵생물 대부분은 유성생식을 한다. 심지어 세균들도 다른 세균과 유전자 교환⁴을 통해 유전적 다양성을 확보하려 한다. 요컨대 돌연변이가 진화 과정에서 가지는 가장 커다란 의미는 유전적 다양성을 제공하는 것이다.

염색체 수의 변화는 큰 규모의 돌연변이로, 새로운 종이 출현할 수도 있다. 사람도 예외는 아닌 것으로 보인다. 침팬지, 고릴라, 오랑우탄과 같은 유인원의 세포에는 24쌍의 염색체가 존재한다. 사람은 23쌍의 염색체를 갖고 있다. 따라서 사람과 유인원이 공통 조상에서 유래했다는 가설이 옳다면 염색체 한 쌍의 행방을 찾아야 한다. 몇몇 연구자들은 인간 세포에는 원래 24쌍의 염색체가 있었는데, 이 중 한 쌍이 다른 염색체와 붙어 23쌍이 되었다는 가설을 세우고 이를 검증하기 위해 인간 염색체의 구조 분석을 시도했다. 염색체의 중간과 말단에는

---

4 특정 세균이 외부의 DNA 조각을 세균 내부로 옮겨 와 자신의 유전자와 교환하는 형질 전환(形質轉換, transformation), 다른 세균을 공격한 바이러스로부터 그 세균의 유전자를 얻어 자신의 유전자와 교환하는 형질 도입(形質導入, transduction), 다른 세균과 통로를 형성하여 유전자를 받아 자신의 유전자와 교환하는 접합(接合, conjugation) 등 세 가지 방식이 알려져 있다.

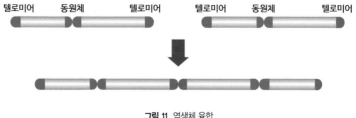

그림 11 염색체 융합

동원체(動原體, centromere)와 말단소체(telomere)라고 부르는 부분이 존재한다. 어떤 변이를 통해서 두 쌍의 염색체가 붙게 되었다면 그 염색체는 텔로미어(말단소체)가 말단뿐만 아니라 중간에도 나타나야 하고, 동원체는 하나가 아니라 두 개가 나타나야 한다. 인간 염색체 중에 이런 구조를 가진 것이 있다면 인간의 염색체 수가 유인원보다 하나 적은 이유를 설명할 수 있다. 인간의 2번 염색체가 침팬지의 12번과 13번이 합쳐져 이러한 구조를 갖고 있다고 확인되어 공통 조상 가설이 설득력을 얻었다.

4. 자연선택과 인공선택

다윈은 비둘기 육종가들과 교류하고, 가축화한 다른 동물의 인공선택(人工選擇, artificial selection)을 살펴보면서 자연선택(自然選擇, natural selection)이라는 아이디어를 떠올렸다. 인공선택은 자연선택에 대한 실험적 확인이고, 크게 보면 자연선택에 포함된다고 볼 수 있다.

1) 인류는 오래전부터 인공선택을 수행했다

개는 인공선택의 적절한 예다. 지난 수백 년간 사람들은 자신의 목적에 맞게 개들을 개량했다. 주머니에 넣고 다닐 정도로 작은 애완용 개인 치와와, 양치기에 적합한 보더 콜리, 사냥한 작은 동물들을 물어 오는 스패니얼, 사냥감을 추적하는 그레이하운드 등 인간의 목적에 맞는 다양한 품종이 생겨났다. 사실 인간은 아주 오래전부터 목적에 맞게 생물을 변화시켰다. 젖을 많이 생산하는 젖소를 얻기 위한 품종 개량, 알이 굵고 많은 개체 위주로 선택 교배해 얻게 된 옥수수, 병충해에 강하고 산출량이 많은 벼 품종 획득 등 선택의 원리와 위력에 대해 잘 알고 있었다. 〈그림 12〉처럼 야생겨자의 부위별 선택 교배로 콜라비, 케

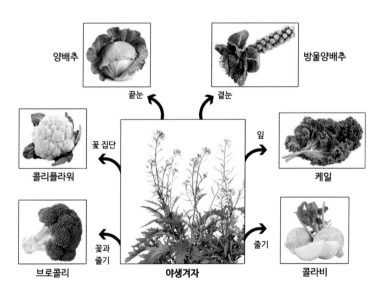

그림 12 야생겨자의 인공선택

일, 방울양배추, 양배추, 콜리플라워, 브로콜리 등의 식물이 출현했다.

과학자들은 자연선택의 조건을 흉내 내어 인공선택을 실험했다. 그 중 하나가 초파리 아사(餓死) 실험이다. 초파리 5천 마리가 있는 배양 상자에서 먹이를 제거하고 20%에 해당하는 1천 마리가 남을 때까지 초파리가 굶어 죽도록 했다. 먹이가 없어졌을 때부터 죽음에 이르기 까지의 시간을 측정해 보니, 이 1세대의 경우 굶주림을 견디는 시간이 평균 20시간이었다. 살아남은 1천 마리에게 다시 먹이를 공급한 후 이들의 자손 5천 마리로 동일한 실험을 수행했다. 그 결과 2세대의 평균 굶주림 저항 시간은 23시간이었고, 60세대에 이르러 160시간이 됐다. 60세대에 해당하는 개체들은 조상보다 지방을 축적하는 경향이 증가한 것이다.

이러한 예가 다윈에게는 비둘기의 육종이었다. 다윈은 《종의 기원》에서 비둘기 육종 전문가들과 주고받은 편지를 인용하면서 육종가들의 기호에 따라 비둘기의 크기나 모양, 색, 부리, 깃털 등이 어떻게 변하는지 설명했다. 또한, 가축화한 생물에 대한 묘사도 첨가했다. 다윈이 탁월한 점은 인공선택으로부터 자연선택이라는 아이디어를 추론해 냈다는 것이다. 사람이 기준을 정해 생물들을 선택해 교배를 시도했듯이 자연도 환경 요인이라는 기준으로 특정 생물의 생사를 결정하는 것이 가능하다는 것이다.

2) 자연에서는 남긴 자손의 수가 중요하다

엘니뇨에 의한 가뭄으로 인해 갈라파고스 제도에서 많은 열매가 사라졌다. 껍질이 두꺼운 열매들만 남자, 이를 먹기 위해 커다란 부리를 가진 핀치새의 수가 증가했다. 곤충을 비롯한 수분 매개자 동물들을 유인할 수 있는 색깔, 향, 꿀 등을 지닌 속씨식물은 번식에 도움을 받아 다양해지고 많은 자손을 낳을 수 있다. 공기 저항 극복에 유리한 모양의 날개와 비행을 가능하게 하는 강한 근육, 에너지 공급에 필요한 미토콘드리아가 많은 세포 등을 갖춘 새는 생존과 번식에 유리하다. 단거리 먹이 추적에 최적화된 몸 구조를 가진 달리기의 장인 치타도 생존에 유리하다. 이러한 자연선택의 예는 무궁무진하다. 수컷 공작은 깃털 무늬의 수와 모양이 암컷의 마음에 들어야만 교미를 할 수 있어 유전자를 자손에 남길 수 있다. 암컷 공작에게 특정 형질을 가진 수컷만 선택되는 것이다. 카나리아도 암컷이 선호하는 노래를 할 줄 아는 수컷만이 유전자를 자손에 전달할 수 있다. 이를 성(性)선택이라 한다. 성선택 과정에서 한 성에 속하는 동물이 다른 성에 속하는 동물을 선택하는 일이 일어나는 것이다.

다윈은 《종의 기원》에서 자연선택에 대한 자신의 생각을 설명했는데, 이를 가장 논리적으로 분석한 내용이 하버드대학의 에른스트 마이어(Ernst Mayr)가 제안한 다섯 가지 관찰과 세 가지 추론이다. 다섯 가지 관찰은 다음과 같다. 첫째, 모든 개체가 성공적으로 번식한다면 모든 종은 개체군이 기하급수적으로 증가할 수 있는 번식 능력을 가졌다. 둘째, 계절적인 변수 외에는 개체군의 크기가 일정하게 유지되는 경향이 있다. 셋째, 환경의 자원은 제한적이다. 넷째, 개체군 내 개체들은 형질이 다양하여 어떤 두 개체도 동일하지 않다. 다섯째, 이러한 다양성은 유전된다.

자연선택이 일어나기 위한 조건들로 재정리해 보면 초점이 더 명확해진다. 자연선택이 일어나기 위한 조건은 첫째, 개체군 내의 특정 형질에 대한 변이가 있어야 한다. 선택할 대상이 존재해야 한다는 것이다. 둘째, 이 변이들은 유전될 수 있어야 한다. 셋째, 특정 형질의 한 형태가 같은 형질의 다른 형태를 가진 개체보다 더 많은 자손을 만들어야 한다. 이는 차등적인 생식 성공을 의미하는데, 생존 가능한 수보다 더 많은 생물이 태어나 생물들은 생존을 위해 투쟁하며, 일부 생물만이 견디어 생존하고 번식에 성공한다는 것을 포함한다.

자연선택의 결과는 적합도[5]로 성공 여부를 판별할 수 있다. 높은 적합도를 가진 개체가 자손에게 전달하는 대립유전자(對立遺傳子, allele)는 시간이 흐를수록 개체군 내에서 점유율이 증가하게 된다. 적합도를 결정하는 데 중요한 세 가지 요인은 첫째, 개체의 적합도는 개체군 내에서 특정 형질에 대한 다른 유전자형 또는 표현형과 비교하여 측정할 수 있다는 점, 둘째, 적합도는 생물이 살고 있는 환경의 요인에 따라 결정된다는 점, 셋째, 적합도는 개체군 내에서 다른 생물에 대한 한 생물의 상대적인 번식 성공도에 의해 결정된다는 점 등이다. 한마디로 적합도는 자손을 얼마나 남겼는지에 따라 결정된다. 따라서 자연선택의 결

---

5   'fitness'라는 개념을 국내에서는 '적응도'라고 번역하여 사용하고 있는데, 이 경우 적응에
    의한 생존(만)이 더 강조될 수 있어 '적합도'로 번역하였다. fitness의 성공 여부는 남긴 자손
    의 수, 즉 번식 성공 정도로 가늠이 되기 때문이다.

과도 자손의 수로 판단할 수 있다는 것이다. 그러므로 '적자생존(適者生存)'보다는 '적자생식(適者生殖)'이 자연선택을 더 정확하게 표현하는 것이라 할 수 있다.

3) 자연선택은 적응에 기여한다

적응(適應, adaptation)은 순화(馴化, acclimatization)와 다르다. 개체 수준에서 주변 환경 요인에 맞춰지는 변화는 '순화'라고 한다. '적응'은 여러 세대에 걸쳐 일어나는 변화 과정을 의미한다. 특정 환경에서 개체 사이의 형질 변이, 개체들의 유전력, 개체들의 차등 생식 등으로 인해 여러 세대에 걸친 선택의 결과로 출현한 자손들은 적응에 성공한 것이다. 따라서 개체 수준에서의 변화인 순화와 많은 세대를 거치면서 선택된 적응은 구분해야 한다.

적응은 생물들이 그들의 환경에 더 잘 맞도록 하는 과정과 생물을 더 적합하도록 만드는 특정 성질 등 두 가지를 의미한다. 박쥐는 어둠 속에서 먹이를 찾을 수 있는 항법 장치 기능을 갖추고 있다. 이 박쥐들의 조상들은 항법 장치를 지니고 있지 않은 개체, 지니고 있더라도 먹이를 찾기에는 성능이 부족한 항법 장치를 가진 개체, 아니면 다른 감각기관이 발달해 있는 개체 등 다양한 변이가 있었을 것이다. 그러나 빛이 없는 환경에서 먹이를 찾을 수 있을 정도로 항법 장치 기능이 발달한 개체들이 다른 변이들보다 생존과 번식에 유리했을 것이고 현재와 같은 자손을 남기게 되었을 것이다. 현존하는 수많은 생물이 독특한 특징을 갖게 된 원인은 대개 자연선택에 의한 적응의 결과라고 볼 수 있다.

진화의 최소 단위는 개체군이다. 개체군 수준에서의 변화를 진화라고 보며, 더 정확히는 유전적 조성이 변화하는 것을 의미한다. 이를 소진화(microevolution)라 하는데, 진화의 가장 기본이라 할 수 있다. 자연선택은 환경이 변화하지 않는 한 여러 세대를 거듭하며 일어날 수 있어서 자연선택이 축적된 결과는 환경을 극복하는 특징의 축적, 즉 적응이 가능하게 된다.

자연선택의 결과는 양상에 따라 방향성 선택(directional selection), 안정화 선택(stabilizing selection), 분단성 선택(disruptive selection) 등으로 나누어 볼 수 있다. 방향성 선택은 표현형 범위의 한쪽 끝에 있는 드문 개체들이 선택되는 양상을 나타낸다. 들쥐 개체들이 나타내는 털

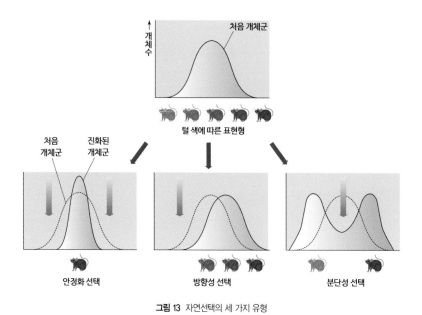

그림 13 자연선택의 세 가지 유형

과학 산책, 자연과학의 변주곡

색은 다양할 수 있는데 환경이 어두우면 포식자의 눈을 피하는 데 유리한 어두운색의 털을 가진 개체들만이 선택될 것이다. 분단성 선택은 중간형의 표현형보다는 양쪽 극단에 있는 개체들이 선택되는 양상을 나타낸다. 특정 섬에 가뭄이 들면 수분을 보전하는 껍질이 두꺼운 열매와 곤충들이 많아지게 된다. 이 섬에 서식하는 새들의 경우 부리 두께가 두꺼워서 큰 열매를 뚫어서 먹거나, 부리가 가늘어서 곤충을 잡는 데 유리한 양극단에 있는 부리가 선택될 수 있다. 극단의 표현형들에 불리하게 작용할 수 있는 안정화 선택은 태아의 몸무게에서 그 예를 살펴볼 수 있다. 태아가 3.2kg보다 크면 산모의 골반을 통과하기 힘들 것이고, 작으면 미숙아로 태어날 가능성이 크므로 중간 크기에 해당하는 태아들의 탄생이 지속됐을 것이다.

다음 세대로 전달되는 생명의 속성

1. 생명의 속성과 유전 물질

1) 생명에는 여러 속성이 있다

생명의 속성에 대해 정리하면 크게 구조와 기능의 관련성, 다양한 정보의 흐름, 에너지 소모, 시스템으로서의 생명, 진화 등 다섯 가지 특징으로 요약할 수 있다.[1]

---

1 미국과학진흥회(American Association for the Advancement of Science, AAAS)가 생물학 연구자와 교육 종사자들의 논의를 정리하여 2011년에 출판한 《Vision and Change in Undergraduate Biology Education: A Call to Action》의 핵심 주제들과 관련지어 정리하였다.

(1) 생명 현상은 계층 구조를 띤다

원자, 분자, 세포소기관, 세포, 조직, 기관, 기관계, 개체, 개체군, 군집, 생태계, 생물권 등의 차원에서 생명 현상이 관찰된다. 세포는 생명 현상을 나타내는 가장 기본적인 단위로, 유전 물질과 대사에 필요한 구성 성분을 포함한다. 세포가 파괴된다면 생명 현상은 일어나지 않는다.[2]

(2) 생명은 정보 처리의 산실이다

모든 생물은 유전 정보가 담긴 DNA를 자손에게 전달해 생명의 연속성을 나타낸다. 번식은 DNA 전달에 의한 생명의 연속성으로 설명할 수 있다. 개체(의 세포) 내에서 DNA는 생명 현상을 나타내는 데 핵심적인 역할을 한다. DNA는 RNA로 전사(轉寫, transcription)되고 단백질로 번역되는데, 단백질은 대부분의 생명 현상을 수행한다. 이 유전 정보의 집합체가 유전자 발현 네트워크를 형성해 생물의 발생과 성장은 물론 생리적 특징을 나타낸다.

내분비계, 신경계, 세포 수준의 항상성(恒常性, homeostasis) 등도 생물 개체라는 시스템을 유지하기 위한 정보의 흐름을 담당한다.[3] 환경과의 상호작용 속에서도 생물들은 끊임없이 정보를 주고받으며 산소, 질소, 탄소 등의 생물지구화학적 순환 속에서도 정보의 흐름이 일어난다.

---

2 따라서 세포 하나가 생물 개체 하나인 단세포 생물이 존재하는 것이다.
3 내분비계는 호르몬, 신경계는 전기 신호로 정보를 전달한다고 볼 수 있다.

(3) 생물은 에너지를 소모해야 산다

생물도 열역학 법칙의 예외일 수 없다. 생물이 생명을 유지하려면 끊임없이 에너지를 얻고 소모해야 한다. 식물과 광합성 세균들이 광합성으로 무한한 빛 에너지를 화학 에너지로 전환하면 지구상의 생물들은 이 화학 에너지로 생명을 유지할 수 있다.

생물을 둘러싼 환경은 무생물 요인과 생물 요인으로 이루어진다. 생물은 환경으로부터 에너지를 얻고 물질대사로 생명을 유지한다. 지구 생태계에서 물질(화학적 영양원)은 순환하지만, 에너지는 '태양 → 생산

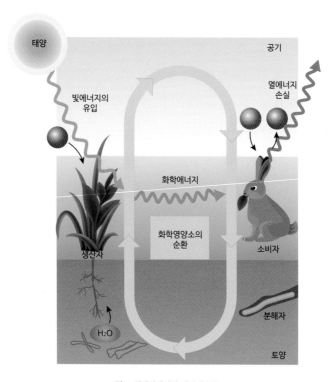

그림 1 생태계에서의 에너지 흐름

자 → 소비자 또는 분해자'로의 한 방향으로 흐른다. 광합성을 하는 식물과 세균이 주요한 생산자라면 이들이 만든 화학 에너지를 섭취하는 동물이나 균류 등은 소비자와 분해자이다. 생물들은 태양으로부터 얻은 에너지를 다양한 방식으로 소모하면서 생존한다.

(4) 생명은 시스템이다

생물이 시스템으로 생명 현상을 나타내는 예는 조절 작용에서 살펴볼 수 있다. 생물체 내에서 음성 되먹임(negative feedback)으로 혈당, 염분 농도, pH, 체온 등을 일정한 조건으로 유지하고, 양성 되먹임(positive feedback)으로 혈액 응고나 항체 생성 등 급히 필요한 반응을 유도할 수 있다. 내분비계, 면역계 등의 조절 작용은 분자, 세포 등의 수준에서 일어나지만, 먹이사슬에서의 조절 작용은 군집 수준에서 일어나는 등 조절 작용은 여러 수준에서 발생한다. 조절 작용은 개체 이상의 수준인 생물 개체 사이, 개체군 사이, 생물과 무생물 사이에서도 일어난다. 개체군, 군집, 생태계 등의 시스템은 구성원들 사이에서 일어나는 다양한 작용으로 고유하고도 역동적인 특징을 나타낸다.

(5) 생명은 진화한다

생물은 다양하다. 적어도 1천만 종 정도가 존재할 것으로 추론한다. 하지만 세포나 분자 등의 낮은 수준에서 생물들은 구조와 기능의 통일성을 나타낸다. 모든 생물의 세포 구조는 기본적으로 동일하고 해당 작용(解糖作用, glycolysis), 화학 삼투(chemi-osmotic) 등 대사 작용을 수행하는 여러 면에서 통일성이 나타난다.

이러한 다양성과 통일성이 의미하는 바는 현존하는 다양한 종류의 생물이 공통 조상에게서 유래했을 것이라는 점이다. 세대가 거듭되면서 일어나는 변화의 축적과 환경에 의한 생물의 자연선택으로 다양한 생물이 출현했다. 오랜 기간 자연선택이 진행되면 생존과 번식에 유용한 형질이 축적돼 생물들이 적응한다. 이 외에도 환경의 급격한 변화라는 우연한 요소로 생물의 변화가 일어날 수도 있다. 자연선택이든 우연적 변화이든 생물 개체군은 시간이 지나고 환경의 변화에 따라 진화적 변화를 겪는다. 진화는 생물의 다양성과 통일성을 모두 설명하는 생물학 최고의 주제다.

2) 유전을 담당하는 물질은 DNA이다

1928년 프레더릭 그리피스(Frederick Griffith)는 폐렴쌍구균(*Streptococcus pneumoniae*)을 연구하다가 무해한 R 균주와 병원성(病原性, pathogenicity)인 S 균주가 있음을 알게 되었다. 생쥐에 이 균주들을 주입하면, R 균주는 무해하고 S 균주는 목숨을 앗아갔다. 그리피스는 생쥐 내에서 세균 번식을 증가하게 하는 물질이 단백질이라 간주하고 끓여서 죽인 S 균주 세균들을 생쥐에게 주입했더니 생쥐가 죽지 않았다. 연구팀이 살아 있는 R 균주와 끓여서 죽인 S 균주를 섞어서 다시 생쥐에 주입하자 생쥐가 죽었다. 그리피스는 생쥐의 혈액에 살아 있는 S 균주가 있는 것을 발견했다. S 균주의 단백질이 아니라 다른 물질(DNA로 추론)이 R 균주로 들어가 R 균주의 유전적 특징을 S 균주의 유전적 특징인 병원성으로 바꾼 것이라고 추론할 수 있다. 그리피스는 이렇게 외부 유전

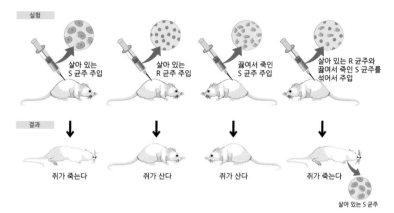

살아 있는
S 균주 주입

살아 있는
R 균주 주입

끓여서 죽인
S 균주 주입

살아 있는 R 균주와
끓여서 죽인 S 균주를
섞어서 주입

결과

쥐가 죽는다

쥐가 산다

쥐가 산다

쥐가 죽는다

살아 있는 S 균주

그림 2 폐렴쌍구균의 형질 전환 실험

물질을 주입해 유발하는 유전자형과 표현형⁴의 변화를 형질 전환이라고 정의했다.

1940년대 초 오즈월드 에이버리(Oswald Avery)는 형질 전환을 유발하는 유전 물질의 정체를 파악하고자 연구를 시작했다. S 균주를 모아 알코올로 지질을 제거하거나 클로로폼(chloroform)으로 단백질을 제거해도, 심지어 RNA를 분해해도 형질 전환 능력이 남아 있는 걸 발견했다. 그러나 DNA를 분해하면 이 능력이 사라졌다. 이는 폐렴균의 형질 전환을 일으키는 물질이 DNA임을 나타내는 것이었다.

1952년 앨프리드 허시(Alfred Hershey)와 마사 체이스(Martha Chase)는 대장균 세포를 DNA와 단백질로만 이뤄진 T2 파지⁵로 감염시키는 실

---

4   겉으로 드러나는 특정 유전 현상을 표현형(phenotype)이라 하고, 이 유전 현상이 나타나게
하는 유전자의 조성을 유전자형(genotype)이라 한다. 예를 들어 혈액 응고 현상을 보내 A형
표현형인 사람은 유전자형이 AA 또는 AO가 될 수 있는 것이다.

5   세균을 공격하는 바이러스를 파지(phage) 또는 박테리오파지(bacteriophage)라 한다.

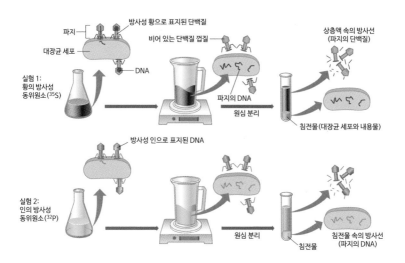

실험 1:
황의 방사성
동위원소(35S)

파지
방사성 황으로 표지된 단백질
비어 있는 단백질 껍질
대장균 세포
DNA
파지의 DNA
원심 분리
침전물(대장균 세포와 내용물)
상층액 속의 방사선
(파지의 단백질)

실험 2:
인의 방사성
동위원소(32P)

방사성 인으로 표지된 DNA
원심 분리
침전물
침전물 속의 방사선
(파지의 DNA)

그림 3 허시와 체이스의 파지 실험

험을 진행했다. T2 파지는 대장균에 들어가 대장균을 파지를 대량 생산하는 공장으로 변화시킨다. 이 T2 파지는 단백질과 DNA로 구성되므로 이 중 무엇이 대장균 세포 속으로 들어가는지만 밝히면 됐다. 허시와 체이스는 이를 확인하기 위해 단백질을 이루는 원소인 황의 방사성 동위원소 ^{35}S과 DNA를 이루는 원소인 인의 방사성 동위원소 ^{32}P을 이용하였다. 실험 결과 대장균 속에 인의 방사성 동위원소(^{32}P)가 있는 것으로 밝혀졌고, 이는 DNA가 새로운 바이러스 입자를 만드는 유전 물질, 즉 번식을 담당한다는 의미다.

DNA가 유전 물질이라는 또 다른 증거는 다음과 같다. 첫째, 세포가 분열하기 전 DNA 양이 2배로 증가하고 딸세포(daughter cell)에 똑같이 나누어 준다는 사실이다. 둘째, 어떤 생물이든 이배체(2배체, diploid) 염색체의 DNA 양은 반수체(半數體, haploid) 염색체를 지닌 정자나 난자 DNA 양의 2배라는 점이다.

3) DNA는 단백질을 이용해 복제한다

DNA는 뉴클레오타이드가 규칙적으로 모여 있는 중합체다. 각 뉴클레오타이드는 질소 염기, 오탄당(5탄당, pentose), 인산으로 구성된다는 사실도 밝혀졌다. 뉴클레오타이드의 구조를 자세히 보면, 질소 염기가 두 개의 고리를 가진 퓨린(아데닌과 구아닌)과 한 개의 고리를 가진 피리미딘(사이토신과 티민)으로 구분된다. 오탄당은 2번 탄소에 −OH가 아닌 −H가 결합한 데옥시리보스로 질소 염기와 인산에 공유 결합하고 있다. 이 뉴클레오타이드 몇 가닥이 어떤 식으로 배열돼 유전자로 작용하는지를 밝혀내는 것이 중요한 과제로 떠올랐다.

제임스 왓슨(James Watson)과 프랜시스 크릭(Francis Crick)은 로절린드

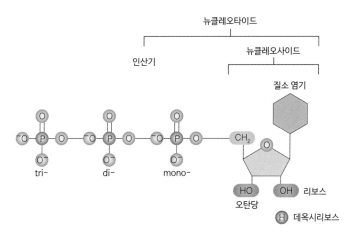

그림 4 뉴클레오타이드 모식도

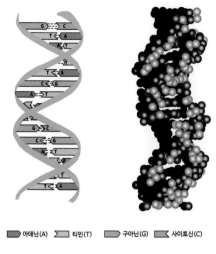

프랭클린(Rosalind Franklin)의 X선 회절 사진과 어윈 샤가프(Erwin Chargaff)의 연구 결과를 근거로 DNA가 이중나선 구조를 형성한다고 추론했다. 두 가닥의 당-인산 사슬이 DNA 구조 외부에 있고 이들은 나선 구조를 이루고 있으며 이 안에 10개의 염기쌍이 있다. 염기끼리의 결합과 관련해서는 샤가프의 법칙을 이용했다. 이 법칙에 따르면 아데닌(A)과 티민(T) 그리고 구아닌(G)과 사이토신(C)의 농도는 어떤 생물에서나 같은 비율로 관찰된다. 왓슨은 이를 A는 T와 G는 C와 결합하는 것으로 해석했다. 이때 한 개의 고리를 가진 피리미딘(T와 C)과 두 개의 고리를 가진 퓨린(A와 G)의 염기 결합(수소 결합)으로 인해 이중나선의 폭이 일정하게 유지될 수 있다고 추론했다. 수소 결합은 약한 결합이기 때문에 두 가닥의 DNA는 한 가닥씩으로 쉽게 갈라질 수 있다. 또한, DNA의 두 가닥은 상보적 염기쌍을 이루기 때문에 어느 한 가닥의 염기 서열을 안다면 다른 가닥의 염기 서열을 예측할 수 있다.

왓슨과 크릭의 이중나선 모형은 유전 정보가 저장되는 방법과 DNA 분자의 복제 과정을 설명할 수 있다. DNA 복제는 반(半)보존적이다. 부모 DNA의 이중나선이 풀어지고 각각의 가닥은 염기쌍 법칙에 근거

그림 5 DNA의 이중나선 구조

아데닌(A)　　티민(T)　　구아닌(G)　　사이토신(C)

하여 새로운 가닥을 합성하는 주형 가닥으로 제공된다. 이 모델은 왓슨과 크릭이 제안했고, 다른 과학자들이 질소 동위원소를 사용한 실험으로 증명했다. 또한, 여러 분자생물학자의 노력 덕분에 DNA 복제 메커니즘과 이에 관여하는 다양한 효소가 밝혀졌다. 진핵세포의 경우 DNA의 끝이 열린 선 구조이고 DNA 합성이 반대 방향으로 일어나는 성질 때문에 복제가 진행되면서 끝이 짧아지는 특징이 나타난다. 이로 인해 세포분열 횟수가 제한된다.

우리 눈에 보이지 않는 세포 하나에 있는 DNA의 길이는 약 2m이다. 따라서 세포 내에, 그것도 세포 내 일정 공간인 핵 안에 DNA를 넣으려면 DNA를 잘 접어서 체계적으로 배열해야 한다.

음전하를 띠는 DNA가 양전하를 띠는 히스톤(histone) 단백질을 마치 실패에 실을 감듯이 감아 뉴클레오솜(nucleosome)을 형성한다. 그러면 DNA의 길이가 20분의 1로 줄어든다. 뉴클레오솜은 2차, 3차로 일어나는 DNA 응축의 기본 단위로 작용한다.

염색체 내에서 단백질과 DNA가 밀집되어 꽉 찬 영역을 이질염색질(異質染色質, heterochromatin)이라고 하는데, 이 영역에 있는 유전자들은 비활성 상태이다. 반면 활성 상태의 유전자들은 더 느슨하게 꼬여 있는 진정염색질(眞正染色質, euchromatin)이라는 곳에 있다.

2. 중심원리

생물의 표현형은 단백질과 일부 RNA로 나타난다. 단백질과 RNA의

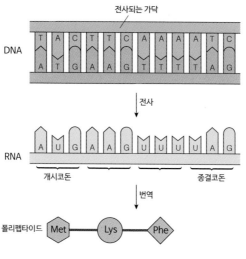

전사되는 가닥

DNA

전사

RNA

개시코돈 종결코돈

번역

폴리펩타이드 Met — Lys — Phe

그림 6 분자생물학의 중심원리

합성은 유전자의 유전 정보에 따라 이뤄진다. DNA상의 유전 정보는 RNA로 전사되고, 전사된 RNA의 정보가 번역되어 단백질이 합성되는데, 이 과정을 중심원리라 한다. 전사는 DNA에서 RNA로 정보가 전달되는, 즉 RNA가 합성되는 과정이고 번역은 RNA의 염기 서열로부터 폴리펩타이드를 합성하는 과정에서 아미노산 서열을 결정하는 과정이라고 정리할 수 있다.

1) 전사와 번역은 유전자형과 표현형을 연결한다

알캅톤뇨증(alkaptonuria)은 소변 색이 검어서 '검은 기저귀 증후군'이라 불린다. 이 독특한 현상은 소변에 담긴 알캅톤이 몸 밖으로 나오면 대기 중 산소와 만나 산화하기 때문이다. 이 증상은 알캅톤 분해 효소가 없는 사람들에게서 나타난다. 이 증상이 있는 근친끼리 결혼하면 이를 가진 자손이 더 빈번하게 출현한다. 이 증상은 유전되고 원인은 유전자에 있음을 알 수 있다.

비슷한 현상이 많이 발견됐는데, 이에 대해 체계적으로 연구한 사람들이 조지 비들(George Beadle)과 에드워드 테이텀(Edward Tatum)이다. 이들은 X선을 이용해 반수체인 빵곰팡이의 유전자를 하나씩 불능화시킨 돌연변이를 얻었다. 이 중 필요한 영양분을 합성하지 못하는 돌연변이들을 집중적으로 관찰했다. 이들은 최소 배지(minimal medium)에 돌연변이를 키우면서 영양분을 하나씩 공급하여 특정 돌연변이 개체들이 정상적으로 자라는지 점검했다. 특정 돌연변이 개체들이 한 가지 영양분의 공급으로 생존할 수 있음을 보고 유전자에 이상이 있으면 해당 영양분을 만드는 효소가 합성되지 않는다고 판단했다. 유전자가 특정 단백질의 존재를 결정짓는다는 강력한 증거를 제시한 것이다. 이들은 이 연구 결과로 '1유전자-1효소설'을 주장했다. 이후 여러 과학자의 연구로 1유전자-1단백질설, 더 나아가 1유전자-1폴리펩타이드설로 발전했다.

DNA의 알파벳인 네 가지 염기는 단백질의 알파벳인 스무 가지의 아미노산을 하나씩 지정해 암호화할 수 없다. 하나의 염기가 아미노산을 하나씩 지정한다면 16개의 아미노산은 유전자의 정보를 지정할 수 없고, DNA상의 염기 서열은 단백질 합성을 가능하게 할 수 없다. 스무 가지의 아미노산을 네 가지 염기가 담당하기 위해서는 3개의 염기가 한 묶음으로 작용해야 한다는 논리적 결론에 이른다. 이러한 논리적 추론은 이후 진행된 여러 실험 결과를 통해 입증됐다. 유전자의 염

		두 번째 염기				
		U	C	A	G	
첫 번째 염기	U	UUU ⎤ Phe UUC ⎦ UUA ⎤ Leu UUG ⎦	UCU ⎤ UCC ⎥ Ser UCA ⎥ UCG ⎦	UAU ⎤ Tyr UAC ⎦ UAA 종결 UAG 종결	UGU ⎤ Cys UGC ⎦ UGA 종결 UGG Trp	U C A G
	C	CUU ⎤ CUC ⎥ Leu CUA ⎥ CUG ⎦	CCU ⎤ CCC ⎥ Pro CCA ⎥ CCG ⎦	CAU ⎤ His CAC ⎦ CAA ⎤ Gln CAG ⎦	CGU ⎤ CGC ⎥ Arg CGA ⎥ CGG ⎦	U C A G
	A	AUU ⎤ AUC ⎥ Ile AUA ⎦ AUG Met or 개시	ACU ⎤ ACC ⎥ Thr ACA ⎥ ACG ⎦	AAU ⎤ Asn AAC ⎦ AAA ⎤ Lys AAG ⎦	AGU ⎤ Ser AGC ⎦ AGA ⎤ Arg AGG ⎦	U C A G
	G	GUU ⎤ GUC ⎥ Val GUA ⎥ GUG ⎦	GCU ⎤ GCC ⎥ Ala GCA ⎥ GCG ⎦	GAU ⎤ Asp GAC ⎦ GAA ⎤ Glu GAG ⎦	GGU ⎤ GGC ⎥ Gly GGA ⎥ GGG ⎦	U C A G

그림 7 코돈 표

기 3개를 제거하거나 더해 주면 그 유전자로부터 합성된 단백질의 아미노산은 하나씩 줄거나 늘어난다. 이렇게 하나의 아미노산을 지정하는 겹치지 않는 3개 염기를 트리플렛 코드(triplet code, 3자 암호)라 한다. mRNA상의 세 염기 조합을 코돈(codon)이라 한다. 이후 시험관 혼합물에 단백질 합성에 필요한 요소를 넣고 특정 염기 서열을 첨가해 합성한 아미노산을 찾아내는 실험을 했다. 이런 식으로 64가지의 3염기 묶음 각각이 담당하는 아미노산의 종류와 기능이 결정됐다.

2) 전사는 DNA 정보를 베껴 RNA를 합성한다

'전사'란 원본을 그대로 옮긴다는 뜻이다. A, T, G, C 4개의 알파벳을 가진 언어를 A, U, G, C 4개의 알파벳을 가진 언어로 바꾼다는 의미다.

DNA 구조를 발견한 이후, mRNA의 존재가 밝혀지면서 전사 과정을 연구하는 움직임이 활발해졌다. 전사는 개시(initiation), 신장(elongation), 종결(termination)의 3개 과정으로 나뉜다. 개시는 유전자 위쪽에 있는 프로모터에 전사 인자와 RNA 중합 효소를 포함한 다양한 단백질들로 이루어진 전사개시복합체가 결합하면서 일어난다.[6] 신장은 RNA 중합 효소에 의해 5'에서 3' 방향으로 RNA 뉴클레오타이드가

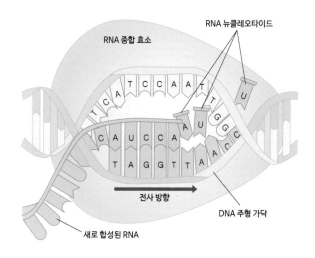

그림 8 전사 과정의 상세도

---

6 이 단계에서 유전자 발현이 조절된다. 즉, 특정 유전자의 전사 여부가 결정된다. 일단 전사가 시작되면 단백질 합성에 이르는 과정까지 완료될 가능성이 크므로 이 단계는 가장 중요한 유전자 발현 조절 단계이다.

증가하는 단계인데, 이때 해당 부위의 DNA 이중나선만 풀어진다. 종결은 DNA상의 특정 서열을 인지하여 일어나며, 풀어졌던 이중나선을 다시 결합한다.

　대부분의 진핵생물의 유전자는 암호화 부위인 엑손(exon)들이 인트론(intron)들 사이에 퍼져 있다. 전사 과정을 통해 만들어진 mRNA 전구체(前驅體, precursor)는 엑손과 인트론 부위를 담고 있는데, 인트론 부위는 단백질 합성에 필요가 없어서 이 부위를 제거하는 일을 RNA 스플라이싱(splicing)이라 한다. mRNA 전구체는 합성 직후 화학적 변화를 겪는다. RNA 분자는 5' 말단에 GTP 캡을 달고 3' 말단에 폴리 A 꼬리(poly A tail)를 단다. 이들은 각각 RNA 분자를 분해로부터 보호하고 핵 밖으로의 수송을 돕는 역할을 한다. 또한 핵을 떠나기 전에 RNA 스플라이싱 과정을 겪는다. 인트론은 제거되고 엑손들이 하나로 이어진다. RNA 스플라이싱이 일어날 때 제거되는 인트론의 종류와 개수에 따라 다양한 mRNA가 생길 수 있다. 이를 대체 RNA 스플라이싱(alternative RNA splicing)이라 한다. 따라서 한 유전자로부터 여러 단백질이 생길 수 있다. 이 과정 덕분에 인간의 유전자가 2만 1천 개인데도 단백질 10만여 개가 합성될 수 있다.

3) 번역은 RNA 정보를 이용하여 폴리펩타이드를 합성한다

RNA 언어가 4개의 염기 알파벳으로 이뤄진 언어라면, 단백질은 20개의 아미노산 알파벳으로 이뤄진 서로 다른 언어이다. 그래서 단백질 합성을 위한 RNA 염기는 아미노산으로 바꿔 해석해야 한다. 이러한 점

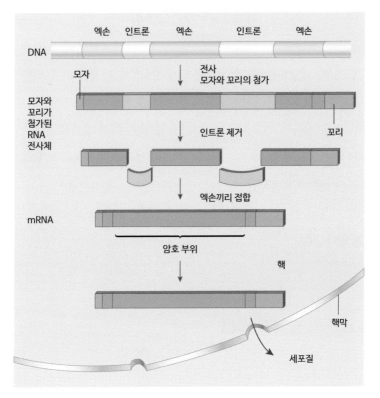

그림 9 진핵생물의 mRNA 생성 과정

에서 이를 번역 과정이라 명명한다. 왓슨과 크릭이 DNA 구조를 밝힌 후 한 연구팀은 아미노산이 폴리펩타이드 사슬에 연결되기 전에 항상 작은 RNA 분자에 결합해 있음을 발견했다. 이 작은 RNA가 운반 RNA, 즉 tRNA이다. 이후 mRNA가 발견되고 리보솜의 기능이 밝혀지면서 번역 과정에 대한 본격적인 연구가 진행됐다.

mRNA의 유전 정보인 코돈은 이와 결합하는 tRNA의 안티코돈(anticodon)에 의해 해독되면서 아미노산의 순서가 결정된다. 이

때 tRNA 분자는 각각의 안티코돈 암호에 따라 해당 아미노아실 -tRNA(aminoacyl-tRNA) 합성 효소의 도움을 받는다.[7] 이 도움으로 각 안티코돈에 해당하는 특정 아미노산이 tRNA에 부착된 다음 해당 안티코돈에 상보적인 mRNA의 코돈과 결합해 해당 아미노산을 전달한다.[8] 번역은 전사의 경우처럼 개시, 신장, 종결로 나눠 살펴볼 수 있다.

핵이 없는 원핵세포에서는 전사와 번역이 동시에 일어날 수 있다. 이에 반해 진핵세포에서는 핵막이 전사와 번역을 분리시키며 광범위한 RNA 가공이 핵 안에서 일어난다. 즉, 전사와 번역이 시공간적으로 분리돼 일어난다.

3. 멘델의 법칙과 유전

그레고어 멘델(Gregor Mendel)은 어릴 때부터 과학에 관심이 많았다. 수도원에서 성직자의 삶을 시작한 이후에는 교사 자격증을 따기 위해 오스트리아 빈대학에서 공부한 물리학과 식물학을 바탕으로 유전 현상을 연구했다. 멘델은 물리학 덕분에 완두의 유전 현상을 나타내는 입자가 있으리라 생각했고 확률과 통계를 사용해 실험 결과를 정리했다. 멘델은 유전 현상의 본질을 밝히기 위한

---

7   20가지 아미노산 각각에 대한 아미노아실-tRNA 합성 효소가 있다. 즉, 20가지의 상이한 효소가 있는 것으로 알려져 있다.

8   코돈과 안티코돈의 결합, 각각의 안티코돈에 따른 해당 아미노산의 tRNA와의 결합이 정확해야 DNA 유전 정보에 따른 단백질 합성 과정이 정확히 이루어진다.

8년간의 연구 끝에 분리의 법칙(law of segregation)과 독립의 법칙(law of independence)을 발견했다.

1) 멘델의 법칙: 분리의 법칙과 독립의 법칙

멘델은 수도원의 텃밭에서 키우기 쉬운 완두를 이용해 유전학 실험을 했다. 그는 보라색과 흰색 순종 완두 꽃을 준비해 교배를 수행했다. 당시의 혼합 유전 가설이 옳다면 보라색과 흰색 꽃을 가진 식물을 교배하여 얻은 자손 꽃은 모두 연보라색이어야 한다. 그러나 잡종인 자손 1세대에서는 모두 보라색 꽃만 나타났다. 여기서 순종(純種, purebred)이란 두 가지 대립유전자가 모두 같은 동형 접합(同型接合, homozygosis)이고, 잡종(雜種, hybrid)은 서로 다른 이형 접합(異型接合, heterozygosity)을 의미한다. 자손 1세대 잡종은 꽃의 색이라는 한 가지 형질(character)이어서 단성 잡종(單性雜種, monohybrid)이라 한다. 멘델은 교배 결과를 보고 꽃의 색 형질은 보라색이 우성(優性, dominance)이고 흰색이 열성(劣性, recessive)이라고 판단했다.

멘델은 다시 자손 1세대끼리 교배를 했는데 2세대 자손들에서는 약 3:1의 비율로 보라색과 흰색 꽃이 나타났다. 따라서 멘델은 흰색 꽃 유전 인자가 자손 제1세대에서 사라진 것이 아니라 보라색 꽃 유전 인자가 이를 가렸다고 추론했다.

멘델은 자손 2세대, 더 나아가 3세대, 4세대까지 형질을 조사해 정리했다. 이러한 시도의 결과는 어떤 형질을 대상으로 하더라도 비슷했다. 즉, 자손 2세대에서 나타난 우성과 열성의 비는 완두의 꽃 색깔은 물

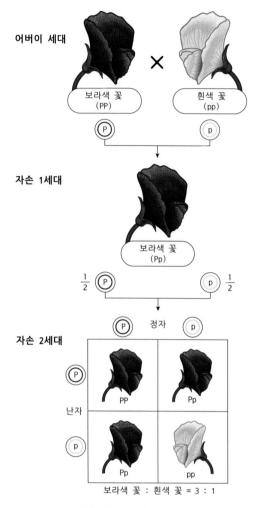

어버이 세대

보라색 꽃
(PP)

×

흰색 꽃
(pp)

(P)   (p)

자손 1세대

보라색 꽃
(Pp)

$\frac{1}{2}$ (P)   (p) $\frac{1}{2}$

(P)   정자   (p)

자손 2세대

난자

(P)

PP   Pp

(p)

Pp   pp

보라색 꽃 : 흰색 꽃 = 3 : 1

그림 10 멘델의 완두 꽃 교배 실험(분리의 법칙)

론 열매 모양, 열매의 색, 콩깍지의 모양, 콩깍지의 색, 키, 꽃의 위치 등 7가지 형질 모두에서 관찰됐다.

멘델은 열성 유전자가 1세대 잡종에서 우성 유전자와 함께 있어도 섞이지 않는다는 것을 증명했다. 이로 인해 부모가 물려주는 유전자는 자손 대에서 섞이지 않고 각각의 특징을 유지하는 입자 형태라는 '입자 유전 가설'이 이전의 '혼합 유전 가설'을 대체했다. 멘델의 유전에 대한 과학적 접근의 개가라 할 수 있다.

독립의 법칙은 한 대립유전자 쌍은 다른 대립유전자 쌍의 움직임과 상관없이 독립적으로 분리되어 정자나 난자 등의 배우자에 들어가 자손에게 전달된다는 것을 말한다. 멘델은 완두 열매의 색과 모양을 관찰해 이 법칙을 제안했다. 완두 열매의 색과 모양이라는 형질에서는 노란색과 둥근 모양이 우성이다. 초록색과 쭈글쭈글한 모양은 열성이어서 노란색의 둥근 열매 순종(YYRR)과 초록색과 쭈글쭈글한 열매(yyrr)를 교배하면 자손 1세대에서는 노란색의 둥근 열매 잡종을 얻을 수 있다. 이로써 멘델은 열매의 색과 모양 두 가지 형질에서 잡종을 얻은 양성 잡종(兩性雜種, dihybrid) 교배를 한 것이다.

멘델은 자손 1세대의 자가수정(自家受精, autogamy)을 시도하는데, 여기에서 두 가지 가능성을 제시한다. 첫 번째는 열매 색 유전자와 열매 모양 유전자가 함께 움직일 가능성이다. 이 경우 양친 각각의 생식세포에는 분리에 법칙에 따라 YR 또는 yr만 존재한다. 두 번째는 두 가지 유전자가 독립적으로 움직일 가능성이다. 따라서 생식세포에는 YR, Yr, yR, yr 등 네 가지의 조합이 가능하다. 실험 결과는 네 종류의 표현형이 9:3:3:1로 나타나 두 번째 예측에 해당했다.

멘델은 이를 토대로 열매의 색과 모양을 나타내는 유전자가 각각 독립적으로 움직인다고 결론을 내렸다. 이는 두 유전자가 서로 다른 염색체에 있으므로 감수분열 과정에서 서로 다른 염색체의 독립적인 움

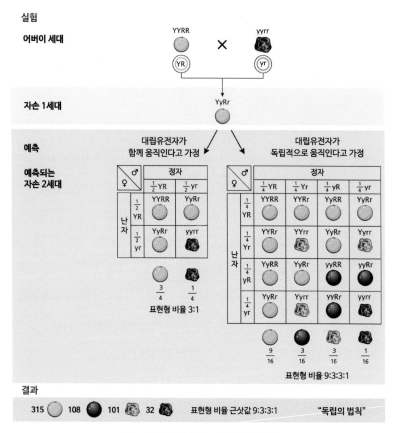

실험

어버이 세대

YYRR × yyrr

YR   yr

자손 1세대

YyRr

예측

예측되는 자손 2세대

대립유전자가 함께 움직인다고 가정

♂ / ♀	정자	
	$\frac{1}{2}$ YR	$\frac{1}{2}$ yr
$\frac{1}{2}$ YR	YYRR	YyRr
$\frac{1}{2}$ yr	YyRr	yyrr

$\frac{3}{4}$ $\frac{1}{4}$

표현형 비율 3:1

대립유전자가 독립적으로 움직인다고 가정

♂ / ♀	정자			
	$\frac{1}{4}$ YR	$\frac{1}{4}$ Yr	$\frac{1}{4}$ yR	$\frac{1}{4}$ yr
$\frac{1}{4}$ YR	YYRR	YYRr	YyRR	YyRr
$\frac{1}{4}$ Yr	YYRr	YYrr	YyRr	Yyrr
$\frac{1}{4}$ yR	YyRR	YyRr	yyRR	yyRr
$\frac{1}{4}$ yr	YyRr	Yyrr	yyRr	yyrr

$\frac{9}{16}$ $\frac{3}{16}$ $\frac{3}{16}$ $\frac{1}{16}$

표현형 비율 9:3:3:1

결과

315 ◯   108 ●   101 ◈   32 ◈   표현형 비율 근삿값 9:3:3:1   **"독립의 법칙"**

그림 11 멘델의 양성 잡종 교배 실험(독립의 법칙)

직임에 따른 결과임을 알 수 있다.[9]

대부분의 유전 현상은 멘델의 법칙으로 설명된다. 그러나 일부 유전자의 표현형은 특정 대립유전자의 기원이 모계 또는 부계인지에 따라 달라진다. 각인(imprinting)은 생식세포가 형성될 때 일어나는데 모계 또

---

9   독립의 법칙은 분리의 법칙과 마찬가지로 감수분열의 첫 번째 분열 전기에서 나타나는 염색체의 분리를 위한 움직임으로 설명될 수 있다.

는 부계에서 물려받은 대립유전자들 중 하나는 자손에서 발현되지 않는다. 각인된 유전자는 대부분 배아의 발생과 관련된 것으로 알려져 있다. 이 경우 생화학적 메커니즘은 해당 유전자에 $-CH_3$를 붙여 무력화하는 것이다.

멘델 법칙의 예외는 세포소기관의 유전자에서도 찾아볼 수 있다. 미토콘드리아와 (대부분의 식물의 경우) 엽록체 내에 있는 유전자에 의해 조절되는 형질들은 오로지 모계의 영향을 받는 유전 양상을 나타낸다. 자손의 세포질이 난자로부터 오기 때문이다.

2) 우성과 열성의 관계는 다양하고 복잡하다

귓불이 뺨에 부착되지 않은 특징은 부착된 특징에 대해 우성이다. 헤어라인의 V자형은 일자형을 나타내는 특징에 대해 우성이다. 이렇게 뚜렷한 경우를 '완전 우성'이라 한다. 완전 우성은 특정 형질의 이형 접합 표현형이 우성 동형 접합 표현형과 같은 경우이다. 완두 꽃 색의 경우 특정 완두 개체 내에서 우성인 보라색 대립유전자가 하나가 있든 둘이 있든 같은 표현형인 보라색 꽃이 나타난다는 의미다. 그러나 우성과 열성의 뚜렷한 차이가 완두의 경우처럼 나타나지 않을 수도 있다. 금어초는 흰 꽃과 빨간 꽃을 교배하면 분홍 꽃의 자손을 얻을 수 있다. 이렇게 부모의 두 가지 특징이 자손에게 전달될 때 중간의 특징이 나타난다면 이를 '불완전 우성'이라 한다. 이형 접합의 표현형이 두 가지 동형 접합 표현형의 중간 표현형으로 나타나는 것을 말한다. 이와 달리 이형 접합일 때 두 가지 표현형을 모두 나타내는 유전 현상을

'공동 우성'이라 한다. 사람의 ABO 혈액형을 살펴보면, A와 B는 서로 공동 우성이다(이들은 모두 O에 대해서는 완전 우성이다).

이처럼 우성의 종류가 다양한 이유는 두 대립유전자로부터 생성되는 단백질의 상호작용 양상에 따라 표현형이 결정되기 때문이다. 이형접합인 유전자로부터 합성된 두 단백질 중 한 단백질이 다른 단백질을 압도하거나 열성 대립유전자가 기능적인 단백질을 만들지 못하면 완전우성, 우성의 열성 압도가 불완전하면 불완전 우성, 두 단백질이 동일한 정도로 표현형을 나타내면 공동 우성이다.

개체군 내에서 특정 유전자는 3개 이상의 대립유전자로 존재할 수 있어 유전자형과 표현형과의 관계는 복잡하다. ABO 혈액형의 경우 A, B, O 등의 세 가지 대립유전자가 있어 가능한 표현형의 수는 A형, B형, AB형, O형 등 4가지로, 유전자형의 수는 AA, AO, BB, BO, AB, OO 등 6가지로 증가한다. 이렇게 대립유전자 수가 3개 이상인 경우를 복대립유전자(multiple allele)라 한다.

다면발현(多面發現, pleiotropism)은 1개의 유전자가 다수의 표현형 특징에 영향을 미친다. 그 예로, 헤모글로빈의 베타(β) 사슬 유전자의 염기 하나가 바뀌면 적혈구가 기형인 낫 모양으로 바뀐다(낫 모양 적혈구 빈혈증). 이로 인해 신경, 혈관, 간이나 지라 등에 손상이 생기고, 그에 따라 허약한 신체, 통증, 기관 손상, 마비 등 여러 기능이 바뀌는 것을 볼 수 있다.

한 가지 유전자가 다른 유전자의 발현에 영향을 미치는 것을 상위작용(epistasis)이라고 한다. 생쥐나 개의 털 색깔의 경우, 하나의 유전자가 우성인지 열성인지에 따라 다른 유전자의 털 색깔이 각각 발현

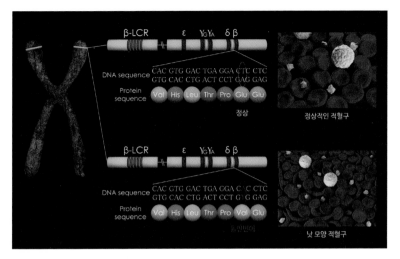

그림 12 다면발현의 예인 낫 모양 적혈구 빈혈증(겸상적혈구빈혈증)

되거나 발현되지 않을 수 있다. 따라서 털 색소 유전자의 발현은 색소 침착 유전자의 종류에 따라 달라지는 것을 알 수 있다. 하나의 표현형이 2가지 이상의 유전자에 의해 영향을 받는 것을 다인자 유전이라고 한다. 여러 개의 유전자에 의해 영향을 받는 표현형은 보통 양적(quantitative)인 특징을 나타낸다. 사람의 키, 체중, 지능, 수명 등이 양적형질의 좋은 예이다.

동일한 유전자형을 가진 수국 개체들이라 하더라도 꽃이 자라는 토양이 염기성이면 분홍색, 산성이면 파란색의 꽃을 발생시킨다. 히말라야토끼의 털은 대부분 흰색이지만 코끝과 귀 등 체온이 낮은 부위는 검은색을 띤다. 이 토끼 등의 털을 깎고 얼음을 얹어 놓아 고정시키면 그 부위에만 까만색 털이 자라난다. 이는 유전자만으로 표현형이 결정되는 것은 아니라는 사실을 알려 준다.

대부분의 유전 현상을 살펴보면 환경 요인에 의해 달라질 수 있다. 사람 키의 경우, 관련 유전자들의 효과 범위 내에서 환경이 성장 정도에 영향을 끼친다고 할 수 있다. 심장 질환을 비롯한 각종 성인병이나 대부분의 암과 같은 인간 질환도 유전 요인과 환경 요인의 영향을 받는다. 이렇게 특정 유전자형이 나타내는 표현형이 달라질 수 있는 범위를 표현형 표준 범위라고 한다. 이에 반해 성, 혈액형, 특정 유전적 장애 등의 표현형은 환경의 영향을 거의 받지 않는다고 볼 수 있다. 외부의 형태학적 구조, 내부의 해부학적 구조, 생리 작용, 행동 양식 등 생물체의 전반적인 표현형들은 이에 상응하는 전반적인 유전자형뿐만 아니라 독특한 환경의 역사를 반영한다. 그러나 유전 양상이 아주 복잡하거나 다양하더라도 유전현상에는 멘델의 분리 법칙과 독립 법칙이 적용된다.

3) 인간의 유전 형질도 멘델 법칙을 따른다

헌팅턴무도병은 신경에 큰 손실이 생겨 몸의 움직임이 조절되지 않고 몸의 곳곳에서 통증이 증가하는 치명적인 유전병이다. 과학자들이 이 증상을 나타내는 사람들을 대상으로 가계도를 작성하여 해석한 결과, 이 질병이 우성임을 알게 됐다.[10]

---

10 헌팅턴무도병으로 고생한 어머니를 둔 유전학자 낸시 웩슬러(Nancy Wexler)는 연구팀을 구성해 이 질병의 발병자가 많은 베네수엘라의 두 마을로 가서 대대적인 조사를 수행하였다. 그 결과 1만 8천 명의 정보를 담은 가계도가 작성되었다. 또한 이 연구팀은 4천 개 정도의 혈액 샘플을 얻어 분석하였는데, 그 결과 이 질병에 관련된 유전자가 4번 염색체 말단의 반복되는 염기에 의해 돌연변이로 발생하여 나타나는 것임을 알게 되었다.

과학 산책, 자연과학의 변주곡

치명적인 유전병이 우성이라면, 하나의 유전자만 있어도 발병해 이 개체는 죽을 확률이 높으므로 해당 유전자도 쉽게 제거될 수 있다. 그러나 치명적인 유전병의 유전자가 열성이라면, 정상적인 유전자가 우성이므로 정상의 표현형을 나타내기에 이 치명적인 열성 유전자는 제거되지 않고 후손에게 전달된다. 그래서 대부분의 치명적인 유전병은 열성이다. 이때 병의 원인 유전자를 하나만 갖고 있어서 정상 표현형을 나타내는 개체가 생존할 수 있는데 이를 보인자(保因者, carrier)라 한다. 겉으로는 정상으로 보이는 보인자들 사이에서는 1/4의 확률로 치명적인 유전병을 가진 자손이 태어날 수 있다. 이러한 가능성은 가계도 분석을 통해 예측할 수 있다.

어떤 치명적인 유전병을 가진 사람이 번식 나이에 이르기 전에 사망할 경우에는 치사 우성 대립유전자가 집단 내에서 소멸할 가능성이 크다. 그러나 헌팅턴무도병이나 알츠하이머와 같이 비교적 늦은 나이, 즉 번식기 이후에 치명적인 증상이 나타나는 경우에는 우성임에도 불구하고 자손에게 전달될 수 있다.

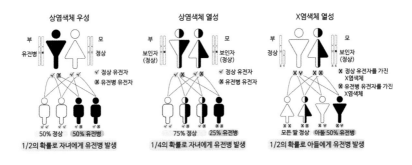

그림 13 유전병 유전 가계도 분석

가족력을 알게 되면 해당 부부의 아이가 특정 유전 질환을 갖고 태어날 확률을 계산할 수 있다. 유전 상담사가 이 일을 담당하고, 분석 결과를 부부에게 알려 준다. 요즈음은 분자생물학의 발달로 다양한 DNA 검사를 수행할 수 있다. 보인자를 확인하는 검사들은 질병을 갖게 될 확률을 더 정확하게 결정해 주기 때문에 이러한 검사가 늘고 있다.

4. 세포분열과 감수분열

우리 몸은 거의 100조 개의 세포로 구성돼 있다. 이 중 남성의 경우는 수억 개, 여성의 경우는 수십만 개 등의 생식세포를 제외하고는 모두 체세포(體細胞, somatic cell)이다. 세포 대부분을 차지하는 체세포의 분열이 세포분열이다. 성인이 되면 어릴 때보다 더 크고 무거워지는 이유는 세포분열로 세포 수가 늘어났기 때문이다. 생식세포는 자손 번식의 의미가 있다. 같은 몸을 구성하는 세포의 증식과 다양한 유전적 조성이 필요한 자손 번식은 세포가 분열하는 과정도 다르다.

1) 세포분열은 클론을 만든다

가끔 작은 상처를 입지만 감쪽같이 아무는 경험을 한 적이 있을 것이다. 세포 수준에서 본다면 상처로 손실된 세포만큼 다시 세포가 생기는 것이다. 우리와 같은 다세포 진핵생물의 경우 세포분열은 세포의 대체 외에 발생과 성장 등의 기능을 수행한다. 나만의 유전체를 동일하게

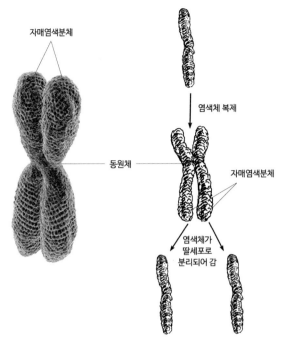

자매염색분체

염색체 복제

동원체

자매염색분체

염색체가
딸세포로
분리되어 감

그림 14 염색체의 복제 및 분리 과정

가진 세포들을 만드는 것이다. 그러나 단세포 진핵생물의 경우 세포분열은 또 하나의 단세포 개체를 만드는 번식 방식이다.

　세포분열 동안 DNA는 정확히 복제돼 염색체 형태로 딸세포에 전달된다. 유전 물질은 세포의 분열 전에 복제돼 각각의 딸세포는 같은 유전 물질, 즉 DNA를 갖는다. 세포분열을 위해서 똑같이 복제된 2개의 염색체를 자매염색분체(姉妹染色分體, sister chromatid)라고 한다. 이두 염색분체는 서로 일정한 부위가 붙어 있는데, 이 부위를 동원체라한다. 각 동원체에는 단백질로 된 부위인 방추사부착점(紡錘絲附着點, kinetochore)이 있어 방추사(spindle fiber) 성분인 미세소관(microtubule)이 결합할 수 있다. 염색분체는 유사분열(有絲分裂, mitosis) 과정에서 분리돼 각각 두 딸세포의 염색체가 된다.

2) 부모는 자손에게 유전자를 물려준다

우리처럼 유성생식을 하는 생물들은 생식세포를 통해 자손에게 유전물질을 전달한다. 그 결과 자손은 부모와 비슷한 특징을 나타내는데, 이를 유전이라고 하고 이를 다루는 학문이 유전학이다. 명확히 말하

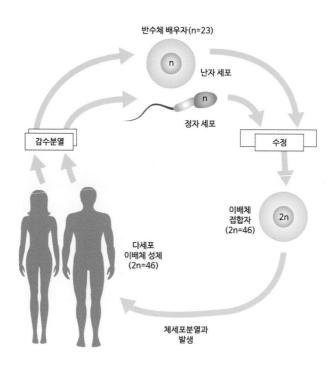

그림 15 사람의 생활사

자면 유전학은 같은 부모로부터 유래한 자손끼리 또는 부모와 자손이 비슷하면서도 다른 이유를 연구한다. 무성생식은 하나의 조상으로부터 똑같은 유전 형질을 물려받은 자손, 즉 클론(clone)을 생성한다. 일부 진핵생물의 경우, 유사분열 과정을 거쳐 무성생식을 할 수 있다.

생식세포인 정자, 난자 등을 배우자라고도 하는데, 이들은 한 세트의 염색체를 갖는 반수체 세포로 감수분열을 통해 형성된다. 유성생식은 정자와 난자가 수정하여 자손을 만드는 과정이다. 수정을 통해 이배체인 접합자가 만들어지고 이 접합자가 발생하여 개체를 만든다.[11] 즉, 유성생식 생물들은 어머니와 아버지로부터 각각 염색체 한 벌씩을 물려받는 것이다. 대다수 생물의 염색체는 여러 쌍으로 이뤄져 있는데 각 쌍의 두 염색체는 길이, 모양, 보유한 유전자들의 기능이 같아 상동염색체(相同染色體, homologous chromosome)라고 한다. 따라서 반수체 세포는 각 상동염색체 쌍의 하나의 염색체만을 갖는다.

세포를 분리하여 염색체의 종류를 구분하는 핵형(核型, karyotype) 결정 방법에 따르면, 사람의 경우 정상적인 체세포에서는 두 부모로부터 각각 23개씩 염색체를 물려받아 모두 46개의 염색체가 관찰된다. 이를 보유한 세포를 이배체 세포라 하는데, 이 세포에는 22개의 모계의 상염색체(常染色體, autosome)와 각각의 염색체에 상응하는 부계 상동염색체가 있다. 23번째 쌍은 성염색체인데 여성은 XX, 남성은 XY를 갖는다.

---

11 어머니 몸속에서 일어난 수정으로 형성된 수정란이 세포의 수와 종류를 늘리고 세포마다 나름의 구조와 기능을 갖게 되면서 나만의 구조와 기능이 생기고 이후 성장하여 내가 만들어지는 것이다.

3) 감수분열은 유전적으로 다양한 딸세포를 만든다

감수분열은 배우자를 형성하는 세포분열로, 한 번의 유전체 복제와 두 번의 분열을 통해 4개의 반수체 딸세포를 만든다. 개체군 내에서 유전적 변이 형성에 가장 크게 기여하는 것은 유성생식이라 할 수 있다. 그원인 중 두 가지는 생식세포 형성 과정인 감수분열 동안 일어나는 염색체의 독립적 분리[12]와 감수분열 과정에서 일어나는 교차이다. 다양성이 큰 난자와 정자의 무작위 수정으로 자손들의 유전적 다양성이더욱 증가한다. 개체군 내에서 이렇게 다양한 유전적 변이는 자연선택에 의한 진화의 재료이다.

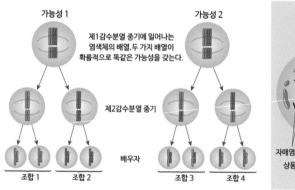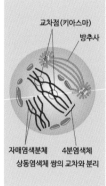

그림 16 감수분열

---

12   사람의 경우 2^{23}, 즉 약 800만 가지가 가능하다. 한 사람으로부터 정자나 난자가 만들어질
때 염색체의 독립적 분리로만 상이한 유전적 조성을 갖는 생식세포가 800만 가지나 생길
수 있다는 것이다.

5. 현대 생물학과 유전체학

유전자의 염색체 구조와 기능을 연구하기 위한 노력은 꾸준히 이어졌다. 분자생물학 분야의 발전과 더불어 연구 범위는 더욱 확장되어 그 대상이 유전체에까지 이르게 됐다. 유전체는 DNA상의 모든 유전 정보를 포함한다. 유전체는 유전자의 총합이라는 의미로 '-ome'을 붙여 '게놈(genome)'으로 명명된다. DNA 분석 기술이 발달하면서 유전체 전체의 구조와 기능을 관찰하려는 시도가 가능해졌다.

특히 과학자들은 사람의 유전체 연구에 매진할 수밖에 없었는데, '인간 게놈 프로젝트'가 바로 그것이다. 미국이 주도한 이 사업은 6개국에서 20개의 대규모 유전체센터와 다수의 작은 연구소들이 참여해 30억 개 인간 유전체의 염기 순서를 결정하는 것이다. 공적 컨소시엄은 염색체별로 과제를 할당하고 염색체를 크게 쪼개고 또 작게 쪼개 궁극적으로 얻은 1천 개 염기 조각의 순서를 결정했다. 이후 이 조각들의 순서를 결정해 전체 유전체 지도를 작성하고자 했다.

이러한 접근과 달리, 한 회사에서 컴퓨터 프로그램을 이용한 서열 결정법을 시도했다.[13] 크레이그 벤터(Craig Venter)가 이끈 셀레라 제노믹스(Celera Genomics)사는 바이러스와 세균의 유전체를 분석해 우수성을 증명하고는 인간 유전체 염기 서열 분석에 뛰어들었다. 이 방법은 유전체를 무작위로 잘라 얻은 DNA 조각의 염기 서열을 분석하고, 이를 컴퓨

13　강력한 컴퓨터를 사용하여 무수한 DNA 조각의 염기를 결정하여 조합한 이 방법을 '전체 유전체 산탄 염기 서열 결정법(whole-genome shotgun sequencing, 일명 샷건 기법)'이라 한다. 현재는 생물들의 유전체 구조를 밝히는 데에 거의 이 방법을 사용하고 있다.

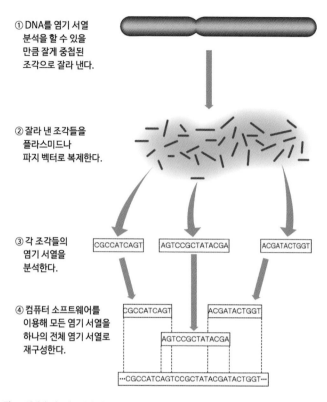

① DNA를 염기 서열 분석을 할 수 있을 만큼 잘게 중첩된 조각으로 잘라 낸다.

② 잘라 낸 조각들을 플라스미드나 파지 벡터로 복제한다.

③ 각 조각들의 염기 서열을 분석한다.

CGCCATCAGT   AGTCCGCTATACGA   ACGATACTGGT

④ 컴퓨터 소프트웨어를 이용해 모든 염기 서열을 하나의 전체 염기 서열로 재구성한다.

CGCCATCAGT   ACGATACTGGT

AGTCCGCTATACGA

···CGCCATCAGTCCGCTATACGATACTGGT···

그림 17 셀레라 제노믹스사가 시도한 유전체 염기 서열 분석 방법(전체 유전체 산탄 염기 서열 결정법)

터 프로그램으로 분석해 조합하는 것이다(《그림 17》). 공적 컨소시엄과 사기업의 경쟁과 협조 끝에 2003년 인간 게놈 프로젝트가 완료됐다.

세균들은 파지의 공격에 대비해 제한 효소(制限酵素, restriction enzyme)를 준비한다. 제한 효소는 DNA의 특정 염기 서열을 인식해 자른다. 이 같은 제한 효소는 수백 가지가 발견됐다. 이 효소로 30억 개의 염기로 이뤄진 우리 유전체를 자르면 수만 개의 DNA 조각을 얻는다. 이로써 유전자들을 담는 DNA 조각들을 마련했다. DNA 복제 과정에서 생기는 DNA 조각들을 연결하는 DNA 연결 효소도 발견돼 DNA를 자르고 붙이는 수단도 준비됐다. 또한 DNA 조각을 플라스미드에 넣고 이를 세균 내로 삽입하면 세균의 빠른 증식과 함께 DNA 조각이 증식될 수 있다. 플라스미드가 유전자를 옮길 수 있는 벡터로 기능하는 것이다. 자르고 붙이고 증식을 위한 운반 수단인 벡터를 확보하면서 유전공학이 본격적으로 발전하게 됐다. 최근에는 유전자 가위(gene scissor) 기술을 이용해 우리에게 필요한 DNA 조작을 더욱 정교하게 수행할 수 있다.

[문제 1] 난이도 하 ★

다윈의 《종의 기원》 이전에도 진화를 주장하는 문헌들이 있었다. 그렇다면 다윈의 진화론이 앞선 주장들과 차별화되는 점은 무엇일까?

[문제 2] 난이도 중 ★★

점돌연변이 가운데 염기쌍 삽입이나 결실에 의한 돌연변이가 치환에 의한 돌연변이보다 단백질 구조에 훨씬 심각한 결과를 초래하는 이유를 설명해 보자.

[문제 3] 난이도 상 ★★★

"이제는 진화다. 진화는 변화를 넘어 발전을 의미하며, 기업과 사회 그리고 국가의 지속 가능성까지도 아우른다. (중략) 누구라도 우리 DNA의 역동성을 외면하면서 진화시키지 못하는 사람은 피하고 싶다. 이제는 진정, 무엇보다 귀한 DNA를 가진 우리 스스로가 변화를 넘어 새롭게 진화해야 할 때다."

이 글쓴이는 진화를 자기 주도적인 발전으로 정의하고, 열심히 DNA를 변화시켜 진보하라고 충고하고 있다. 짐작하건대, 한국인의 우수한 능력을 계발하여 열심히 정진하라는 메시지를 전달하려는 것 같다. 어떤 생물학자가 이 글을 읽고 '진화'라는 생물학 용어가 대중에게 친숙해진다는 것에 기뻐하면서도, 확대 수정된 의미를 지닌 용어가 정작 생물학의 진화 이론을 이야기할 때 논점을 흐리거나, 심지어 이에 대한 오해를 불러일으키지는 않을까 걱정도 하고 있다. 이 생물학자의 우려를 덜어 주고 생물학에서 말하는 진화의 개념을 올바르게 전달할 수 있도록 위 글의 문제점을 지적하고 수정해 보자.

2절. 다음 세대로 전달되는 생명의 속성

[문제 1] 난이도 하 ★
반딧불이의 발광 유전자가 담배 식물에서, 사람의 인슐린 유전자가 대장균에서 발현될 수 있는 이유를 설명해 보자.

[문제 2] 난이도 중 ★★
다음 물음에 답하면서 DNA 이중나선의 구조와 의미를 설명해 보자.

1) 이중나선의 폭(2nm)이 일정한 이유는?
2) G와 C의 비중이 큰 DNA 이중나선이 더 안정적인 이유는?
3) 한 가닥의 염기 서열을 알면 복제되는 다른 가닥의 염기 서열을 알 수 있는 이유는?

[문제 3] 난이도 상 ★★★
어떤 과학 담당 기자에게서 다음과 같은 질문으로 서면 인터뷰 요청을 받았다고 가정하고, 이번 장에서 공부한 내용을 근거로 각자 답변을 만들어 보자.

"우리나라에서도 남녀만이 아닌 '제3의 성(性)' 인정을 둘러싼 논쟁이 점점 뜨거워지고 있습니다. 도대체 '성'이란 무엇일까요? 그리고 이른바 고등생물은 도대체 왜 무성생식을 하지 않고, 죄다 유성생식을 택하고 있을까요?"

Strolling with Science,
a canon of Natural Sciences

7장

. . . .

미래 문명을 여는
과학과 기술

1절
인류 문명을 열어 온 과학과 기술

오늘날 인류는 역사상 가장 풍요롭고, 건강하고, 안전하고, 평등하고, 민주적인 삶을 누리고 있다. 세계 인구가 78억 명을 넘어섰고, 평균 수명이 70세를 넘어선 것이 가장 확실한 증거이다. 절대 권력을 휘두르던 봉건 체제와 식민 제국주의는 사라졌고, 자유와 평등에 기반한 민주주의가 확산하고 있다. 인류가 처음부터 화려한 생활을 했던 것은 아니다. 육체적으로 연약한 인류에게 자연은 공포의 대상이었다. 거칠고 위험한 자연에서의 생존은 결코 만만한 일이 아니었다. 그런 인류가 오늘날 만물의 영장을 자처하게 된 것은 오랜 경험과 과학을 통해 기술을 개발하고 활용해 왔기 때문이다. 인류가 개발한 기술이 완벽한 것은 아니다. 치명적인 사고와 심각한 환경 파괴의 원인이 되거나 비윤리적인 목적으로 활용되기도 한다. 그러나 무작정 기술을 탓하기 전에 개발하고 활용하는 우리 자신의 책임에 대해 고민해 봐야 한다.

1. 인류 문명의 변화에 대한 두 가지 기술

기술은 자연의 사물을 인간의 생활에 유용하게 활용하는 수단이다. 식량 생산에 필요한 기술도 있고, 건강과 안전을 지켜 주는 기술도 있고, 생활의 편리함을 증진해 주는 기술도 있다. 문화 활동을 풍부하게 만들어 주는 기술도 있고, 인간과 자연의 정체를 밝혀 주는 과학의 발전에 활용되는 기술도 있다. 기술은 저절로 만들어지지 않는다. 자연에 대한 세심한 관찰과 놀라운 창의력과 상당한 노력을 투자해 개발해야만 하는 것이다. 기술의 개발에는 상호 신뢰를 기반으로 하는 분업과 협업도 필요하다. 인류의 생활양식과 사회 구조는 기술의 발달에 따라 변화해 왔다.

1) 기술에 의한 생활양식의 변화

(1) 수렵 채취 생활

약 600만 년 전, 현재 아프리카 남부의 관목 위에 살던 원숭이들이 나무에서 내려와 초원을 두 발로 걷기 시작했다. 오스트랄로피테쿠스(Australopithecus, '남쪽에서 온 사람들'이라는 뜻)라고 부르는 초기 인류는 다른 야생 짐승들과 크게 다르지 않은 삶을 살았다. 소수의 가족 단위로 떠돌이 생활을 하면서 식물의 열매, 줄기, 뿌리를 채취하고 둔하고 약한 짐승을 사냥해서 끼니를 이어 가는 수렵 채취 생활이었다. 수렵 채취인들에게 자연은 아름답고 포근한 안식처가 아니었다. 당장의 배고픔을 위해 먹거리를 구하고, 어둠의 공포를 극복하고, 거친 날씨 변화에 적응하고, 맹수와 해충의 공격을 피해야만 생존할 수 있었다. 산불, 폭우, 폭설, 한파와 같은 자연재해도 심각하게 생존을 위협했다. 미성숙 상태로 태어나는 자식을 키우는 일도 힘겨웠다. 늙거나 병든 동료를 보살피는 일은 불가능한 사치였다.

인간은 처음부터 잡식성 동물이었다. 그러나 식용으로 활용할 수 있는 식물이나 동물이 흔치 않았다. 식물은 대부분 식용으로 사용하기에는 너무 질기거나 딱딱했다. 인체에 치명적인 독성을 나타내는 식물도 많았다. 지구상에 번성하는 37만여 종의 식물 중에서 인간이 식용으로 사용할 수 있는 것은 8만 종에 불과하다. 사냥으로 얻은 고기는 고단백의 훌륭한 먹거리다. 그러나 맨손으로 야생 짐승을 사냥하는 일은 쉽지 않다. 육식성 맹수나 대형동물은 초기 인류의 사냥감이 될 수 없었고, 작은 동물을 잡는 일도 쉽지 않았다. 여러 사람이 힘을 합쳐 동물을 출구가 없는 계곡으로 몰아넣거나, 높은 절벽 아래로 떨어뜨려야만 했다. 질병이나 사고로 죽은 동물의 사체를 식용으로 활용하기도 했을 것이다. 먹거리를 장기간 저장할 수 있는 기술도 없었다. 수렵 채취인들에게 굶주림은 일상이었을 것이다.

수렵 채취인들의 생존을 위협하는 것은 식량 부족만이 아니었다. 맹수와 해충의 공격, 절벽이나 나무에서의 추락과 같은 사고가 가장 흔한 사망 원인이었던 것으로 보인다. 수렵 채취 시대의 인구는 7천만 명을 넘지 않았고, 평균 수명은 17세를 넘지 못했던 듯하다.

수렵 채취인들도 초보적인 도구와 불을 사용했다. 돌을 이용해서 질긴 식물을 채취하거나 사냥한 동물을 해체하고 뼈를 절단해서 골수를 빼 먹었던 것으로 보인다. 현재 에티오피아와 케냐에 해당하는 동아프리카 지구대에는 약 340만 년 전 초기 인류가 거친 석기를 사용했던 흔적이 남아 있다. 50만 년 전의 인류가 동굴에서 불을 피웠던 흔적도 있다.

(2) 농경 목축 사회

굶주림에 시달리며 떠돌이 생활을 하던 인류가 안정적으로 식량을 확보할 수 있게 된 것은 1만 2천 년 전부터였다. 오늘날 아나톨리아반도[1]에 해당하는 초승달 지대의 토착민들이 농경과 목축 기술을 개발했다. 그 핵심 기술은 식물이나 동물의 유전적 특성을 작물이나 가축으로 활용할 수 있도록 인공적으로 변형시키는 유전자 변형 기술(6장 1절 참조)이었다.[2] 씨앗을 뿌리고, 물을 대고, 수확하는 기술은 농사를 짓기 위한 보조적인 기술이다.

야생의 밀은 낟알이 충분히 익으면 튕겨 날아간다. 모든 식물이 그렇듯이 밀알은 모체로부터 멀리 떨어진 곳에서 싹을 틔워야 성장에 필요한 영양분을 확보하고, 미생물에 의한 질병의 고착화를 피할 수 있다. 이는 야생 식물이 진화하면서 획득한 생존 전략으로, 다른 짐승이나 바람을 이용하기도 한다. 그러나 밀알을 식량으로 활용해야 하는 수렵 채취인들에게는 낟알이 멀리 튕기는 유전적 특성이 성가시고 불편한 것이었다. 흩어져 버린 낟알을 다시 모으는 일은 그들에게 불가능에 가까운 일이었다.

---

1   아시아 대륙의 서쪽 끝에 있는 흑해·마르마라해·에게해·지중해에 둘러싸인 반도. 고대에는 '소(小)아시아'라고 하였다.

2   재레드 다이아몬드, 《총, 균, 쇠》, 김진준 역, 문학사상, 2005.

그런데 유전적 돌연변이로 인해 튕기는 능력을 상실해 버린 낟알이 있었다. 굶주림에 시달리던 사람들은 그런 낟알을 식량으로 소비했지만, 멀리 날아가지 않고 이삭에 붙어 있는 낟알을 간직해 두었다가 이듬해 파종하는 창의적 생각을 했던 수렵 채취인도 있었다. 결과는 대성공이었다. 파종한 밀의 낟알은 튕겨 날아가지 않고 고스란히 남아 있었다. 돌연변이로 인해 나타난 변종이 인간에게 선택돼 후손에게 유전됐던 것이다. 수렵 채취인들은 야생 밀을 자신들이 원하는 품종으로 개량하는 기술을 개발한 것이다.

야생의 짐승을 길들여서 사육하는 기술도 만만치 않았다. 대부분의 야생 동물은 인간이 제공하는 먹이와 좁은 우리에 대해 심한 거부감을 나타내기 때문이다. 사육 상태에서는 새끼도 낳지 않는 것이 일반적이다. 그러나 야생의 초식동물 중에는 인간에 의한 사육을 적극적으로 거부하지 않는 유전적 특성을 가진 순한 변종도 있었다. 그런 변종

그림 1 야생 밀의 초기 재배종과 현재의 재배종. (왼쪽부터) 2배체인 일립계밀(einkorn wheat), 4배체인 엠머밀(emmer wheat), 6배체인 보통계밀(Common wheat, 빵밀)이다.

그림 2 기린 진화의 자연선택설

을 선별적으로 선택해서 사육한 것이 목축의 시작이었다.

자연적으로 발생한 돌연변이체를 이용한 작물화와 가축화는 본격적인 육종(育種, breeding) 기술로 발전했다. 육종은 자연 상태에서 진화의 원동력인 '자연선택'을 '인공선택'으로 대체한 인위적인 기술이다. 육종에서는 인간이 선호하는 형질을 가진 변종이 선택된다. 육종 기술이 등장하면서 인류는 야생의 동식물에 의존하지 않고 스스로 먹거리를 생산할 수 있는 자족 능력을 갖추게 됐다. 그러나 야생 식물의 작물화나 짐승의 가축화가 쉬운 일은 아니었다. 오랜 육종의 전통에도 불구하고 오늘날 우리가 작물화에 성공한 식물은 150종에 지나지 않고, 그 중에서 곡물은 밀, 쌀, 보리, 옥수수 등 16종뿐이다. 가축화에 성공한 야생 짐승도 소, 말, 양, 돼지, 염소, 낙타, 라마 등 7종에 불과하다. 육종에 성공한 농작물과 가축은 기후 조건이 비슷한 동서 방향으로 빠르게 전파됐다.

농경 목축으로 식량을 안정적으로 확보하면서 인류의 정착 생활이 시작됐다. 가족의 범위를 넘어선 많은 사람이 함께 모인 공동체가 등장했고, 오늘날의 마을, 도시, 국가로 발전한 '사회'의 기반이 만들어졌다. 식량을 안정적으로 생산하고, 자연에 대한 두려움을 극복하기 위

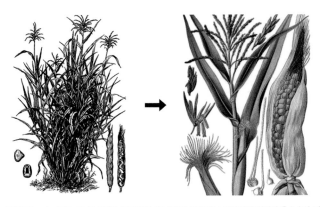

그림 3 테오신트(teosinte)라는 야생 식물을 인공선택, 즉 선택적 육종으로 개량하여 현재의 옥수수가 탄생했다.

한 공동의 노력에서 분업과 협업이 강조됐고, 공동체 의식과 윤리 규범도 싹트게 됐다. 공동체의 지도자 역할을 하던 주술사가 공동체의 지배자 역할을 했다. 생활이 안정되면서 영양 상태가 개선되고, 평균 수명이 늘어났다. 식량 생산에 필요한 노동력을 상실한 노약자를 돌볼 수 있는 여유도 생겼다. 자연의 정체와 인간의 삶에 대한 관심도 높아졌다. 고대 동서양의 정치적, 사회적, 문화적 전통은 대부분 농경 목축 시대에 시작된 것이었다.

물론, 긍정적인 변화만 있던 것은 아니다. 많은 사람이 가축을 기르고, 공동체 생활을 하면서 인간과 동물 사이에 치명적인 감염성 질병이 유행했다. 감기와 같은 인수 공통 전염병(人獸共通傳染病, zoonosis)이 전 지역으로 확산됐고, 14세기의 흑사병과 같은 치명적인 감염성 질병에 시달리게 됐다.

사람의 노동력과 제한적인 가축의 힘에 의존하는 전통적인 농경과 목축의 생산성은 만족스럽지 못했다. 7명의 사람이 노력하면 고작 10명이 먹을 수 있는 식량을 생산할 수 있었다. 누구나 풍요로운 생활을 누리기에는 턱없이 낮은 생산성이었지만, 지구상의 인구는 최대 5억 수준으로 늘어났고, 평균 수명도 30대로 길어졌다. 농경 목축 사회의 낮은 생산성은 심각한 사회적 계급의 분화로 이어졌다. 인구의 70%가 식량 생산에 필요한 노동력을 제공했고, 나머지 30%는 지배 계급으로 절대 권력과 사회적, 문화적 풍요를 독점했다. 고대 농경 사회의 전형적인 지배 구조였던 봉건 제도는 그 결과였다. 봉건 사회에서 국력을 키우는 가장 중요한 방법은 더 많은 농경지와 노동력을 제공해 줄 피지배 계급을 확보하는 것이었다. 고대 농경 목축 사회에서는 전쟁을 통해 이웃 국가를 점령하는 것이 가장 확실한 국력 신장의 길이었던 셈이다.

기술 개발 속도도 빨라졌다. 청동과 철기, 금이나 은을 비롯한 귀금속을 활용하는 기술이 등장했고, 목재와 석재를 이용하는 건축 기술도 발전했다. 무기 생산 기술도 발전했다. 고대 사회의 기술은 대부분 지배 계급이 풍요와 사치를 누리기 위한 수단이었다. 지금까지 남아 있는 거대하고 화려한 궁전, 신전, 스타디움, 무덤 등의 도시 기반 시설은 지배 계급의 사치스러운 생활의 결과물이다. 오늘날 남아 있는 역사 기록도 절대 권력과 풍요를 독점했던 지배 계급에 한정된 것이다.

(3) 산업화 시대

18세기 말에 시작된 '산업혁명'은 인류 문명사에서 중요한 변화였다. 산업혁명의 핵심은 연료의 연소 과정에서 배출되는 맹독성의 일산화탄소로 인한 피해를 최소화해 주는 안전한 연소 장치의 개발이었다. 비교적 쉽게 채취할 수 있었던 석탄을 연료로 사용하는 증기기관이 등장했다. 열을 이용해 기계적인 순환 과정을 반복하는 열역학 기관 덕분에 직물을 짜는 직조기와 대량의 화물과 많은 승객을 운송하는 증기기관차와 증기선이 등장했다. 증기기관으로 소비재의 대량 생산과 소비가 시작되면서 인류의 삶은 완전히 달라졌다.

대규모 농지를 소유하고 절대 권력을 행사하던 지배 계급과 농경 목축에 필요한 노동력을 제공하던 농노 계급으로 구성된 권위주의적 봉건 사회가 붕괴되기 시작했다. 누구나 천부적인 인권을 갖고 있다는 시민 의식이 등장했다. 흔히 '인권 선언'으로 알려진 〈인간과 시민의 권리 선언〉(1789년)이 그 출발이다. 프랑스 국기인 삼색기가 상징하는 자유, 평등, 박애가 국민 주권의 핵심이 됐고, 현대적 의미의 민주주의와 인권 개념이 정립됐다. 사회 구조는 거대 자본을 축적한 자본가와 노동력을 제공하는 노동자를 중심으로 재편됐다.

산업화와 함께 장거리 항해가 가능해지자 기술과 자본을 앞세운 식민 제국주의가 등장했다. 일찍이 산업화에 성공한 프랑스, 영국, 스페인 등이 앞장서 아프리카, 신대륙, 아시아에서 약탈적이고 강압적인 식민 지배에 나섰다. 영국이 건설한 '해가 지지 않는' 대영제국은 지금도 영연방 형태로 남아 있다. 19세기 후반 뒤늦게 산업화를 시작한 일본의 제국주의로 우리나라를 비롯한 아시아의 많은 나라가 식민 지배의 아픔을 겪었다.

19세기에 들어 인간과 자연에 대한 이해를 추구하는 현대 과학이 본격적으로 발전하면서 기술의 발전 양상도 달라졌다. 시행착오에 의존하던 기술 개발의 속도가 빨라지고, 효율성도 크게 향상됐다. 19세기 후반 화학 산업이 본격적으로 등장하고, 액체 상태의 석유를 연료로 사용하는 자동차와 전기가 개발되면서 인류의 생활은 현대화됐다. 20세기에는 원자력과 가스 연료가 새로운 에너지로 개발됐다. 새로운 산업화 기술이 등장하면서 대규모 사회적 잉여의 축적이 가속화됐다. 세계 인구는 1804년 처음으로 10억을 돌파했고, 1927년 20억을 넘어섰다. 78억을 넘어선 지금도 계속 늘어나고 있다. 인류의 평균 수명도 70세를 넘어섰다.

(4) 정보화 시대

모든 생물은 생존을 위해 다양한 정보를 활용한다. 먹거리나 영양분을 확보하고, 포식자를 회피하고, 번식을 위한 짝을 찾는 활동에는 정보가 필요하다. 생물은 감각기관을 통해서 자연에서 발생하는 물리적, 화학적 신호를 수집한다. 사람도 예외가 아니다. 시각, 후각, 미각, 청각, 촉각의 오감이 생존에 필요한 정보를 수집하는 감각기관이다. 우리가 감각기관을 통해 수집하는 정보는 대부분 연속적인 아날로그 형식이다.

인간은 다른 생물과 달리 스스로 정보를 생산하고, 서로 소통하는 기술을 개발했다. 5만 년 전부터 사용하기 시작했던 것으로 추정되는 '언어'가 가장 중요한 소통 수단으로 자리 잡았다.

5천여 년 전부터는 복잡한 정보를 체계적으로 저장하고 전달할 수 있는 문자가 개발되고 종이가 등장하면서 기록 문화가 본격적으로 발달하기 시작했다. 기록 문화의 발달은 사상, 종교, 학문, 문화의 발전을 가속했다. 금속활자의 등장은 학문과 종교의 대중화를 불러왔다. 15세기 서양의 종교개혁과 17세기 근대 과학혁명도 기록 문화가 대중화되면서 가능해진 일이었다.

20세기에 등장한 컴퓨터도 문자나 금속활자의 발명에 버금가는 놀라운 기술 혁명이었다. 저장과 전달이 제한적이던 아날로그 정보가 디지털 정보로 전환돼 저장되고 활용되기 시작했다. 특히 1960년대에 등장한 전자 기술이 발달하면서 전 세계가 하나의 지구촌으로 연결된 본격적인 디지털 정보화 시대가 됐다.

1969년 미국의 아르파넷(ARPAnet)에서 시작된 인터넷이 전 세계의 모든 컴퓨터를 하나의 네트워크로 연결했다. 인터넷을 널리 활용하기 시작한 것은 1990년 유럽입자물리연구소(CERN)에서 개발한 월드와이드웹(WWW; World Wide Web) 덕분이었다. 웹은 서로 연결된 컴퓨터들이 정보를 주고받는 형식을 통일시켜 디지털 정보의 공유와 활용을 극대화했다.

2007년 미국의 애플사가 이동전화와 인터넷을 통합한 아이폰을 발표하면서 인류의 소통 방식은 완전히 변해 버렸다. 모바일 기기의 일반화로 일상을 공유하는 소셜미디어가 발달했고, 누구나 자신이 촬영한 영상을 올리는 동영상 플랫폼 유튜브가 등장했다. 집단 지성의 힘도 놀라워서 실시간 온라인 백과사전도 탄생했다. 지구촌을 대상으로 하는 세계화, 시장경제, 자유무역의 거센 열풍이 시작됐다. 뜨거운 한류 열풍도 정보화의 산물이다.

그러나 무책임한 정보 생산과 무차별적인 확산이 새로운 사회 문제로 떠올랐다. 표현의 자유를 핑계로 내세우는 방종이 개인의 명예와 사생활을 심각하게 침해하는 일이 늘어나고, 말과 글도 훼손됐다. 경제적, 사회적 격차에 이어 정보의 격차도 심각한 사회 문제다.

(5) 초연결·초지능 사회

정보화 기술을 기반으로 개발되고 있는 인공지능(AI; Artificial Intelligence), 사물인터넷(IoT; Internet of Things), 모바일, 로봇, 드론(drone)이 세상의 모든 것을 네트워크로 연결해 주는 초연결(超連結, hyper-connected) 사회로 만들었다. 초지능(superintelligence)의 4차 산업혁명도 시작됐다. 인공지능의 위력은 빅데이터와 심층기계학습(딥러닝)으로 무장한 '알파고(AlphaGo)'에 의해 분명하게 드러났고, 모바일의 위력도 강화됐다. 최근에는 드론을 이용한 대규모 테러까지 일어났다.

인류 문명을 획기적으로 변화시켰던 산업화와 대량 생산의 영향은 생산 현장을 중심으로 나타났지만, 정보화를 기반으로 시작된 3차 산업혁명의 영향은 훨씬 광범위하게 나타났다. 그런데 초연결과 초지능을 강조하는 4차 산업혁명은 소비자 관점에서 훨씬 더 큰 변화를 예고하고 있다. 산업 현장에서는 '인더스트리 4.0'이나 디지털 전환과 같은 변화가 본격적으로 진행되고 있다. 이제는 창의적인 기술 개발과 혁신이 기업의 경쟁력을 결정한다. 값싼 노동력 기반의 낡은 경쟁력을 고집하는 회사는 더 이상 살아남지 못할 것이다.

과거의 기술 혁신과 마찬가지로 4차 산업혁명이 우리 모두에게 기적을 가져다줄 가능성은 크지 않다. 앞으로 빈부 격차와 지역, 세대, 인종, 종교, 이념의 갈등은 더욱 심각해질 수도 있다. 인조인간과 빅데이터가 사회 문제를 해결해 주리라는 생각은 지나치게 순진한 것이다. 이러한 4차 산업혁명의 그림자에 대한 적극적인 준비가 필요하다. 사회적, 경제적 양극화와 인간 소외의 문제는 더욱 심각해질 것이다. 누구나 창조적 기술을 개발하는 창의적 인재가 될 수는 없기에 평범한 사

그림 4 정보화 기술은 우리 사회 전반의 모습을 바꾸고 있다.

람도 함께 살아갈 수 있는 대안이 필요하다. 더불어 4차 산업혁명 시대
를 위한 새로운 교육에 대한 깊은 고민도 필요하다.

2) 소재에 의한 생활양식의 변화

인류 문명의 역사를 소재(素材)에 따라 구분하기도 한다. 새로운 소재
는 삶의 양식을 바꿔 놓는 기술을 실천하기 위해 꼭 필요하다. 석기
에서 시작된 인류 문명이 청동기와 철기의 시대로 발전했고, 20세기
에는 플라스틱과 반도체 소재가 등장했다. 앞으로도 나노기술(Nano
Technology)과 생명공학기술(Bio Technology)이 요구하는 새로운 첨단 소
재가 끊임없이 개발될 것이다.

(1) 석기 시대

석재와 목재는 인류가 가장 오래전부터 사용해 온 보편적인 소재다. 모든 문화권의 사람들이 석재와 목재를 이용해서 도구와 가구를 만들고, 건축하고, 조형물을 만들었다. 고인돌이나 피라미드와 같은 무덤을 만드는 데에도 석재를 사용했다. 화강암이나 대리석 같은 석재는 지금도 다양한 용도로 활용된다.

시멘트도 오래전부터 활용되어 온 건축 소재다. 시멘트는 석회(CaO)에 규산(SiO_2), 알루미나(Al_2O_3), 산화철(Fe_2O_3) 등이 혼합된 소재로, 주로 모래나 자갈과 같은 건축용 골재들을 서로 달라붙게 하는 접착제로 사용한다. 피라미드는 석회와 석고(황산칼슘) 혼합물을 높은 온도로 가열한 후에 분쇄한 시멘트를 사용해 지었고, 로마 시대에는 석회에 화산재를 넣어서 만든 시멘트를 사용했다.

(2) 청동기 시대

청동은 인류가 개발한 최초의 금속 소재로, 기원전 5천여 년 전에 처음 등장해 확산됐다. 주석을 혼합한 청동이 처음 등장한 곳은 메소포타미아와 중국이었던 것으로 알려져 있다. 청동기 문명의 시작은 지역적으로 편차가 심했다.

구리는 자연에서 순수한 상태로 존재하는 독특한 금속이다. 순수한 구리는 섭씨 1천℃ 이상으로 가열해야만 가공할 수 있고, 도구로 쓰기에는 무르다. 그러나 순수한 구리에 소량의 주석을 혼합한 합금인 청동은 낮은 온도에서 녹기 때문에 원하는 모양으로 성형하기 쉽다.

(3) 철기 시대

인류가 3천여 년 전부터 본격적으로 활용하기 시작한 철은 지금도 가장 널리 사용하고 있는 금속 소재이다. 오늘날 전 세계적으로 생산되는 금속의 95%가 철이다. 철은 금속 중에서 비교적 값이 싸고, 강도가 뛰어나면서도 다양하게 가공할 수 있는 특성이 있기 때문이다. 철은 국부의 중요한 상징이었다. 좋은 철을 생산하고 가공하는 기술을 가진 국가는 번영했고, 그렇지 못한 국가는 쇠퇴의 길을 걸었던 것이 인류 역사다.

철을 이용하려면 산화철에서 산소를 제거해야 한다. 화학에서 '환원'이라고 부르는 화학적 변환에는 섭씨 1천℃ 이상으로 가열할 수 있는 기술이 필요하다(4장 2절 참조). 품질이 좋은 숯이나 석탄을 효율적으로 연소할 수 있는 용광로가 있어야만 가능한 일이다. 철광석은 세계 어디에서나 쉽게 구할 수 있지만 철의 활용 시기가 다소 늦었던 것도 연소 기술 개발에 시간이 걸렸기 때문이다.

철이 가장 큰 영향을 미친 부분은 무기였다. 무기로 사용하는 칼은 예리하면서도 쉽게 부러지지 않아야 한다. 무사들을 보호하기 위한 철제 갑옷과 투구도 필요했다. 총과 대포가 등장하기 전까지는 강철로 만든 칼과 갑옷이 놀라운 위력을 발휘했다.

우리도 기원전 4세기경부터 철기 문화를 받아들였다. 고구려와 백제를 건국한 지배 계급도 철기를 사용하던 부여의 후손들이었다. 신라를 세운 김씨 부족도 철기 문화를 갖고 있던 북방계 기마 민족의 후손이었다. 철광석이 풍부한 지역에 자리 잡았던 가야도 쇠도끼, 쇠 창, 쇠 화살촉, 쇠 칼, 쇠 갑옷과 투구를 비롯한 다양한 철제 도구를 만들었던 것으로 보인다. 《삼국사기》를 비롯한 역사서에도 가야가 이웃 나라와 철을 교역해 많은 이익을 얻었다는 기록이 있다.

(4) 화학 소재와 플라스틱

화학 지식이 폭발적으로 축적되기 시작했던 19세기 중엽부터 새로운 차원의 기술 혁신이 시작됐다. 석탄의 연소 과정에서 발생하는 폐기물인 콜타르(coal tar)[3]가 화학 소재의 중요한 원료였다. 쓰레기에서 보석을 만드는 기적이 일어난 것이다. 아스피린과 같은 합성 의약품과 모브(mauve)[4]를 비롯한 합성염료가 개발됐다. 식량에 이어 소재도 자족할 수 있게 된 것이다.

농사에 필요한 비료도 대량 생산하기 시작했다. 농경과 목축은 거대한 규모의 탄소, 질소, 인, 산소의 순환 과정이다. 특히 질소의 순환이 중요하다. 모든 농작물은 생리 작용에 필요한 단백질과 핵산 합성을 위해 상당량의 질소를 소비해야 한다. 20세기에 등장한 화학 비료는 공기 중의 질소를 고정(nitrogen fixation)시켜 식량 증산에 크게 기여했다. 1960년대에 화학 비료, 농약, 육종, 농기계에 의해 일어난 '녹색혁명'으로 농업 생산성이 10배 이상 증가했고, 오늘날 78억의 인구가 생존할 수 있는 환경이 만들어졌다.

20세기에는 석유를 원료로 사용한 다양한 화학 소재가 등장하면서 공급량이 절대적으로 부족했던 천연 섬유, 염료, 의약품을 대체할 수

---

3 석탄을 고온으로 건류(乾溜)할 때 부산물로 생기는 검은 유상 액체이다.

4 아닐린 염료에 속하는 최초의 합성유기염료로, 모브의 합성은 오늘날 염료 공업의 출발점이 되었다.

과학 산책, 자연과학의 변주곡

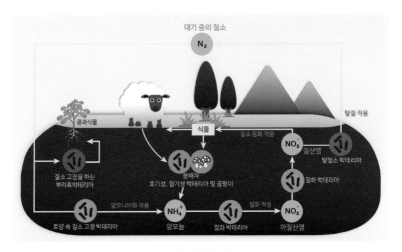

그림 5 질소의 순환

있게 됐다. 1930년대에 등장한 나일론이 그 시작이었다. 원유를 가공해서 만든 플라스틱과 합성 섬유가 공급이 제한적이었던 천연 목재와 천연 섬유를 대체하면서 본격적인 '플라스틱 시대'가 시작됐다. 1980년대부터는 플라스틱 사용량이 천연 목재 소비량을 넘어섰다. 플라스틱을 비롯한 합성 소재가 인류의 삶을 완전히 변화시켰다. 천연 소재로는 상상할 수도 없었던 일이 가능해졌다. 폴리에틸렌(PE)을 이용한 비닐하우스는 농약과 비료 사용량을 줄여 주었을 뿐만 아니라 계절의 한계도 극복할 수 있게 해 줬다. 플라스틱과 반도체가 결합한 새로운 첨단 소재가 끊임없이 등장하고 있다. 전기 발광소자(LED: Light-Emitting Diode)가 한 세기 만에 전구의 역사를 바꿔 놓았다. 철보다 더 강하고, 단단하고, 튼튼한 탄소나노튜브(carbon nanotube)나 그래핀(graphene)[5]과

5 　탄소 원자로 이루어진 얇은 막. 그래핀은 가벼우면서도 내구성이 강해 비행기나 자동차, 건축 자재, 방탄복 등 그 활용 범위가 넓다.

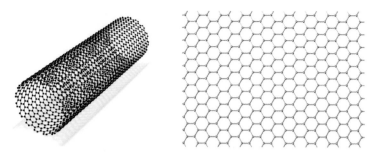

그림 6 탄소 동소체인 탄소나노튜브(좌)와 그래핀(우)의 구조

같은 복합 소재가 개발됐고, 뼈, 연골, 치아를 대체할 수 있는 생체 의료용 소재도 등장했다.

그러나 천연자원의 수요를 대체한 플라스틱과 비닐이 심각한 환경 훼손의 요인으로 지목됐다. 함부로 폐기한 플라스틱과 비닐이 자연환경에서 분해되지 않고 남아 생태계와 환경에 부담을 주고 있는 현실이다. 플라스틱과 비닐이 자연환경에서 썩지 않아 문제라는 지적은 설득력이 떨어진다. 필요에 따라 합성한 플라스틱과 비닐을 스스로 재활용하지 않고 환경에 마구 버린 것이 문제의 원인이다. 불필요한 소비를 줄이고 재활용을 극대화해야 한다는 환경 의식을 강조해야 한다.

2. 에너지 기술의 발달

인간은 지구상의 수많은 생물 중에서 불(에너지)을 두려워하지 않는 유일한 존재다. 인류는 50만 년 전부터 추위와 어둠을 극복하고, 음식을 조리하고, 맹수와 해충을 퇴치할 목적으로 불을 활용해 왔다. 음식을 조리한 덕분에 다양한 식량을 활용할 수 있게 됐고, 건강도 크게 증진 됐다. 불은 산업 활동을 가능하게 해 주는 중요한 수단이기도 하다. 정보화와 초연결·초지능을 실현할 수 있게 해 주는 전기도 불을 활용한 기술로 개발된 것이다.

1) 에너지 소비 증가와 에너지 전환

농경 목축 시대의 인간은 하루에 5천kcal의 에너지를 활용했고, 18세기 산업혁명 이후에는 하루에 2만kcal가 넘는 에너지를 사용했으며, 현재는 4만kcal를 사용하고 있다. 전 세계 인구가 27억이었던 1955년의 전 세계 에너지 총소비량은 33억 톤(석탄 환산량)이었다. 인구가 두 배로 늘어난 1995년의 전 세계 에너지 소비량은 3.3배나 늘어난 110억 톤이었다. 1인당 에너지 소비량이 1.2톤이던 것이 40년 만에 75%나 늘어났다. 인구가 80억에 이르게 될 2025년에는 전 세계적으로 무려 170억 톤 이상의 에너지가 필요하게 될 것이다. 4차 산업혁명이 진행되면 에너지 소비량은 더욱 급격히 늘어날 것이다.

늘어나는 에너지 수요를 충족시키는 일은 만만치 않다. 엄청난 비용과 노력, 상당한 수준의 에너지 기술력이 필요하다. 에너지 자원의 고갈도 걱정해야 하고, 후쿠시마 원전 폭발과 같은 대형 사고와 환경 오염도 무시할 수 없다. 특히 화석연료(fossil fuel)에 의한 기후 변화가 전 지구적 과제로 자리 잡았다. 인류가 생존할 수 있도록 해 주었던 에너지 소비가 오히려 인류의 생존을 위협하는 역설적인 상황이 벌어지고 있다. 자동차 배기가스에서 배출되는 오염 물질과 저질 석탄과 임산

(林産) 연료의 불완전 연소에서 배출되는 미세먼지에 의한 오염도 심각하다.

에너지 소비의 절약과 효율화를 위한 노력이 절실하다. 첨단 기술을 이용한 에너지 소비의 효율화에 어느 정도 성과를 거둔 선진국들이 나타나고 있다. 그러나 1인당 에너지 소비량이 선진국의 20분의 1 수준에 지나지 않는 저개발국의 사정은 전혀 다르다. 삶의 질 개선을 위해 더 많은 에너지 소비가 절실한 후진국 입장에서는 재앙적인 기후 변화와 환경오염에 적극적으로 대처해야 한다는 선진국들의 주장이 부당한 압력으로 보일 뿐이다.

인류 문명은 에너지 전환을 통해 발전했다. 새로운 에너지원(연료)이 개발되면서 인류 역사는 크게 발전했고, 에너지 소비도 크게 늘었다. 18세기 석탄에 이어 19세기 이후 석유, 천연가스와 같은 화석연료가 개발됐다. 20세기 중반에는 원자력이 등장하면서 2차 에너지인 전기를 생산하는 방식도 다양해졌다. 이제는 신재생 에너지가 등장하고 있다. 새로운 에너지 기술을 개발하려는 노력과 에너지를 더 안전하고, 깨끗하고, 효율적으로 활용하기 위한 노력은 앞으로도 계속되어야 한다.

2) 전기의 등장

19세기 말의 전기 개발은 현대의 삶을 근본적으로 바꿔 놓았다. 전기는 생산과 소비를 분리할 수 있는 장점이 있다. 전기를 생산하는 과정에서 필연적으로 발생하는 오염이나 사고의 위험을 소비자로부터 분리할 수 있다는 뜻이다. 전기를 생산하는 시설을 대형화해서 '규모의 경제(economy of scale)'를 추구할 수도 있다. 그러나 전기의 생산과 소비 분리, 발전소의 대형화와 집단화는 새로운 사회적 갈등의 요인이 되기도 한다.

전기는 석탄과 같은 1차 에너지로는 꿈도 꿀 수 없는 여러 가지 일을 실현했다. 전신과 전화를 비롯한 새로운 통신 기술이 등장했고, 대도시의 생활환경도 놀라운 수준으로 개선됐다. 제품 생산의 자동화로 산업 생산성은 더욱 향상됐다. 일상생활에 활용하는 다양한 전자제품도 개발됐고, 라디오와 텔레비전을 비롯한 대중매체도 출현했다. 20세기 중반 양자 효과를 이용한 반도체가 등장하면서 본격적인 정보화 시대가 열렸다. 초연결 사회를 실현시켜 줄 인공지능과 사물인터넷도 전기를 이용하는 반도체가 있어야만 가능하다.

수력 발전은 물이 흐르는 수로에 건설한 댐의 낙차를 이용해 발전기를 구동한다. 수력 발전소의 규모는 수량과 낙차에 따라 결정된다. 그러나 지리적 한계와 계절적 변동을 극복하기란 쉽지 않다. 댐 건설에 필요한 적지 않은 비용이 사회적 부담이 되고, 댐에 의한 환경 피해도 무시할 수 없다.

화력 발전에서는 석탄, 석유나 연소성 폐기물의 연소에서 얻어지는 열을 이용해서 발생시킨 고압의 수증기 또는 천연가스(LNG)를 연소시켜서 생산한 뜨거운 바람을 이용해서 발전기를 구동한다. 세계적으로 석탄 화력이 40%로 가장 큰 비중을 차지하고, 천연가스가 20% 정도를 차지한다.

연료 종류에 따라서 전력 생산비가 크게 차이 난다. 석탄 화력은 연료비가 저렴할 뿐만 아니라 24시간 가동할 수 있기 때문에 기저 전원으로 활용하고, 연료비가 부담스러운 천연가스와 석유는 대부분 전력 소비가 급증하는 경우에 사용하는 첨두 전원(Peak Power)으로 활용한 다. 연소성 폐기물 화력은 대도시의 열병합 발전(cogeneration)에 주로 활용된다. 화력 발전은 온실가스(이산화탄소)와 미세먼지를 비롯한 오염 물질을 배출하는 단점이 있다.

원자력 발전(원전)은 방사성 동위원소가 핵분열을 하는 과정에서 나타나는 질량 결손(質量缺損, mass defect)이 열에너지로 전환되는 상대성 효과를 이용한 현대 과학적 에너지 생산 방식이다. 2017년 기준 37개 국에서 448기의 상업용 원전이 가동 중이고, 61기의 원전이 건설되고 있다. 지난 60여 년 사이에 수명 완료, 사고, 고장 등으로 164기의 원전 이 영구 정지됐다.

환경에 부담을 적게 주고, 지속적으로 활용할 수 있는 태양광, 풍력, 조력(潮力, tidal power), 지열(地熱, geothermy) 등을 이용해 전기를 생산하 는 기술도 있다. 이런 에너지를 재생 에너지라고 한다. 1998년 전 세계 적으로 19.5%이던 재생 에너지의 비중이 2017년 24.8%까지 늘어났다. 재생 에너지는 온실가스와 미세먼지를 배출하지 않는 장점이 있지만, 지리적 여건에 따라 환경에 미치는 영향은 다르게 나타난다.

3) 석유와 천연가스

19세기 중반부터 등유로 활용되기 시작한 석유와 20세기에 등장한 천 연가스도 새로운 '에너지 전환'을 촉발했다. 엔진 내부에서 연료를 연 소시키는 내연기관이 등장하면서 본격적으로 석유를 활용했다. 오늘

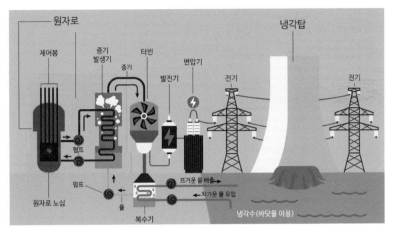

그림 7 원자력 발전소의 기본적 원리

날 전 세계에서 운행하고 있는 자동차, 비행기, 선박은 모두 석유를 연료로 사용하는 내연기관으로 작동한다.

원유 생산 과정에서 부산물로 얻어지던 천연가스는 대부분 현장에서 연소시켜 버리던 폐기물이었다. 천연가스를 안전하게 운송하는 파이프라인이 건설되고 액화천연가스(LNG)로 전환하여 운송하고 저장하는 기술이 개발된 것은 제2차 세계대전이 끝난 후다. 오늘날 LNG는 선진국의 취사 및 난방용 연료와 화력 발전용 연료로 활용되고 있다. 미국에서 셰일가스(shale gas)[6]가 본격적으로 개발되면서 LNG의 활용도 크게 늘고 있다.

석유 자원이 고갈될 위기가 점점 다가오고 있는 것은 사실이다. 원유 고갈 가능성은 1970년대부터 제기됐다. 원유와 천연가스 고갈에 대

---

6   탄화수소가 풍부한 셰일층(근원암)에서 개발·생산하는 천연가스로, 유전이나 가스전에서 채굴하는 기존 가스와 화학적 성분이 동일해 난방 연료나 석유화학 연료로 활용할 수 있다.

비해야 하며, 특히 화학 원료의 새로운 공급원을 찾아내는 일이 시급하다.

4) 바이오 연료와 수소 에너지

현실적으로 활용할 수 있는 '바이오 연료(biofuel)'에는 바이오 에탄올(bio-ethanol)[7]과 바이오 디젤(bio-diesel)[8]이 있다. 이는 재배 가능한 식물을 원료로 하며, 석유 연료를 대체할 수 있는 '대체 연료'로서 상당 부분 실용화돼 있다.

세상에서 가장 가벼운 원소인 수소는 지천으로 널려 있다. 특히 태양을 비롯한 우주에 존재하는 물질의 75%가 수소다. 그러나 지구상에서 연료로 사용할 수 있는 순수한 상태의 수소는 존재하지 않는다. 가벼운 기체 상태인 순수한 수소는 지구 대기권의 상층부로 올라가 우주 공간으로 빠져나가 버렸기 때문이다. 지구 표면에 남아 있는 수소는 산소, 탄소, 질소와 같은 원소와 단단하게 결합한 수소 화합물 상태(물, 탄화수소, 암모니아)이다. 그렇기에 수소를 연료로 사용하려면 수소 화합물을 '환원'시켜 수소를 떼어 내야만 한다. 전기를 이용해서 물을 분해하거나 메테인이 주성분인 천연가스에서 수소를 생산하는 기술도 있다. 두 기술 모두 상당한 양의 에너지를 소비하고, 적지 않은 오염을

---

7   바이오 에탄올은 사탕수수, 밀, 옥수수, 감자, 보리 등 주로 녹말작물을 발효시켜 차량 등의 연료 첨가제로 사용하는 바이오 연료이다.

8   바이오 디젤은 콩기름, 유채 기름, 해조유(海藻油) 등의 식물성 기름이나 소, 돼지 등의 동물성 지방을 원료로 하여 만든 무공해 바이오 연료이다.

발생시키고, 폭발 사고의 위험도 배제하기 어렵다.

수소를 활용하는 방법은 두 가지다. 공기 중의 산소를 이용해 수소를 산화시켜 물(H_2O)이 생성되는 과정에서 발생하는 열을 이용할 수도 있고, 수소를 전기적으로 산화시키는 과정에서 전류를 발생시키는 연료전지(fuel cell)를 사용할 수도 있다. 화석연료와 달리 이산화탄소나 질소 산화물과 같은 오염 물질이 배출되지 않는 것이 가장 큰 장점이다. 그러나 기체 상태의 수소를 생산해서 고압의 가스 상태로 운반하고 저장하는 일은 쉽지 않다.

3. 인류의 미래

자연에서 인간의 생존은 보장된 게 아니다. 자연은 여전히 거칠고 위험한 대상이다. 안전하고 건강한 생존은 인간의 노력으로 개발한 기술에 의존할 수밖에 없다. 개발한 기술을 포기해 버리고 자연으로 돌아가자는 과도한 자연주의와 생태주의가 불안한 미래의 대안이 될 수는 없다. 오히려 과학과 기술에 대한 정확한 이해와 새로운 기술에 대한 사회적 수용성을 강화하기 위한 적극적인 노력이 절실히 필요하다.

1) 미래의 기술: NBIC 융합

2002년 미국의 한 과학재단이 〈NBIC(Nano-Bio-Info-Cogno) 보고서〉를 내놓으면서 '융합'이 미래를 위한 기술 개발의 세계적인 대세로 자리 잡았다. 미래 융합 과학기술의 4대 핵심축이 나노 기술(NT), 바이오 기술(BT), 정보 기술(IT), 인지 기술(CogT)이라는 것이다. NBIC 융합은 IT 영역에서 시작된 낮은 수준의 융합을 개념적으로 명료화하고 확장하려는 시도이다. 인류 문화와 인간의 본성에 대한 색다른 연구와 자연과학, 사회과학, 인문학이 긴밀하게 연결된 지식의 통합을 추구한다. NBIC 융합에는 글로벌 네트워크로 연결된 인류가 융합 기술을 기반으로 인간의 생물학적 한계를 극복함으로써 유토피아적 트랜스휴머니즘(transhumanism)[9]의 시대를 열어 보겠다는 야심 찬 꿈이 담겨 있다.

우리도 세계적 융합의 열풍에 신속하고 민감하게 반응하고 있다. 그러나 융합에 대한 접근에서는 기술의 사용자이면서 수혜자인 인간과 인간의 삶에 대한 성찰이 필요하다. 융합의 대상, 방법, 이론, 문제에 대한 인식도 분명하게 만들어야 한다. 우리가 지향해야 하는 융합은 단순하고 피상적인 공동 탐구의 수준을 넘어서는 기준을 요구한다. 이론 간 소통의 목표와 과제를 명료하게 만들어야 하고, 학문 이론적 위계와 타당성 계열을 충분히 고려해야 하며, 이론 간 소통을 위한 방법론적 절차도 필요하다.[10]

2) 기술의 사회적 가치

기술이 사회에 미치는 영향은 복합적이다. 기술이 인류를 안전하고, 건

---

9   과학기술을 이용해 인간의 정신적, 육체적 성질과 능력을 개선하려는 지적, 문화적 운동이다.
10   이종관, 《공간의 현상학, 풍경 그리고 건축》, 성균관대학교출판부, 2013.

강하고, 풍요롭게 살게 해 준 것은 분명한 사실이다. 전형적인 농경 사회였던 우리가 지난 70여 년 동안 세계적인 산업 사회로 변한 것도 낯선 기술을 적극적으로 수용한 덕분이다. 20세기 초 1천만이던 한반도 인구는 한 세기 만에 8배 가까이 늘어났다. 2017년의 기대 수명은 82.7세였고, 영아 사망률은 0.28%를 기록했다. 평균 수명이 매년 평균 0.5세씩 늘어난 것이다. 전 세계 어디에서도 찾아보기 어려운 기적과도 같은 '발전'이다.

그러나 인구 증가와 도시화, 자원 고갈과 환경 파괴 등의 부작용도 심각해졌다. 충분한 양의 식량과 에너지를 생산하는 일도 어려워지고, 무분별한 에너지 소비에 따른 부작용도 심각하다. 지구 온난화로 인한 기후 변화가 자연 생태환경과 생활환경을 위험한 수준으로 위협하고 있다. 평균 수명은 늘었지만, 건강 수명은 오히려 줄어들고 있다는 지적도 있다(5장 2절 참조).

기술의 가치는 보편적인 것이 아니다. 사용자의 가치관이 반영된 다양한 요소를 고려해 주관적으로 결정하는 것이다. 특히 현대 사회에서는 기술의 경제적 가치에 관심이 집중되고 있다. 경제적으로 유용한 기술을 보유한 나라는 발전하고, 그렇지 못한 나라는 쇠퇴한다는 주장이 상당한 설득력을 발휘하고 있다. 선진국의 기술을 적극적으로 모방해서 놀라운 경제 성장을 이룩한 경험이 있는 우리의 경우에는 더욱더 그렇다. 국가는 국민경제 발전을 위해 과학기술 개발에 적극적으로 노력해야 한다고 헌법 제127조에 명시해 놓은 것도 그런 경험 때문이다.

3) 기술의 사회적 수용성

현대 과학의 발전을 어떻게 이어갈지, 애써 얻은 과학 지식을 어떻게 활용할지, 끊임없이 개발되는 첨단 기술을 어떻게 수용할지에 대한 진지한 고민이 필요하다. 기술 활용에 필요한 사회적, 경제적, 환경적 비용도 무시하기 힘들다. 우리가 개발하는 모든 기술이 사회경제적으로 유용할 수는 없다. 그렇기에 기술의 위험에 대한 정확한 인식이 필요하다. 기술은 우리 생활의 편리를 위해 개발한 것이지만, 잘못 사용하면 심각한 부작용을 일으키기도 한다. 기술의 부작용을 최소화하는 기술을 수용하기 위한 사회적 투자도 필요하다. 아무리 위험한 기술이라도 안전을 위한 충분한 투자와 노력을 아끼지 않는다면 안전하게 활용할 수 있기 때문이다. 반대로 아무리 훌륭한 기술이라도 함부로 사용하면 심각한 부작용을 피할 수 없다.

사회적으로 기술의 수용 여부를 합리적으로 판단할 수 있는 능력을 강화하기 위한 노력이 절실하다. 기술의 정체를 정확히 이해하고, 기술에서 얻을 수 있는 편익과 기술을 안전하게 활용하기 위한 비용에 대한 평가가 그 핵심이다. 기술 활용 과정에서 발생하는 윤리적, 도덕적 부작용에 대한 이해도 필요하다. 개인이 추구할 수 있는 이익 및 권리와 함께 사회 전체가 공유해야 할 가치관에 대한 배려도 무시할 수 없다. 무지와 편견도 경계해야 한다. 현대 과학을 놀라운 수준으로 발전시킨 과학 정신을 통해서 기술 수용성을 극대화해야 한다.

인류 문명을 열어 갈 과학과 기술

1. 과학과 기술

1) 과학, 기술, 공학

21세기 현대 사회를 '과학의 시대'라고 부르는 경우가 많다. 그만큼 오늘날 사회에서 과학이 지닌 중요성을 인정한다는 의미일 것이다. 한편 과학의 '영향력'에 대해 생각할 때 흔히 떠올리는 것들은 컴퓨터, 인터넷, 휴대전화 등 과학 그 자체라기보다는 과학에 기반한 공학 기술의 산물인 경우가 많다. 이렇게 우리의 직관에서 과학과 기술은 밀접하게 연결돼 있기에 일상적인 대화나 심지어 정부 공식문서에서도 두 단어를 연결해 '과학기술'로 함께 묶어 사용하는 것이 일반적이다.

하지만 이러한 현상은 21세기 한국 사회에서 과학과 기술을 연구하고 이해하는 독특한 방식이다. 서구에서는 19세기 초까지만 해도 과학과 기술이 서로 다른 집단에 의해 거의 영향을 주고받지 않고 발전해왔다. 과학 연구는 주로 갈릴레오처럼 후원자를 찾을 수 있었거나 로버트 보일처럼 충분히 부자였던 독립 학자에 의해 이뤄졌다. 대학교수직 덕분에 직업적으로 연구를 수행할 수 있었던 연구자는 뉴턴을 비롯해 극소수에 불과했다. 기술은 고등교육을 받을 기회가 없었던 장인 기술자들이 도제식으로 교육하고 발전시켰다. 이들이 만드는 인공물이 유용했기에 기술자 수는 과학자 수보다 압도적으로 많았다. 전쟁 무기를 만드는 과정처럼 한 사회의 자원을 집중해 특정 목적을 달성할 필요가 있는 사안에 대해서는 과학자와 기술자가 협동 작업을 한 경우도 있었다.

19세기 화학 공업, 전기 공업을 중심으로 과학의 첨단 이론이 관련 산업 발전으로 이어지면서 상황이 변하기 시작했다. 늘어나는 인구를 먹여 살리기 위해 화학 비료 생산이 필수적이었다. 화학자 프리츠 하버와 산업기술자 카를 보슈(Carl Bosch)의 협업으로 비료 생산에 필요한 암모니아의 산업적 대량 생산이 이뤄지면서 순수 화학과 화학 공업의 결합이 보편화됐다. 마찬가지로 19세기에 발전한 전기와 자기에 대한 과학 지식은 토머스 에디슨, 니콜라 테슬라(Nikola Tesla), 에른스트 베르너 폰 지멘스(Ernst Werner von Siemens) 등을 비롯한 여러 발명가가 전기 산업으로 발전시켜 전구를 비롯한 각종 전기 제품이 일상화됐다.[1]

---

1   에디슨과 웨스팅하우스-테슬라 연합팀 사이에 전류 공급 방식을 두고 벌어진 '전류 전쟁'에 대해서는 Jill Jones, 《Empires of Light: Edison, Tesla, Westinghouse, and the Race to Electrify the World》, New York: Random House, 2004 참조. 역사적 정확

이런 과정에서 사람들은 자연스럽게 과학자가 탐구하는 자연의 원리에 대한 과학 지식과 그것을 활용해 인류에게 유용한 인공물을 만드는 기술자의 작업을 함께 묶어 생각하게 됐다. 과학과 기술이 밀접하게 연결된 것으로 이해하는 경향은 서구 과학기술을 압축적으로 경험할 수밖에 없었던 한국을 비롯한 동아시아 국가에서 분명하게 나타났다. 특히 서구 열강이 뛰어난 무기와 선박 제조 기술을 동원해서 중국, 일본, 한국을 차례로 굴복시키면서 강제 개방을 얻어내자, 동아시아 국가 국민들은 하나같이 과학기술이 서구 열강의 '힘'의 근원이라고 생각했다.

하지만 과학과 기술은 역사적, 문화적으로 다른 경로로 발전해 왔고, 지향점이나 연구 문화 측면에서도 다르다. 과학은 '지식 생산'에 최고의 가치를 둔다. 이 지식은 탐구 대상에 따라 '자연'에 대한 것일 수도 있고 '인간'에 대한 것일 수도 있으며 '사회'에 대한 것일 수도 있다. 각각의 경우를 자연과학, 인간과학, 사회과학이라 할 수 있다. 기술 혹은 그 기술을 보다 학술적으로 연구하는 공학의 최종 목표는 특정한 기능을 가진 인공물을 효율적이고 안정적으로 생산하는 것이다. 어떤 기능을 가진 인공물을 만들 것인지는 산업계의 요구나 사회적 필요 등 다양한 요인에 따라 영향을 받지만, 기본적으로 인류의 삶과 사회에 도움을 주는 방향으로 기술·공학 연구가 이뤄져야 한다는 당위에 대해서는 폭넓은 공감대가 형성돼 있다.

성은 다소 떨어지지만, 이 이야기는 최근 흥미진진한 방식으로 영화화되었다. 〈Current War(커런트 워)〉(2019).

2) 과학과 기술·공학의 상호작용

과학과 기술·공학은 이념적 수준이나 궁극적 지향점 면에서는 구별될 수 있지만, 21세기 현대 사회에서 과학과 기술은 이전 시기보다 훨씬 밀접한 관계를 맺고 있다. 현대 기술·공학은 널리 수용되는 과학 지식을 활용하고 과학적 방법론에 기반해 연구한다. 이런 의미에서 기술·공학 전체를 과학 지식을 응용한 '응용과학'이라고 규정하려는 입장도 있다. 하지만 공학을 단순히 과학 지식을 응용한 것으로 보는 견해는 큰 문제다. 공학을 응용과학으로 규정하는 것은 과학과 기술 사이의 관계를 일방향적으로 생각한 결과이기 때문이다. 현대 과학기술 연구에서 과학과 기술 사이의 관계는 생산적인 영향을 주고받는 쌍방향적 관계다(1장 1절 참조).

기술·공학 연구에 과학 지식이 결정적인 역할을 한다는 데는 논란의 여지가 없다. 하지만 널리 활용하는 과학 지식은 현재 과학계에서 연구하는 첨단 과학 지식이라기보다는 이미 확립돼 교과서에 실린 과거의 것이다. 공학자들은 완성된 과학 지식에 기반해 현재까지 나오지 않았던 기술적 가능성을 구현해 내는 과정에서 새로운 지식을 탐색하게 된다. 이런 의미에서 공학은 첨단 과학 '연구' 결과를 응용하는 것이라기보다는 인식론적으로 안정된 과학 '지식'에 근거해 새로운 공학 지식을 만들어 내는 작업이라고 봐야 한다.

그리고 새로운 공학 지식은 첨단 과학 연구에 활용돼 다시 새로운 과학 지식을 만들어 내는 데 도움을 주는 경우도 많다. 주된 이유는 현대 과학 연구가 진공이나 극저온 등 극한 조건에서 얻어진 정밀한 실험 결과나 측정 결과를 근거로 지식을 축적하기 때문이다. 극단적 조건에서 실험하거나 측정하기 위해서는 매우 정밀한 장치가 필요한데, 이는 그 전에 밝혀진 과학 원리에 기반해 개발하는 경우가 많다. 기존 과학 연구에서 사용하지 않았던 새로운 장치가 개발되면, 그 장치가 측정하거나 탐색할 수 있는 새로운 영역에 대한 과학 지식이 축적될 수 있어 새로운 분야가 탄생하는 일도 많다. 기존에 가능하지 않았던 속도로 유전자를 복제할 수 있는 장치나 관측할 수 없었던 영역을 관측할 수 있게 해 주는 장치는 새로운 과학 연구의 기폭제가 됐다. 이처럼 과학과 기술은 상대의 연구에 근거해 끊임없이 영향을 주고받으며 다른 종류의 지식을 창출해 나간다고 보는 것이 옳다.

물론 응용 가능성이 거의 없는 추상적 연구 주제를 탐색하는 과학 연구와 분명한 응용 가능성을 염두에 두고 진행하는 인공지능 알고리즘 연구 사이에 아무런 차이가 없다는 것은 아니다. 특정 기능적 실현을 염두에 두지 않고 기본적인 수준에서 문제를 설정하고 탐색하는 '기초 연구'와 기초 연구의 바탕에서 특정한 장치나 결과물을 염두에 두고 이뤄지는 '응용 연구'는 분명하게 구별할 수 있다. 하지만 이 두 연구 모두 중요하다는 점을 이해할 필요가 있다. 기초 연구 없이는 응용 연구가 성공적으로 진행되기 어렵고, 기초 연구만으로는 우리 삶과 사회에 구체적인 영향을 끼치기가 어렵다. 이런 점에서 기초 연구와 응용 연구에 대한 사회적 지원이 균형 있게 이뤄져야 한다.

중요한 점은 과학 연구와 기술·공학 연구 모두에서 기초 연구와 응용 연구가 존재한다는 것이다. 과학의 특성상 과학 연구에서는 기초 연구가 차지하는 비중이 더 높고, 마찬가지로 기술·공학의 특성상 기술·공학 연구에서는 응용 연구가 차지하는 비중이 더 높은 것은 사실이다. 하지만 두 분야의 연구 모두 나름대로 특징을 갖는 지식을 생산해 내면서 우리 삶과 사회에 다양한 변화를 가져올 수 있는 방식으로 상호작용을 한다는 점이 중요하다.

현대의 과학과 기술·공학은 구별되는 정체성을 갖고 있으면서도 복잡한 방식으로 영향을 주고받으며 발전하고 있다. 나노 과학기술처럼 첨단 과학 지식이 곧바로 공학 기술로 활용되는 분야도 존재한다는 사실이다. 이런 분야에서는 과학 연구와 기술·공학 연구 사이의 인식론적 거리가 크지 않기에 관련 지식 생산 활동과 인공물 생산 활동이 밀접하게 연관돼 이뤄지는 경우가 많다.

3) 과학, 삶, 사회

현대 사회는 과학기술 기반 사회다. 이는 현대 사회의 개인적 삶과 사회적 관계가 과학기술의 지식과 산물에 결정적으로 의존하고 있음을 의미한다. 이 말은 '문명의 이기(利器)'를 일상적으로 사용하고 있어서 '편리'하다는 의미를 넘어선다. 실제 주변에서 발견되는 과학 기반 인공물들은 삶을 살아가는 방식과 사람들 사이에 상호작용하는 방식 자체를 부분적으로 규정하며, 사람의 의식적 의도나 사회 구조 등 다른 요인과 함께 우리의 삶과 사회를 구성한다. 인터넷이 없던 시절에 지식을 습득하던 방식, 혹은 더 나아가 간단한 지식의 진위를 확인하던 방식과 지금의 상황을 비교해 보면 쉽게 납득할 수 있다. 휴대전화는 아주 먼 곳에 있는 사람들과 실시간으로 의견을 교환하거나 수다를 떨

수 있게 해 줬는데, 사람들이 어떤 방식으로 의사소통하는 것이 바람직한지 재검토하게 만들었다.

이런 일은 인류가 과학 지식을 축적하고 기술적 인공물을 만들어 사용하던 오랜 옛날부터 진행되어 오던 현상이다. 즉, 과학 지식과 기술적 인공물은 역사 시대 이전부터 사람이 삶에 부여하는 의미와 사회적 관계를 다양한 방식으로 규정해 왔다. 인쇄술이 새로운 생각의 전파에 결정적인 영향을 준 사례나 유선 전신이 유럽 전역에서 사용됨으로써 현장에서 교섭하던 외교관의 교섭권을 제약하여 파국적 전쟁이 촉발되었던 사례 등이 이에 해당한다. 현재 우리가 살아가고 있는 21세기 사회에서는 그 영향력이 더 심층적이고 빠른 속도로 퍼지고 있다. 온라인 커뮤니티의 등장으로 전통적인 오프라인 인간관계가 약화되는 경향이 보이기도 하고, 바로 앞에 사람을 두고도 '부담스러운' 대화보다는 메시지 발송을 선호하는 경향도 나타난다. 소셜미디어를 통해 빠른 속도로 퍼지는 정보의 진위를 따지기가 어려워지고, 정치적으로 중요한 선거 판도가 바뀌기도 한다. 각국의 금융시장이 전산화되면서 금융 프로그램이 오작동해 글로벌 금융 위기가 발생할 가능성은 이미 간헐적으로 실현되고 있다.

이런 상황에서 현대 과학기술이 우리 삶과 사회에 끼치는 영향을 이해하고 보다 바람직한 미래를 위해 어떤 과학 연구와 기술 개발이 이뤄져야 할지 생각해 볼 필요가 있다. 연구 주제 하나하나를 결정하는 일은 각 분야의 전문가가 할 일이지만, 그러한 연구를 통해 어떠한 인본주의적 가치를 실현할 것인지도 고민해야 한다.

4) 산업혁명과 21세기 첨단 기술 발전

산업혁명 시기부터 화학 공업 등을 중심으로 우리에게 익숙한 과학기술 연구 및 개발의 모형이 산업계에서 등장하기 시작했다. 과학 지식을 활용해 산업적 요구를 반영하는 특정 기술의 개발이 이뤄져 산업에 적용되어 신제품이 나오는 패턴이 차츰 자리 잡기 시작한 것이다. 이런 과정은 18세기 말 면화에서 실을 뽑아내는 방적 기계와 뽑아낸 실로 직물을 짜내는 방직 기계의 발명으로부터 시작됐다고 볼 수 있다. 여기서 핵심적인 내용은 이 기계가 숙련된 노동자들이 수행하던 작업을 대체했기에 노동 시장의 변화와 사회적 변화를 이끌어 냈다는 점과 이 기계를 널리 사용하기 위해서 막대한 양의 에너지 공급과 동력원을 제공할 수 있는 증기기관이 등장했다는 점이다. 기술적 발전은 개별 기술이 이뤄진 시기뿐만 아니라 기술의 효용을 확보할 수 있게 해 주는 기반 기술 혹은 시스템 기술이 얼마나 잘 확보되어 있는지에 따라 결정적인 영향을 받는다.

증기기관의 효율성을 획기적으로 개선해 '증기기관의 아버지'로 불리는 제임스 와트도 이를 잘 인식해 산업계에서 널리 사용될 수 있도록 조속기(speed governor)[2] 등의 관련 기술을 직접 발명하거나 다른 사람으로부터 특허권을 사들여 증기기관 기술 시스템을 건설했다. 와트의 증기기관이 산업혁명에서 결정적인 영향력을 발휘할 수 있었던 이유는 증기기관 기술 시스템을 체계적으로 구성하고 산업계에 조직적

---

2   기관의 회전 속도를 일정하게 조정하는 제어장치.

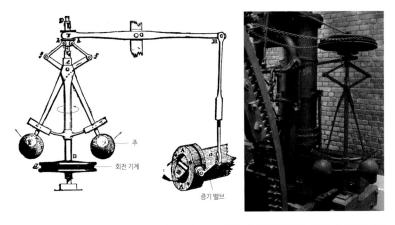

그림 1　원심조속기의 구조와 원심조속기가 설치된 와트의 증기기관. 회전축에 붙은 두 개의 추가 회전에 따른 원심력에 의해 벌어지는 원리를 이용한 것으로, 증기 밸브를 여닫아 회전 속도를 제어한다.

으로 보급했기 때문이다. 와트의 증기기관 개발은 오랜 기간 광산에서 구식 증기기관인 뉴커먼 엔진(Newcomen Engine)을 수리하면서 기존 증기기관의 문제점을 속속들이 알고 있었던 와트의 기술적 전문성에서 비롯된 것이지, 당시 등장하고 있던 첨단 물리학 지식인 열역학의 도움을 받았던 것은 아니었다. 물론 와트의 증기기관이 발명된 후 증기기관의 원리를 설명하고 개선점을 찾기 위해 추가 연구를 수행하는 과정에서는 19세기에 정립된 열역학이 활용됐다. 하지만 증기기관이 기술적으로 상당히 성숙한 이후에 벌어진 일이라 우리에게 익숙한 과학 기술 연구 개발 과정과는 차이가 있다.

　하지만 19세기 화학 공업, 특히 염료 생산과 관련해서는 화학 지식이 본격적으로 활용됐다. 화려한 색깔의 옷은 희귀한 자연 염료를 사용해야만 만들 수 있어서 가격이 비쌌고, 아주 부자가 아니면 입을 엄두도 내지 못했다. 그렇기에 화학 지식을 활용해 상대적으로 싼 가격에 다양한 색깔의 합성염료를 생산하고 이를 사용한 옷감을 대량으로 공급할 수 있게 된 일은 급부상하던 중산층의 생활 수준을 향상시키는 데 결정적 역할을 했다. 이런 패턴은 염료 산업과 의류 산업뿐만 아니라 도자기 산업 등 생활에 필요한 물품을 생산하는 산업에서 일반적으로 발견된다. 19세기 과학기술의 생산적 협동으로 탄생한 산업 발전은 생활의 물질적 수준을 획기적으로 개선하는 데 크게 기여했다.

과학 지식에 기반한 기술 개발이 이뤄지고, 산업적으로 활용되고, 많은 소비자가 구매 후 사용할 수 있는 수준의 가격으로 신제품이 시장에 등장해 전반적인 생활 수준이 향상되는 경향은 지금도 계속되고 있다. 특히 19세기 말에서 20세기 초에 걸쳐 등장한 전기 산업과 전기 공급망 보급으로 인류 삶의 질이 획기적으로 높아졌다는 데는 논란의 여지가 없다. 그러나 이러한 경향성은 20세기 초 이후 둔화되고 있다고 보는 것이 적절해 보인다. 이는 20세기 이후 눈부신 과학기술 발전이 없었다거나 그에 기반한 놀라운 산업적 인공물이 등장하지 않았다는 의미가 아니다. 새롭게 등장한 기술은 삶의 기본적인 복지 수준을 높이는 것이라기보다는 휴대전화처럼 불가능해 보였던 일을 할 수 있게 해 주는 방식으로 복지 수준을 높인다는 것이다. 삶의 전반적인 복지 수준에 끼치는 영향은 상대적으로 19세기 산업혁명 시기만큼 크다고 보기는 어렵다. 이에 더해 이 새로운 기술적 발전은 해결해야 할 새로운 문제를 가져오는 경우가 대부분이다. 이 문제 때문에 기술 발전을 막아야 한다는 결론이 나오는 것은 아니지만, 적어도 과학기술 연구 개발 과정에서 염두에 두어야 할 여러 사안이 등장했다는 점은 분명하다.

2. 과학기술과 인류의 미래

1) 인류세[3]의 도전과 에너지 문제

산업혁명 시대의 사람들은 알아채지 못했지만, 과학기술 연구에 기반한 산업 발전의 '대가'는 이미 그 시기부터 시작됐다. 산업혁명의 성공 배경에는 증기기관을 비롯한 새로운 동력원을 대규모로 이용할 수 있게 됐다는 점이 자리 잡고 있었다. 증기기관이 석유 등을 활용한 내연기관으로 바뀌고, 전기를 얻는 방식이 화력 발전만이 아니라 수력 발전 등도 포함하게 된 이후에도 화석연료가 산업 발전에 필수적인 역할을 담당했음은 분명하다. 이 화석연료의 생산이 지구 평균 온도 상승 및 기후 패턴의 근본적인 변화를 가져와 삶의 질뿐만 아니라 인류의 생존까지 위협하는 상황에 이르게 된 것이다.

이산화탄소를 비롯한 산업 발전의 부산물이 지구 대기층에서 지구 복사열의 일부를 잡아 두어 지구의 열평형을 교란하고 평균 온도가 올라갈 수 있다는 점은 이미 19세기 말에 대기화학자들이 지적한 바 있다. 하지만 이 '온실' 효과는 다른 복잡한 인과 요인, 산업 활동과 내연기관에서 생산되는 미세먼지의 역할, 지구의 3분의 2를 차지하는 바다가 열 저장소로 기능하는 역할 등과 결합돼 복잡한 양상으로 나타나기에 20세기 중반까지는 과학적으로 논쟁이 된 사안이었다. 온실가

---

3 인류세(人類世, Anthropocene)는 네덜란드 화학자 파울 크뤼천(Paul Crutzen)이 2000년에 처음 제안한 새로운 지질 시대 개념이다. 인류의 자연환경 파괴로 인해 급격히 변화하는 지구 환경과 맞서 어려움을 극복해야 하는 시대를 뜻한다.

스가 지구 온난화를 일으키는 효과가 있다는 점은 과학적으로 분명했지만, 기후 변화나 지구 평균 온도에 영향을 미치는 다른 요인에 비해 그 효과가 얼마나 큰지, 온실가스의 인과적 효과가 다른 인과적 요인과 결합할 때 어떤 구체적인 특징이 나타나는지에 대해서는 과학적 연구 자체가 부족했다. 지구 기후 시스템이 수많은 인과적 요인이 복잡하게 얽힌 복잡계이기에 이론적으로 탐색하기가 매우 어렵고, 당시 컴퓨터의 계산 능력으로는 요인들을 실재에 가깝게 흉내 내기가 불가능했기 때문이다.

이런 상황은 1980년대가 되면서 대부분 해소됐고, 지구 온난화 자체보다는 그로 인한 기후 패턴의 급격한 변화가 더 큰 문제라는 점까지 밝혀졌다. 오랜 사회적 논쟁을 통해 현재 우리가 겪고 있는 기후 변화의 원인은 대부분 인간의 산업 활동과 농축산 활동에서 비롯됐다는 데 합의하고 있다. 간단히 말해서 현재 당면한 기후 변화의 인과적 책임은 대부분 인류에게 있다는 것이다. 기후 변화의 원인인 온실가스 방출 등을 최대한 낮추고, 기후 변화의 속도를 늦추기 위한 여러 개인적, 국가적, 국제적 수준에서의 행동과 정책을 시행해야 할 것이다(5장 2절 참조).

기후 변화에 대한 우리의 대응 방식을 선택하는 과정은 에너지 생산 방식 및 사용 방식에 대한 사고 틀의 전환을 요구한다. 상식적인 생각에서도 그렇고, 표준적인 경제학 논의에서도 그렇고, 에너지원을 선택하는 데 있어 중요하게 여긴 요소는 생산 과정에 직접 소요되는 비용(생산 단가)이었다. 그렇기에 상대적으로 발전소 건설 비용이 싼 화석 연료 기반 화력 발전소가 주요 에너지 공급원이 됐고, 비교적 에너지

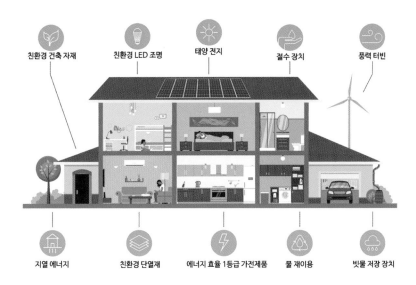

친환경 건축 자재

친환경 LED 조명

태양 전지

절수 장치

풍력 터빈

지열 에너지

친환경 단열재

에너지 효율 1등급 가전제품

물 재이용

빗물 저장 장치

그림 2 집과 관련된 다양한 친환경 기술

효율성이 높은 내연기관이 널리 사용된 것이다. 생산 원가만 경제성이 있으면 그 에너지원이 환경에 끼치는 비용을 추가로 생각하지 않고 에너지를 자유롭게 사용하는 데 익숙해져 있다. 그렇지만 기후 변화에 대한 과학 지식에 기반해 볼 때, 이런 방식의 에너지 활용은 지속 가능하지 않다. 이제는 에너지를 사용한 결과로 얻게 되는 부가적 환경 비용까지 함께 고려하여 에너지 정책을 시행해야 하며, 이 과정에서 관련 과학기술 연구가 중요한 역할을 할 것이다. 수많은 과학기술 연구자들이 환경 비용까지 고려할 때 효율성이 높은 '친환경' 에너지원을 발굴하고, 이를 동력원으로 사용하는 과정에서 효율성을 높일 수 있는 중요한 과학기술을 연구하는 데 몰두하고 있다.

2) 생명공학의 쟁점: 바이오뱅크, 유전자 편집

21세기적 맥락에서 기존 과학기술 연구와 분명한 차별점을 보여 주는 두 분야는 생명공학 연구와 정보통신공학 연구이다. 이 두 분야가 두드러진 이유는 과학적 발견과 기술적 혁신의 내용이 과학기술 분야에 국한되지 않고 사회 전반에 영향을 끼치며, 그 영향 또한 다른 분야에 비해 훨씬 논쟁적이라는 데 있다. 예를 들어 에너지 관련 과학기술 연구의 경우 결과가 분명 사회 전체에 영향을 주지만 핵 발전을 제외하면 사회 논쟁적 성격은 비교적 제한적이다. 하지만 생명공학과 정보통신공학의 경우 사회에 끼치는 영향은 우리에게 익숙한 현재의 사회 문화적 틀을 바꿀 수 있는 잠재력을 가지고 있다는 점에서 심대하다.

생명체의 형질을 다양한 방식으로 변화시키는 것, 특별히 인간이 원하는 방향으로 변화시키는 것을 생명공학이라고 하는 의미에서의 생명공학 역사는 매우 오래됐다. 인류는 농업을 시작하고 가축을 기르기 시작한 이래 끊임없이 자연종인 생명체를 우리의 의도에 따라 특정한 방식으로 변형시켜 왔다. 하지만 20세기의 유전학 발전 이전까지 이런 '오래된' 생명공학은 시행착오 방식의 육종을 통한 것이었다. 현재는 유전체를 변형하는 등의 방식으로 더 직접적이고 효과적으로 생명체의 형질을 변화시킬 수 있게 됐다. 특히 제3세대 유전자 편집 기술은 이런 변화를 비용 효율적, 선택적으로 수행할 수 있게 해 주어 생명공학의 영향력을 보다 확대할 수 있는 기술적 기반을 제공하고 있다.

중요한 점은 생명공학의 발전이 여러 사회적, 윤리적 위험성을 내포하고 있다는 사실이다. 생명공학 기술의 특징상 그 기술적 도구를 인간에게도 적용할 수 있다는 점이 문제를 심각하게 만든다. 종교적 믿음이 강한 사람들에게는 생명공학의 최근 발전이 인간이 '신의 영역'을 침범하는 부당한 행동으로 보일 수 있다. 종교적 믿음에 영향을 받지 않는 사람들도 생명공학 기술을 통해 인간을 포함한 생명체의 형질을 원하는 대로 변형할 수 있다면 우리가 소중히 여기는 공동체적 가치를 잃게 되리라 우려한다. 또 다른 입장에서는 생명공학적 연구가 이뤄지는 과정에서 필요한 유전체 정보 데이터베이스의 구축 작업이 윤리적으로 바람직한 방식으로 이뤄지고 있는지 확인해 봐야 한다는 점을 강조한다. 유전 정보의 특성상 특정인이 자신의 유전 정보를 과학기술 연구에 활용할 수 있도록 허용했더라도 그 개인과 유전적으로 연관된 다른 사람의 정보에 대해서는 이런 선택권을 보장해 주기 어렵다. 이런 점을 주목하는 사람들은 유전 정보를 대규모로 수집해 과학기술 연구에 활용하는 바이오뱅크(bio bank)의 경우에는 공익적 성격이 강하기에 바이오뱅크 운영기관의 투명성을 높이고 연구 결과를 공익을 위해 사용하도록 강제함으로써 사회적 수용 가능성을 높이는 방식으로 접근해야 한다고 주장한다.

생명공학은 좋은 의도로 시작한 과학기술 연구가 연구자 본인의 의도와 무관하게 기존 사회의 다양한 가치 및 문화 체계와 충돌할 가능성을 내포하고 있다. 이런 충돌을 생산적으로 해결하지 못하면 생명공학 연구는 성공적으로 이뤄지기 어렵다. 과학기술 연구자들은 자신이 담당하는 연구의 속성상 과학기술의 좁은 테두리 안에서 문제를 해결하기는 어렵다는 점을 인식하고, 더 넓은 사회 문화적 맥락에서 제기되는 여러 우려와 논쟁적 사안을 적극적으로 과학기술 연구 거버넌스에 반영하는 방식으로 지혜롭게 해결해 나가야 할 것이다.

3) 정보통신공학의 쟁점: 빅데이터, 인공지능

정보통신공학 연구가 제기하는 사회적, 윤리적 쟁점은 비교적 특정 주제에 집중돼 있다. 상대적으로 쟁점을 파악하기는 생명공학보다 유리하지만, 해결책을 간단히 얻을 수 있는 것은 아니다. 생명공학 연구보다 더 심각하게 산업적, 상업적 이해관계와 사회적 가치가 충돌하기 때문이다.

최근 '마인드 해킹(Mind Hacking)'이라는 단어가 유행하고 있다. 이는 컴퓨터를 해킹하듯이 두뇌에 '접속'해서 두뇌 어딘가에 저장된 '정보'를 탈취하는 것이 아니다. 이 단어는 일종의 은유적 표현으로, 특정 개인의 행동과 선택에 관한 충분한 데이터를 수집하고 빅데이터 분석 기법으로 분석하면, 그 개인이 특정 상황에서 어떤 행동을 할 것인지를 마치 그 사람의 마음을 읽어 낸 것처럼 정확히 예측할 수 있다는 의미에서 사용하는 단어다.

최근 급속히 발전하고 있는 정보통신공학 기술은 인간관계를 조직하는 방식이나 사회적으로 당연시하는 가치, 예를 들면 개인 정보에 대한 철저한 통제 권리 등을 기술적인 방식으로 우회해서 침해할 수 있는 방법을 제공한다. 이에 대한 가장 단순한 대응은 법이나 사회적 규범으로 금지하는 것이겠지만, 그럴 경우 관련 정보통신 기술이 제공하는 다양한 혜택을 잃게 된다. 그보다 현명한 방법은 우리 사회가 소중하게 생각하는 가치를 존중하는 방식으로 정보통신 기술 개발이 이루어지는 것이다. 이를 실행에 옮기려 노력하는 단체가 세계적으로 가장 큰 전기공학자, 전자공학자 모임인 IEEE(Institute of Electrical and Electronics Engineers)다. 이 단체는 수많은 자체 논의와 외부 자문 의견을 반영하여 '윤리적 가치를 반영한 설계(Ethically Aligned Design)'라는 개념을 제시했다. 정보통신공학 기술의 경우 우리가 소중하게 생각하는 가치와 충돌할 가능성이 있기에 '윤리적으로 문제가 없는' 혹은 '윤리적으로 올바른' 기술을 설계 단계부터 고민해서 만들자는 제안이다. 특히 인간의 자율성 훼손이나 사회적 편견을 반영한 자동화된 결정의 문제로 논란의 중심에 선 인공지능 기술에 적용될 것으로 보인다.

공학 기술자들이 설계 단계부터 윤리적 고려를 반영하려 노력하는 것은 바람직한 시도이다. 하지만 문제를 어렵게 하는 것은 공학 설계 과정에서 반영될 '윤리적 고려'가 확정적이기보다는 사회 문화적 요인에 따라 상당한 내용 차이가 있다는 점이다. IEEE도 이점을 반영하여 자신들이 제시하는 것은 어디까지나 '가이드라인'이고 구체적인 윤리 규범은 세계 각국의 특수한 사회 문화적 상황을 고려해서 자율적으로 결정해야 한다는 점을 강조한다. 공학 기술 설계가 개별 사회의 고유한 문화적 가치, 사회적 규범을 존중하여 이뤄져야 한다는 의도는 좋지만, 지구화를 통해 국제 무역이 활발히 이뤄지고 있는 21세기 상황을 고려할 때 특정 문화적 가치를 반영해 설계된 기술이 국제적 상품으로서 가치가 있을 가능성은 크지 않다. 그러므로 정보통신공학 기술이 제기하는 여러 윤리적, 사회적 쟁점에 대해 국제적인 수준에서 합의 가능한 보편적인 원칙과 실행 방안을 모색할 필요가 있다. 다행히도 최근 유네스코를 비롯한 여러 국제기구에서 인공지능, 사물인터넷, 빅데이터 등에 대한 윤리적, 정책적 연구와 사회적 논의 과정을 진행 중이다. 과학기술 연구자들은 논의 과정에 적극적으로 참여하거나 최소한 논의의 결과를 자신의 연구에 반영하려는 노력이 필요하다.

4) 과학과 함께 사는 삶: 백신 논쟁을 중심으로

21세기 한국 사회는 과학기술 기반 사회이다. 이는 과학을 긍정적으로 생각하는 사람이나 부정적으로 생각하는 사람 모두 과학기술의 전반적인 내용이나 관련된 사회 문화적 쟁점에 대해 이해하고 있어야 함을 의미한다. 그렇지 않고서는 21세기 한국 사회에서 살아가며 마주치게 될 수많은 결정에서 현명한 선택을 하기가 어렵기 때문이다. 이를 잘 보여 주는 예가 최근 발생한 백신 논쟁이다. 백신이 100% 효율성을 가질 수 없다는 점은 논란의 여지가 없는 과학적 사실이다. 또한 백신이 '집단군' 수준에서 인과적으로 효과적이라는 사실, 즉 백신을 맞은 사람들이 맞지 않은 사람에 비해 예방하고자 하는 질병에 걸릴 확률이 낮거나, 병에 걸리더라도 심각성이 감소한다는 점 역시 논란의 여지가 없는 과학적 사실이다. 개별 백신마다 질병 예방의 효율성에는 상당한 차이가 있다. 소아마비 백신처럼 효과가 매우 큰 백신이 있는가 하면, 사회적으로 논쟁이 되는 몇몇 백신처럼 효과가 그다지 크지 않은 경우도 있다. 그러므로 현재까지 과학 연구를 통해 제시된 백신의 효과가 크지 않고, 보고된 부작용이 심각한 경우라면 개인에 따라 백신 접종에 대해 다른 판단을 할 수도 있다.

그러나 국가적으로 의무 접종으로 분류된 백신은 수많은 과학 연구

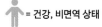 = 건강, 비면역 상태   = 건강, 면역 상태   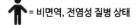 = 비면역, 전염성 질병 상태

집단 내
면역 상태인 개인 없음

집단 내
전염병 확산

집단 내 일부
면역성 획득

집단 내 일부에
전염병 확산

집단 내 대부분이
면역성 획득

집단 내
전염병 확산이 제한적

그림 3　집단 면역. [위]: 집단 내 일부가 감염병에 걸리고(빨간색) 나머지는 건강하지만 면역성이 없는 상태(파란색)라면, 병은 집단 전체에 빠르게 확산된다. [가운데]: 일부만 면역성이 있는 경우(초록색), 면역성이 있는 사람만 감염을 피하고 나머지 대부분에게는 병이 확산된다. [아래]: 대부분이 면역성을 갖게 되면 병의 확산을 막게 되며, 면역성이 없는 사람도 병을 피할 수 있다.

를 통해 상당한 정도로 논쟁점이 해소된 것들이다. 게다가 백신이 효과를 나타내려면 특정 집단에서 백신을 맞아 면역력을 유지하는 사람의 비율이 어느 정도 이상이 돼야 하기에 개인이 선택적으로 백신을 맞지 않는 행위는 때에 따라 자신은 백신의 부작용을 피하면서 다른 사람이 맞은 백신의 '집단 면역(Herd Immunity)' 효과만 누리겠다는 '무임승차'의 행동으로 간주될 수 있다. 그렇기에 백신 접종과 관련된 일상적 결정에 있어서도 관련된 과학적 사실을 정확히 조사하고 관련된 윤리적 쟁점도 함께 고려하여 백신 접종 여부를 선택해야 한다.

21세기 우리의 삶은 본인의 의사와 무관하게 과학기술과 밀접히 연결돼 있다. 우리의 삶을 보다 행복하고 성공적으로 이끌어 나가려면 삶을 영위하면서 마주치게 될 과학기술 관련 사안에 대해 '현명한' 결정을 내려야 한다는 의미다. 이 결정은 특정 대중매체에 등장하는 특정 과학자의 말을 그대로 따르는 것을 의미하지 않는다. 그보다는 당면 사안과 관련된 과학 연구의 내용을 찾아보고 본인의 개인적 가치와 사회적 가치를 고려한 결정을 내리는 것을 의미한다. 그 과정에서 질적으로 다양한 정보들 사이의 정합성과 논쟁점을 찾아내고, 신뢰할 만한 정보와 그렇지 않은 정보를 판별하는 능력을 갖추는 것이 결정적으로 중요하다. 이런 의미로 이해된 '과학 리터러시(Science Literacy)'가 21세기 한국 사회를 살아가는 모든 시민에게 필요한 것이다.

1절. 인류 문명을 열어 온 과학과 기술

[문제 1] 난이도 하 ★

인간은 연료를 사용해서 피운 '불'을 일상생활에 사용하는 유일한 동물이다. 인류가 불을 피우기 위해 사용하는 연료의 종류를 적고, 연료가 연소되는 과정에서 어떤 화학적 변화가 일어나는지 생각해 보자.

풀이 불은 연료가 높은 온도에서 공기 중의 산소와 결합하는 과정에서 빛과 열을 방출하는 '산화' 반응이다. 오늘날 인류가 사용하는 연료의 종류는 다음과 같다.

- 임산 연료: 장작, 낙엽, 숯, 초식동물의 배설물 등에 들어 있는 탄수화물($C_n(H_2O)_m$)인 셀룰로오스가 공기 중의 산소와 결합하는 연소 과정을 통해 이산화탄소와 물로 변환된다.
- 석탄: 3억 년 전 석탄기에 지구상에 번성하던 생물이 지하에 묻혔다가 지질학적 변환에 의해 남겨진 탄소 덩어리로, 공기 중의 산소와 결합하는 연소 과정을 통해 이산화탄소로 변환된다. 연소 과정에서 산소가 부족하면 불완전 연소로 인한 맹독성의 일산화탄소가 발생할 수 있다.
- 석유: 3억 년 전 석탄기에 지구상에 번성하던 생물이 지하에 묻혔다가 지질학적 변환에 의해 남겨진 액체 상태의 탄화수소(C_nH_m)로, 연소 과정에서 이산화탄소와 물로 변환된다.
- 천연가스: 석유와 함께 만들어진 기체 상태의 메테인(CH_4) 가스로 연소 과정에서 이산화탄소와 물로 변환된다.

[문제 2] 난이도 중 ★★

인류 문명을 당시에 사용하던 소재에 따라 석기, 청동기, 철기로 구분하기도 한다. 21세기에 인류가 사용하는 소재의 종류를 알아보자.

풀이 석재, 목재, 플라스틱, 합금, 세라믹, 나노 소재

[문제 3] 난이도 상 ★★★

지구상의 모든 생물은 자연환경에서 얻은 영양물질을 이용해서 생명을 이어 간다. 특히 동물은 자연에 서식하는 식물, 미생물, 동물에게서 영양물질을 얻는다. 생태계는 자연에서의 영양물질 순환에 의한 먹이사슬로 구성된다. 그런데 인간은 농사를 짓고 가축을 기르는 기술을 이용해서 자연의 생태계에서 영양물질, 즉 식량을 자급하는 능력을 갖추게 되었다. 농사를 짓고, 가축을 기르는 데 필요한 기술에 대해서 알아보자.

풀이

- 육종 기술: 자연에서 발견되는 돌연변이나 잡종 교배로 얻은 '잡종' 중에서 인간이 좋아하는 형질을 가진 종을 인공적으로 선택해서 품종을 개량하는 기술.
- 관개 기술: 농사에 필요한 용수를 확보하는 기술.
- 비료: 퇴비 또는 화학 비료.
- 농약: 제초제, 살충제 등.
- 농기계

[문제 4] 난이도 상 ★★★

인간은 거칠고 위험한 자연에서 생존하기 위해 적극적으로 기술을 개발했다. 과거의 기술 개발은 대체로 경험과 시행착오에 의존하는 것이 일반적이었다. 21세기의 기술 개발은 과학적 지식을 기반으로 하고, 고도의 창조성이 필요하다는 점에서 과거와 크게 다르다. 한편 고도의 첨단 기술이 등장하면서 기술에 따른 위험(risk)이 감당하기 어려울 정도로 커졌고, '위험 사회(risk society)'라는 주장도 제기되고 있다. 위험 사회를 극복하기 위한 대안에 대해 논의해 보자.

과학 산책, 자연과학의 변주곡

[문제 1] 난이도 하 ★
아래 기사를 읽고 답변해 보자.

'코로나 아이러니?' … 인도 빈민가 주민 57% 항체 보유

(동아일보) 김예윤 기자 = 인도 뭄바이 빈민가의 주민 57%가 신종 코로나
바이러스 감염증(코로나19)에 대한 항체를 갖고 있는 것으로 드러났다. 방역
조치가 열악한 빈민가에서 코로나19가 확산되는 바람에 오히려 세계 최초
로 집단 면역 수준에 도달하는 '코로나 아이러니'가 일어난 셈이다.
(중략)

– 출처:《동아일보》2020년 7월 30일 자.

---

1) 기사에 언급된 '집단 면역'이 무엇인지 구체적으로 설명해 보자.
2) 왜 기사에서는 '코로나 아이러니'라는 표현을 사용했을까? 백신 접종을 이용
한 집단 면역과 비교해 구체적으로 설명해 보자.

[문제 2] 난이도 중 ★★
아래 기사를 읽고 답변해 보자.

중국, 코로나19 계기로 빅데이터 수집 강화 … "사생활 침해 우려"

(서울=연합뉴스) 정재용 기자 = 중국 당국이 신종 코로나바이러스 감염증(코
로나19) 사태를 계기로 빅데이터 수집을 강화하면서 개인의 프라이버시(사생
활) 침해 우려가 커지고 있다는 지적이 나왔다.
홍콩의 사우스차이나모닝포스트(SCMP)는 26일 전문가들을 인용해 "코로
나바이러스가 중국 당국의 빅데이터 수집을 가속하고 있지만, 프라이버시

침해 우려가 숙제로 남아 있다"고 보도했다.

SCMP에 따르면 중국 중앙 정부와 지방 정부는 코로나19의 확산을 막는데 도움을 주기 위해 개인들에 관한 정보를 적극적으로 수집해 분석하고 있다.

대다수의 중국인은 코로나19 확산 저지에 동참한다는 차원에서 당국의 개인 정보 수집에 협조하고 있다.

광둥(廣東)성 선전(深圳)시에서 엔지니어로 일하는 왕쿤야오(29) 씨는 "당국이 공공 안전을 이유로 개인 정보를 공유할 것을 요구할 때 이를 거부할 명분이 약하다"고 말했다.

미국에서 박사학위를 취득하고 귀국한 왕 씨는 "그러나 바이러스 사태가 끝난 뒤에는 무슨 일이 일어날 것인가"라면서 개인에 관한 데이터 수집이 사생활 침해로 이어질 것으로 내다봤다.

(중략)

- 출처:《연합뉴스》2020년 2월 26일 자.

---

1) 기사에 따르면 코로나19 사태를 계기로 첨단 과학기술의 확대를 통해 공공의 안전과 개인의 사생활 보호 사이의 충돌이 심해지고 있다. 사용된 과학기술의 구체적인 사례와 어떻게 사생활을 침해했는지 알아보자.

2) 현재 심각한 코로나19 사태에서도 첨단 과학기술을 이용해 개인의 사생활을 보호하면서 방역에 성공할 수 있는 해결 방안을 제안해 보자.

[문제 3] 난이도 상 ★★★

위키백과에서 '조선 시대의 전통 과학 기술'을 검색해 보면 머리글로 "한국의 전통 과학 기술은 조선 초에 이르러 한 단계 발전한다. 특히 민족적 천문학과 의약학에서 볼 수 있듯이 한국의 독특한 과학 기술을 만들었던 점을 큰 특성으로 지적할 수 있을 것이다."라고 되어 있다.

'조선 시대의 전통 과학 기술'이 과학에 가깝다고 생각하는지 아니면 과학보다는 기술에 더 가깝다고 생각하는지 구체적인 예를 들어 논지를 제시해 보자.

[참고 문헌]

1장 1절. 과학 지식의 여러 가지 모습

토머스 쿤, 《과학혁명의 구조》, 김명자 역, 까치, 2002.

1장 2절. 과학적 사고방식의 의미

김대식, 《김대식의 인간 vs 기계》, 동아시아, 2016.

나탈리 앤지어, 《원더풀 사이언스》, 김소정 역, 지호, 2010.

대럴 허프, 《새빨간 거짓말, 통계》, 박영훈 역, 더불어책, 2004.

앨빈 토플러, 《제3의 물결》, 원창엽 역, 홍신문화사, 2006.

에드워드 윌슨 외, 마이크 캔필드 엮음, 《과학자의 관찰 노트》, 김병순 역, 휴먼
　사이언스, 2013.

유발 하라리, 《사피엔스》, 조현욱 역, 김영사, 2015.

제프리 웨스트, 《스케일》, 이한음 역, 김영사, 2018.

클라우스 슈밥, 《제4차 산업혁명》, 송경진 역, 새로운현재, 2016.

한스 로슬링, 《팩트풀니스》, 이창신 역, 김영사, 2019.

Will Steffen 외, 〈The Trajectory of the Anthropocene: the Great Acceleration〉,
　《The Anthropocene Review》, 2(1), 2015.

2장 1절. 과학 법칙이 바꾼 세계관

양형진, 〈양자역학 산책〉, 《물리학과 첨단기술》, 2006년 4월 15권 4호.

3장 1절. 우리 생활을 이해하는 기반: 시간과 공간

김항배, 《우주, 시공간과 물질》, 컬처룩, 2017.

알베르트 아인슈타인, 《상대성의 특수이론과 일반이론》, 이주명 역, 필맥, 2012.

오정근, 《중력파, 아인슈타인의 마지막 선물》, 동아시아, 2016.

월터 아이작슨, 《아인슈타인 삶과 우주》, 이덕환 역, 까치, 2007.

최강신, 《빛보다 느린 세상》, MID, 2016.

킵 손, 《블랙홀과 시간여행》, 박일호 역, 반니, 2016.

킵 손, 《인터스텔라의 과학》, 전대호 역, 까치, 2015.

토머스 레벤슨, 《알베르트 아인슈타인: 아인슈타인의 황금시절, 베를린에서의 영광과 시련》, 김혜원 역, 해냄출판사, 2005.

페드루 G. 페레이라, 《완벽한 이론: 일반상대성이론 100년사》, 전대호 역, 까치, 2014.

3장 2절. 137억 년 전 우주의 탄생과 별의 미래

이명현, 《빅 히스토리 1 : 세상은 어떻게 시작되었을까?》, 와이스쿨, 2013.

Hannu Karttunen, 《기본 천문학》(제6판), 민영기 외 역, 시그마프레스, 2019.

6장 1절. 환경의 변화에 적응하며 진화하는 생명

닉 레인, 《미토콘드리아》, 김정은 역, 뿌리와이파리, 2006.

닐 캠벨 외, 《캠벨 생명과학》 11판, 전상학 역, 바이오사이언스출판, 2019.

데이비드 디머, 《최초의 생명꼴, 세포》, 류운 역, 뿌리와이파리, 2011.

로버트 M. 헤이즌, 《제너시스: 생명의 기원을 찾아서》, 고문주 역, 한승, 2005.

리처드 도킨스, 《에덴의 강》, 이용철 역, 사이언스북스, 1995.

리처드 도킨스, 《지상 최대의 쇼》, 김명남 역, 김영사, 2009.

마이클 J. 벤턴, 《대멸종》, 류운 역, 뿌리와이파리, 2003.

스티브 존스, 《진화하는 진화론》, 김혜원 역, 김영사, 2007.

아이언 사인, 《모건》, 한국유전학회 역, 전파과학사, 1976.

제리 코인, 《지울 수 없는 흔적》, 김명남 역, 을유문화사, 2009.

제이 펠란, 《생명이란 무엇인가?》, 남상윤 역, 월드사이언스, 2016.

조너던 와이너, 《핀치의 부리》, 이한음 역, 이글리오, 1994.

프리만, 《프리만 생명과학》, 안정선 역, 바이오사이언스, 2011.

피터 브래넌, 《대멸종 연대기》, 김미선 역, 흐름출판, 2017.

Belyaev DK, Plyusnina IZ, Trut LN, 〈Domestication in the silver fox (Vulpes fulvus Desm): Changes in physiological boundaries of the sensitive period of primary socialization〉, 《Applied Animal Behaviour Science》, 13(4), 359~370p, 1985.

Endler JA, 〈Natural and sex selection on color patterns in Poecilid fishes〉, 《Environmental Biology of Fishes》, 9, 173~190p, 1983.

Highton R, 〈Is Ensatina eschscholtzii a ring-species?〉, 《Herpetologica》, 54(2), 254~278p, 1988.

Ijdo JW, Baldini A, Ward DC, Reeders ST, Wells RA, 〈Origin of human chromosome 2: An ancestral telomere-telomere fusion〉, 《Proceedings of the National Academy of Sciences of the United States of America》, 88(20), 9051~9055p, 1991.

Johnson AP, Cleaves HJ, Dworkin JP, Glavin DP, Lazcano A, Bada JL, 〈The Miller volcanic spark discharge experiment〉, 《Science》, 322(5900), 404p, 2008.

Rion S, Kawecki TJ, 〈Evolutionary biology of starvation resistance: what we have learned from Drosophila〉, 《Journal of Evolutionary Biology》, 20(5), 1655~1664p, 2007.

6장 2절. 다음 세대로 전달되는 생명의 속성

닐 캠벨 외, 《캠벨 생명과학》 11판, 전상학 역, 바이오사이언스출판, 2019.

비체슬라프 오렐, 《멘델》, 한국유전학회 역, 전파과학사, 1984.

싯다르타 무케르지, 《유전자의 내밀한 역사》, 이한음 역, 까치, 2016.

제임스 왓슨, 앤드루 베리, 케빈 데이비스, 《DNA: 유전자혁명 이야기》, 이한음 역, 까치, 2017.

크레이그 벤터, 《크레이그 벤터 게놈의 기적》, 노승영 역, 추수밭, 2007.

American Association for the Advancement of Science, Vision and Change in Undergraduate Biology Education: A Call to Action, AAAS, 2011.

Camilo M, Tittensor DP, Adl S, Simpson AGB, Worm B, 〈How many species are there on earth and in the ocean?〉, 《PLOS Biology》, 9(8): e1001127p, 2011.

7장 1절. 인류 문명을 열어 온 과학과 기술

이종관, 《공간의 현상학, 풍경 그리고 건축》, 성균관대학교출판부, 2013.

재레드 다이아몬드, 《총, 균, 쇠》, 김진준 역, 문학사상, 2005.

7장 2절. 인류 문명을 열어 갈 과학과 기술

박성래, 신동원, 오동훈, 《우리 과학 100년》, 현암사, 2004.

이상욱, 〈갈릴레오의 과학 연구: 과학철학적 STS(과학기술학) 교육의 한 사례〉, 《과학철학》, 17(2), 127~151쪽, 2014.

Jill Jones, 《Empires of Light: Edison, Tesla, Westinghouse, and the Race to Electrify the World》, New York: Random House, 2004.

Thomas Hager, 《The Alchemy of Fire: A Jewish Genius, a Doomed Tycoon, and the Scientific Discovery That Fed the World But Fueled the Rise of Hitler》, New York: Broadway Books, 2009.